U0183931

面向新工科的C程序设计与项目实践

MIANXIANG XINGONGKE DE C CHENGXU SHEJI YU XIANGMU SHIJIAN

适用于对分课堂教学法

主　编 ● 梁新元

副主编 ● 丁明勇　　杨永斌　　邓永生

西南财经大学出版社
Southwestern University of Finance & Economics Press

中国·成都

图书在版编目(CIP)数据

面向新工科的C程序设计与项目实践/梁新元主编.—成都:西南财经大学出版社,2021.12(2024.8重印)
ISBN 978-7-5504-4586-4

Ⅰ.①面… Ⅱ.①梁… Ⅲ.①C语言—程序设计—高等学校—教材
Ⅳ.①TP312.8

中国版本图书馆CIP数据核字(2020)第190024号

面向新工科的C程序设计与项目实践
主　编　梁新元
副主编　丁明勇　杨永斌　邓永生

策划编辑:王琳
责任编辑:王琳
责任校对:冯雪
封面设计:张姗姗
责任印制:朱曼丽

出版发行	西南财经大学出版社(四川省成都市光华村街55号)
网　　址	http://cbs.swufe.edu.cn
电子邮件	bookcj@swufe.edu.cn
邮政编码	610074
电　　话	028-87353785
照　　排	四川胜翔数码印务设计有限公司
印　　刷	郫县犀浦印刷厂
成品尺寸	185 mm×260 mm
印　　张	27.125
字　　数	669千字
版　　次	2021年12月第1版
印　　次	2024年8月第2次印刷
印　　数	1001—2000册
书　　号	ISBN 978-7-5504-4586-4
定　　价	68.00元

▶▶ 内容简介

　　为了适应新工科对学生具有解决复杂工程问题的能力要求,本教材紧紧围绕学生综合编程实践能力,强调核心语法,重点突出应用能力培养。本教材致力于培养学生利用 C 语言核心知识进行程序设计和项目实践的能力,实现初步的工程性编程规范,强化分析设计能力、错误调试能力、程序阅读能力和程序编写能力。本教材通过大量的例子和几十个有趣的小项目实践由浅入深、深入浅出地进行分析讲解,从而提升学生实践能力。本教材以知识群为核心,将变量与数据类型、选择结构、循环结构、数组、函数、指针、结构体、文件等内容重新构建,围绕项目需要进行设计,从而使学生轻松入门和快速提高,达到学以致用的效果。

　　本教材适用于 C 语言程序设计的初学者,可以作为普通高等院校计算机类、电子信息类和其他理工科类专业程序设计基础的教材,也可作为有兴趣学习 C 语言的其他专业学生的教材,同时也适合读者自学。

▶▶ 前言

　　C 语言是近几十年来影响最为深远的程序设计语言,在它的基础上诞生了 C++、Java 和 C#等当前非常流行并且极具生产力的程序设计语言。"C 语言程序设计"课程是高等学校计算机类的专业基础课,也是很多非计算机专业理工科学生的必修课,基本上是本科生接触计算机程序设计的第一门语言。C 语言的应用非常广泛,既可以用于编写系统程序,又可以作为编写应用程序的设计语言,还可以应用于嵌入式系统和物联网应用的开发。同时,C 语言又是进一步学习 Java 程序设计和 C++程序设计的基础,因而对大多数学习者来说,用 C 语言作为入门语言是最佳的选择。

　　但是,长期以来 C 语言的教学遇到非常大的困难,就是学完 C 语言后大量的学生不会编写程序,一些班级中能够编程的学生不超过50%甚至低至10%,这样的结果是非常让人痛心的。笔者长期从事 C 语言教学,提出的"理实一体化对分课堂教学模式"解决了长期以来学生实践能力严重不足的问题,能够使得90%以上的学生学会编程。笔者通过改变教法、学法、作业布置和教材体系等方式,实现"做中学"的教学理念,明显提高学生上机考试成绩和编程能力,提升学习效果,实现了新工科解决复杂工程问题的能力培养目标。本教材就是多年来教学改革的成果体现。

　　为了适应新工科对学生具有解决复杂工程问题的能力要求,本教材紧紧围绕学生综合编程实践能力,强调核心语法,重点突出应用能力培养。本教材致力于培养学生利用 C 语言核心知识进行程序设计和项目实践的能力,实现初步的工程性编程规范,强化分析设计能力、错误调试能力、程序阅读能力和程序编写能力。使用本教材进行教学,可以更好地实现培养应用型人才的目标,不仅有利于学生学习程序设计的基本概念和方法,掌握编程的技术,更重要的是有利于培养学生针对生产实际的分析问题和解决问题的能力。

　　本教材不是一本大而全的 C 语言语法教科书,而是一个能够让初学者轻松入门和快速提高的"言传身教"者。在编写过程中,我们始终坚持理论与实践并重,理论深入浅出,实践扎扎实实。本教材一开始就促使程序设计初学者把学习的焦点集中在如何利用程序设计语言进行程序设计上,而不是死抠语法,纸上谈兵。本教材注意抓重点,不过分在乎语法细节,提倡多用多实践。"读书百遍,不如抄书一遍",程序设计更是"读书百遍,不如敲书一遍"。学习一定要脚踏实地,本教材每一章都列举了大量程序案例,又提供一定数量的练习题,促使学生在编程实践中理解知识点,实现"做中学"的教学理念,以培养学生的程序设计能力。

本教材在系统化介绍C语言语法知识的前提下,致力于培养学生利用所学知识进行程序设计和项目实践的能力。全书通过数十个精心设计、由浅入深、贴近实际的案例和小项目的分析讲解,帮助学生学以致用、轻松入门和快速提高。本教材的案例都经过精心设计,来源于长期的教学实践,每一个案例都尽可能有意义,让初学者爱学、好学、容易上手,并且在学习过程中不知不觉、循序渐进地就掌握了众多实用的案例,积累丰富的小项目开发实践经验。为了便于初学者学习,本教材列出了所有案例和项目的完整源代码及运行效果图,供学习者阅读、分析、领悟和超越。

本教材努力体现以下特色。

(1)规范性。本教材重视学生良好的编程风格和习惯的养成,使学生形成工程规范。

(2)方法性。本教材特别强调程序的学习方法、迭代编程方法、结构化程序的分层设计方法、程序调试方法、阅读程序的变量变化表方法、程序测试方法等。

(3)迭代性。本教材强调迭代编程的思想和方法,给出了多个迭代案例,实现程序的增加、修改和完善,促使学生循序渐进地完成程序,进行规范的调试和测试,形成工程思维。

(4)科学性。本教材力求做到科学性、实用性、通俗性、趣味性的统一,叙述方式便于阅读理解,适当引进一些趣味性的案例和练习题。

(5)重构性。本教材采用"章—节—知识单元"的结构编写,充分地考虑到初学者的水平,表现为入门容易、循序渐进、由浅入深、难点分散。本教材以知识群为核心,将变量与数据类型、选择结构、循环结构、数组、函数、指针、结构体、文件等内容重新构建。函数、指针和文件一直以来是难点,学生掌握得很差。因此,本教材将函数、指针和文件分散到各章,分别在第1章、第2章和第5章进行介绍。本教材以函数为核心,围绕函数进行展开。但考虑到初学者学习函数存在一定困难,因此大量的案例并没有采用函数,而是把思考题作为深入学习的内容。本教材将数组分为一维数组、字符串和二维数组进行讲解。本教材将编译与预处理、链表放在第10章讲解,便于进行综合设计。

本教材通过具有实用性和趣味性的案例引出相关知识点,通过大量的例子和几十个有趣的小项目实践,实现由浅入深、深入浅出的分析讲解和能力提升。本教材围绕项目需要进行设计,实现学以致用、轻松入门和快速提高。学生可通过案例学习理论知识,模仿改写程序。本教材启发读者把编程思想转换成C程序代码,即通过编写程序提高知识的掌握水平及应用能力。本教材具有覆盖广、案例丰富、突出案例驱动的特色;详略得当、主次分明,在主要知识点上下工夫,不面面俱到;设计了"思考题",引导读者进行更深入的研究,举一反三;对于容易出现的错误及需要注意的事项,设计温馨提示以提醒读者注意,避免读者在学习中走弯路。

本教材是针对大学计算机程序设计第一门教学语言编写的教材,同时兼顾广大计算机用户和自学爱好者,适合教学和自学。使用本教材进行教学,可以更好地实现培养应用型人才的目标,不仅有利于学生学习程序设计的基本概念和方法,掌握编程的技术,更重要的是有利于培养学生针对生产实际的分析问题和解决问题的能力。

本教材作为程序设计类教材,着重强调超越语言的各种语言概念和指导程序设计实践的相关思想与理念;从一开始就强调代码的书写风格,便于初学者模仿,逐渐养成良好的程序设计习惯,侧重讲解了迭代式的模块化程序分析与设计方法;在案例和小项目实践中逐步地引入测试、程序的调试、输入验证、文件存储、常见错误等使程序更加健壮和实用化的考虑。同一个案例或小项目在不同的章节往往采用不同的数据结构、算法及程序架构进行重构,使它们尽可能地贴近实际,让学习者持续地思考和改进它们,为将来企业级的开发做足准备。

通过学习本教材,学习者可以在贴近实际的案例和项目中更容易地理解和掌握相关程序设计语言的概念和语法知识,奠定扎实的基本功,同时积累丰富的小项目开发经验。本教材注重可读性和实用性,在每章的开头都给出了学习目标等内容,重要的知识点都给出了完整的程序示例和运行效果,并在习题与实践中给出了课后进一步提升的综合应用案例的程序设计实践项目。

本书共分10章。第1章C语言基础知识,主要为C语言概述、认识C语言程序、C语言程序的开发、二进制与信息表示。第2章基本数据类型及其操作,主要介绍C语言的数据类型、常量和变量及输入输出、常用运算符与表达式、函数的基本运用、变量与指针。第3章算法与程序结构,主要介绍算法与流程图、顺序结构和程序设计方法、函数的作用与规范使用、指针定义与运算。第4章选择结构,主要介绍单分支结构、双分支结构、多分支结构、程序质量保证、变量的存储属性和作用域、指针作为函数参数。第5章循环结构,主要介绍基本循环结构(while 循环、do while 循环、for 循环)、循环终止和嵌套(break、continue 和嵌套)和文件的基本使用(打开、关闭和格式读写)。第6章一维数组,主要介绍一维数组的基本使用、一维数组与函数和指针(指向一维数组的指针作为函数参数、动态内存分配)、队列、栈和函数的嵌套调用(队列、栈、函数的嵌套调用和递归调用)、排序专题(直接选择排序和冒泡排序)和查找专题(顺序查找和二分查找)。第7章字符串,主要介绍字符数组与字符串、字符串的指针与函数、指针函数与函数指针。第8章二维数组,主要介绍二维数组的基本使用、二维数组与指针(指向二维数组元素的指针、指针数组、数组指针)。第9章结构体与其他自定义类型,主要介绍结构体类型和结构体变量、结构体指针与函数、结构体数组、其他自定义类型(共用体和枚举)。第10章群体数据组织与系统综合设计(电子资源形式呈现),主要介绍多文件与模块化编译(包含头文件、宏定义及条件编译,顺序表和链表的概念、创建及基本操作)、结构体数组、顺序表、链表。

为了配合本教材的教学和学习,每章分为学习导引、学习材料和学生任务3个部分。学习导引主要告诉读者重点和难点、学习要求和本章概要等,本章概要为必须掌握的要点,同时是教学精讲的内容。学习材料就是传统教材的内容,本教材提供了很多学习方法和学习要点。学习任务就是习题,考虑到部分老师需要,我们提供了丰富的练习题,题型包括选择题、判断题、填空题、程序填空题、读程序题、改错题和编程题。笔者建议多做程序填空题、读程序题、改错题和编程题。本教材的附录还提供了代码规范、软件开发环境、ASCII 码表、常用库函数对分课堂的参考教案及学习任务参考答案(电子资源)。

本教材既适合传统讲授法,又适合对分课堂教学法。对分课堂是复旦大学张学新教授提出的中国原创教学模式,经过千百位教师实践,教学效果良好,深受师生欢迎。对分课堂既重视老师教,也重视学生学。对分课堂分为课堂讲授、学生独学、小组讨论和师生对话4个过程。课堂讲授阶段要注重精讲,教师应参考每章概要要求进行精炼讲解。教学步骤可以参考附录 E 提供的教案,根据实际情况调整教学内容。

本教材共 10 章,梁新元提出写作提纲和基本要求,第 1、4、9、10 章由梁新元编写,第 2、3 章由杨永斌编写,第 5、6 章由丁明勇编写,第 7、8 章由邓永生编写。最后由梁新元统编定稿。写作过程中排版、绘图、习题、校稿等方面得到 13 金信班陈海波同学的大力支持,在此特别致谢。

本教材受到一些项目联合资助,主要有:重庆市普通本科高校新型二级学院建设项目、重庆市大数据智能化类特色专业建设项目、中国关心下一代"十三五"国家规划重点课题"中国原创教学模式'对分课堂'教学实践研究"子课题"对分课堂教学法在计算机程序设计类课程教学研究"、重庆工商大学课程建设项目"高级程序设计(C 语言)(计算机/物联网)"、重庆工商大学校级教改项目"程序设计类课程的教学过程管理和质量控制的研究与实践"和"新工科背景下程序设计类课程'对分课堂'教学模式的实践与探索"、重庆市教育科学规划课题"'双一流'背景下基于 SPOC 混合教学模式的构建与应用研究"、重庆工商大学校级教改项目"面向大学生自适应学习的融合'SPOC+翻转课堂'混合式课堂教学模式探索与实践",在此一并致谢。

尽管本教材经过多年教学实践,历经数月的编写和反复校对,但是由于编者水平有限和写作时间的限制,仍然存在错误和不足,恳请使用本书的教师、学生和其他读者批评指正,以便修改。

本书为任课教师免费提供电子课件,包括教学 PPT、案例源代码和完整的对分课堂教案,以方便教学者进行教学,需要者可联系出版社或者笔者(239979061@ qq.com)。

特别说明,由于篇幅限制,本教材第 10 章及每章学习任务和习题答案内容以二维码方式呈现,读者可通过扫码查看该内容的电子文档。另外,由于排版的字体差异,C 语言规定缩进 4 个字符,实际排版后常常缩进 5~6 个字符;正文中用字母表示的变量应用斜体,为与编程语言一致,全文统一为正体;根据本书编码规范"双元运算符前后各空一格",大部分代码都按照这个规范做好了排版,但是仍有遗憾,少量代码没有做到;书中关于 ‖、*=、<=、>=、==、!=、+=、-=、/=、%= 等两个符号组成的运算符,两个符号之间是没有空格的,是紧密相邻的。希望读者明白这四点。

梁新元

2020 年 7 月于重庆工商大学

▶▶ 目录

1 C 语言基础知识

第一部分 学习导引 ………………………………………………… (1)

第二部分 学习材料 ………………………………………………… (2)

  1.1 C 语言概述 ………………………………………………… (2)

  1.2 认识 C 语言程序 ………………………………………… (7)

  1.3 C 语言程序的开发 ……………………………………… (17)

  1.4 二进制与信息表示 ……………………………………… (21)

  1.5 综合应用案例分析 ……………………………………… (23)

第三部分 学习任务 ……………………………………………… (26)

2 基本数据类型及其操作

第一部分 学习导引 ……………………………………………… (27)

第二部分 学习材料 ……………………………………………… (28)

  2.1 C 语言的数据类型 ……………………………………… (28)

  2.2 常量和变量及其输入输出 ……………………………… (31)

  2.3 常用运算符与表达式 …………………………………… (44)

  2.4 函数的基本运用 ………………………………………… (51)

  2.5 变量与指针 ……………………………………………… (58)

  2.6 综合应用案例分析 ……………………………………… (65)

第三部分 学习任务 ……………………………………………… (68)

3 算法与程序结构

第一部分 学习导引 ……………………………………………………（69）

第二部分 学习材料 ……………………………………………………（70）

  3.1 算法与流程图 ……………………………………………………（70）

  3.2 顺序结构和程序设计方法 ………………………………………（77）

  3.3 函数的作用与规范使用 …………………………………………（83）

  3.4 指针定义与运算 …………………………………………………（89）

  3.5 综合应用案例分析 ………………………………………………（100）

第三部分 学习任务 ……………………………………………………（102）

4 选择结构

第一部分 学习导引 ……………………………………………………（103）

第二部分 学习材料 ……………………………………………………（104）

  4.1 单分支结构 ………………………………………………………（104）

  4.2 双分支结构 ………………………………………………………（107）

  4.3 多分支结构 ………………………………………………………（115）

  4.4 程序质量保证 ……………………………………………………（127）

  4.5 变量的存储属性和作用域 ………………………………………（134）

  4.6 指针作为函数参数 ………………………………………………（140）

  4.7 综合应用案例分析 ………………………………………………（151）

第三部分 学习任务 ……………………………………………………（162）

5 循环结构

第一部分 学习导引 ……………………………………………………（163）

第二部分 学习材料 ……………………………………………………（164）

  5.1 基本循环结构 ……………………………………………………（165）

  5.2 循环终止和嵌套 …………………………………………………（184）

  5.3 文件的基本使用 …………………………………………………（197）

  5.4 综合应用案例分析 ………………………………………………（203）

第三部分 学习任务 ……………………………………………………（211）

6 一维数组

第一部分 学习导引 ……………………………………………………（212）

第二部分 学习材料 ……………………………………………………（214）

  6.1 一维数组的基本使用 ……………………………………………（214）

    6.2   一维数组与函数和指针 ·· (224)

    6.3   队列、栈和函数的嵌套调用 ·· (239)

    6.4   排序专题 ·· (251)

    6.5   查找专题 ·· (263)

    6.6   综合应用案例分析 ·· (269)

  第三部分   学习任务 ··· (275)

7   字符串

  第一部分   学习导引 ·· (276)

  第二部分   学习材料 ·· (277)

    7.1   字符数组与字符串 ·· (277)

    7.2   字符串的指针与函数 ·· (287)

    7.3   指针函数与函数指针 ·· (295)

    7.4   综合应用案例分析 ·· (299)

  第三部分   学习任务 ··· (305)

8   二维数组

  第一部分   学习导引 ·· (306)

  第二部分   学习材料 ·· (307)

    8.1   二维数组的基本使用 ·· (307)

    8.2   二维数组与指针 ·· (319)

    8.3   综合应用案例分析 ·· (332)

  第三部分   学习任务 ··· (336)

9   结构体与其他自定义类型

  第一部分   学习导引 ·· (337)

  第二部分   学习材料 ·· (338)

    9.1   结构体类型和结构体变量 ·································· (338)

    9.2   结构体指针与函数 ·· (350)

    9.3   结构体数组 ··· (355)

    9.4   其他自定义类型 ·· (383)

  第三部分   学习任务 ··· (388)

10 群体数据组织与系统综合设计（电子资源）

第一部分　学习导引

第二部分　学习材料

　　10.1　多文件与模块化编译

　　10.2　结构体数组

　　10.3　顺序表

　　10.4　链表

第三部分　学习任务

附录

　　附录 A　代码规范 ………………………………………………………（390）

　　附录 B　软件开发环境 …………………………………………………（396）

　　附录 C　ASCII 码表 ……………………………………………………（410）

　　附录 D　常用库函数 ……………………………………………………（412）

　　附录 E　对分课堂的参考教案 …………………………………………（416）

　　附录 F　学习任务参考答案 ……………………………………………（419）

参考文献

参考文献 ……………………………………………………………………（420）

面向新工科的
C 程序设计与项目实践

1 C语言基础知识

第一部分 学习导引

【课前思考】什么是程序设计语言？你过去听说过哪些程序设计语言？你接触或使用过哪些程序设计语言？

【学习目标】了解 C 语言、C 语言程序的基本结构、使用 C 语言编程的基本方法和步骤。

【重点和难点】本章讨论的都是一些基本概念，因此没有难点，重点在于了解 C 语言程序的基本结构及 C 语言程序开发的步骤。

【知识点】标识符、关键字、变量、C 语言程序的结构、二进制。

【学习指南】理解 C 语言的作用、发展情况和特点，掌握 C 语言程序的基本结构，了解二进制的作用及其转换方法，掌握 C 语言程序开发的环境和步骤。

【章节内容】C 语言概述、认识 C 语言程序、C 语言程序的开发、二进制和信息表示、综合应用案例分析。

【本章概要】C 语言是人与计算机交流的一种重要工具，C 语言应用广泛，仍然是排名前 3 位的开发语言。C 语言程序设计成为现代编程学习的基础，C 语言程序设计是计算机及相关理工科专业的必修课程。

C 语言程序由若干函数构成，函数分为库函数、用户自定义函数和 main() 函数，每个 C 语言程序有且只有一个主函数 main()。标识符命名规则是可以采用字母和数字的组合命名，但第一个字符必须是字母或者下划线，标识符不能使用 C 语言中有特定用途的关键字。C 语言提供行注释和块注释，分别实现一行代码和程序模块的作用解释。C 语言的语句必须用分号结束，可以实现顺序结构、选择结构和循环结构的 3 种控制结构，可以进行表达式计算和函数调用，还可以用复合语句实现多条语句的组合。

C 语言程序开发需要经过问题分析、确定解决问题的方法、编写程序、排除错误、运行测试几个阶段。编写 C 语言程序需要熟练掌握编程工具（如 Dev-C++ 和 VS2010），特别要学会排除常见错误。因此,我们需要积累实践经验,善于阅读和分析错误信息,理解错误类型和错误原因,掌握输出法和 Debug 两种排除错误的方法。

我们要理解各进制与十进制的对应关系和相互转换方法,特别是十进制整数转换成 R 进制的整数采用除基取余法,十进制小数转换成 R 进制小数采用乘基取整法。

注意学习方法,这里提供一些学习方法。

(1)要特别重视实践。C 语言的编写十分灵活,对于初学者容易因错误产生困惑。因此,学习 C 语言一定要掌握正确的学习方法,就是不断地阅读、思考、编程实践和排除错误。教材上提供一些经典案例,尤其是综合应用案例,读者一定要上机编程练习一下。笔者建议坚持每天练习上机,每天练习 2 小时以上,至少不低于 1 小时。

(2)采用迭代方式写程序,不断地增加、修改和完善程序,我们才能更容易编写程序,提升实践能力。

(3)变量变化表是阅读程序的有效工具,展示了程序中各种变量变化的过程,我们需要掌握这种学习工具。

(4)特别要注意编程规范,养成良好的编程习惯使人受益终身,特别注意我们使用的标识符名称要见名知意、缩进规范、逻辑结构清晰、注释简洁清晰。

(5)不会排错就不会编程,学习编程从排错开始。我们可以借用中学错题本的方法,把遇到的错误记录下来,积累排错经验。

第二部分　学习材料

1.1　C 语言概述

本节主要内容为:C 语言的作用、C 语言的发展情况、C 语言的地位、C 语言的特点、C 语言的学习目标、C 语言的学习方法。

1.1.1　C 语言的作用

语言是人与人之间进行交流的工具,如汉语、英语等。C 语言是人与计算机之间进行交流的一种工具。

程序设计语言(programming language)用于书写计算机程序的语言。语言的基础是一组记号和一组规则。根据规则由记号构成的记号串的总体就是语言。在程序设计语言中,这些记号串就是程序。程序设计语言由三个要素构成,即语法、语义和语用。语法表示程序的结构或形式,即表示构成语言的各个记号之间的组合规律,但不涉及这些记号的特定含义,也不涉及使用者。语义表示程序的含义,即表示按照各种方法所表示的各个记号的特定含义,但不涉及使用者。语用表示程序与使用者的关系。

计算机的功能就是进行数据运算。如何让计算机按照人们的意图进行某种运算?方法就是向计算机发送相应的指令。一系列指令的集合就是程序,可以用 C 语言描述相应的指令。因此,C 语言也被称为程序设计语言,C 语言程序是用 C 语言编写的程序。

程序设计语言除 C 语言之外,还有 BASIC、JAVA、C#、Python 等。C 语言仍然是使用最广泛的程序设计语言之一,成为全球程序员的公共语言,世界上许多软件都是用 C 语言开发的，如常用的三大操作系统 Windows、UNIX、Linux。

1.1.2 C语言的发展情况

C 语言于 20 世纪 70 年代初问世，源于 Unix 操作系统，最初是作为改写用汇编语言编写的 Unix 操作系统的实现语言而诞生的。

C 语言标准在不断演化。第一个标准于 1983 年发表，被称为 ANSI C 或标准 C。后来出现了许多 C 语言版本，1990 年正式颁布标准，称为 C89 或 C90 标准，1999 年正式发布了 ISO/IEC 9899：1999，简称"C99 标准"。2007 年，C 语言标准委员会又重新开始修订 C 语言，到了 2011 年正式发布了 ISO/IEC 9899：2011，简称"C11 标准"。

C 语言的影响越来越深远，C 语言的应用领域极广，从上层应用程序到底层操作系统，再到各种嵌入式应用等，几乎无处不在。当前处于统治地位的三大操作系统 Windows、Linux 和 Unix 的绝大多数代码都是用 C/C++开发的。以 C 语言为基础，诞生了 C++、Java、C#和 Python 等语言，这几种语言逐渐成为主流语言。

1.1.3 C语言的地位

"C 语言程序设计"课程的地位非常重要。"C 语言程序设计"是计算机类专业的核心基础课，同时也是高校理工类专业的一门公共计算机基础必修课程，是学生进一步学习编程的基础。例如，电子类、测控类、自动化类、通信类、机电类、物联网类等专业都会涉及单片机开发或嵌入式开发，都需要良好的 C 语言基础。学生在程序设计基本技能方面得到良好的训练会为后继课程的学习及以后的实际应用打下良好的基础。

从课程性质上讲，"C 语言程序设计"是一门专业技术基础课。该课程是计算机专业的一门主要的核心课程之一，常常作为第一门计算机程序设计课程，是进一步进行专业学习的重要基础课程。从图 1-1、图 1-2 和图 1-3 可以看出，学习 C 语言就如同识字，C 语言是进一步学习其他专业课程的基础。从表 1-1 可以看出 C 语言在 2009—2013 年的程序设计语言排行榜中都处于第 1 名或第 2 名，说明现在 C 语言仍然非常重要。

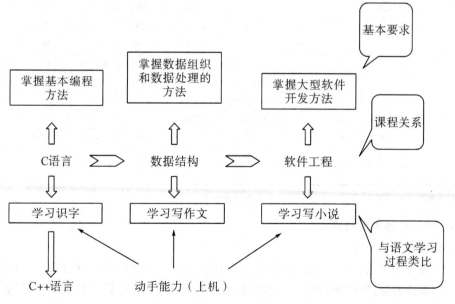

图 1-1　C 语言的作用

计算机科学课程体系（偏软）

前期课程 → 计算机基础 C语言 离散数学 ⇒ 承上启下 数据结构 ⇒ 后期课程 操作系统 编译原理 数据库原理 软件工程

图 1-2　C 语言与后续课程的关系

课程的地位

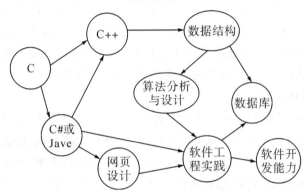

图 1-3　C 语言在计算机专业培养中的地位

表 1-1　2009—2013 年的程序设计语言排行榜

Position 2013	Position 2012	Position 2011	Position 2010	Position 2009	Programming Language	Ratings 2013	Ratings 2012	Ratings 2011	Ratings 2010	Ratings 2009
1	1	2	2	2	C	17.246%	19.822%	17.057%	17.177%	15.837%
2	2	1	1	1	Java	16.107%	17.193%	17.561%	18.166%	19.401%
3	3	6	8	12	Objective-C	8.992%	9.477%	6.805%	3.706%	—
4	4	3	3	4	C++	8.664%	9.260%	8.252%	9.802%	9.633%
5	6	4	4	3	PHP	6.094%	5.669%	6.001%	8.323%	8.779%
6	5	5	5	6	C#	5.718%	6.530%	8.205%	4.963%	5.062%
7	7	7	7	5	(Visual) Basic	4.819%	5.120%	4.757%	5.650%	8.843%
8	8	8	6	7	Python	3.107%	3.895%	3.492%	4.860%	4.567%
9	23	—	—	—	Transact-SQL	2.621%	—	—	—	—
10	11	—	12	—	JavaScript	2.038%	—	2.199%	—	3.540%
—	—	9	9	8	Perl	—	2.126%	2.472%	2.310%	4.117%
—	—	11	—	10	Ruby	—	—	1.802%	—	1.941%
—	—	—	—	—	Delphi	—	—	—	—	3.624%

注：全部以美国每年 10 月（October）时间为准采集数据和进行排序。

1.1.4　C 语言的特点

C 语言的特点如下。

（1）语言简洁、灵活。C 语言结构紧凑，语法限制不太严格，书写自由、灵活、方便。

（2）表达力强，处理能力强。C 语言表达式类型多样化，运算符类别丰富；数据类型丰富，数据处理能力强，能够支持各种复杂的数据结构。

· 4 ·

（3）良好的控制结构。C 语言具有结构化的流程控制语句，支持模块化的分析设计，适合编写不同层次的程序系统，如各种应用程序、各种操作系统、数据库管理系统等。

（4）功能强大。C 语言允许直接访问物理地址，能进行位操作，可直接对硬件进行操作，从而可实现汇编语言的大部分功能。C 语言兼有高级和低级语言的特点。

（5）执行效率高。C 语言目标代码质量高，程序执行效率高，经过编译器优化后生成的代码效率接近汇编语言代码。

（6）可移植性好。与汇编语言相比，C 语言程序可移植性好。

我们不需要记忆 C 语言的这些特点，只需要大概了解。只有结合后面的章节内容，我们才能更好理解 C 语言的特点。上述 C 语言的 6 个特点中，第 4 条至第 6 条与硬件关联紧密，需要与专业课程如单片机、汇编语言对照才能理解。不理解这些特点也不影响后续内容的学习。第 1 条至第 3 条可以在学完本教材后再来体会。这也是本教材倡导的一种学习方法，要抓住重点和要点，要注重细节，但是不必注重每个细节。有些内容我们可以适当跳过，学完后面的内容再回来阅读可能会更好理解。

1.1.5　C 语言的学习目标

本课程使学生掌握一门具体的程序设计语言，教授学生程序设计的基本知识，提高学生的学习兴趣。本课程为学习其他编程语言打下坚实基础，使学习者养成严谨的程序设计风格和习惯，在程序设计基本技能方面得到良好的训练。

教师完成教学大纲规定的教学内容后，学生应掌握 C 语言程序设计的基本方法，基本掌握结构化程序设计的思想方法，从而培养学生解决实际问题的兴趣和能力。

1.1.6　C 语言的学习方法

这里提供了 C 语言的学习方法，也适用于其他编程语言的学习。笔者希望读者采用正确的学习方法，避免使用错误的学习方法。读者可通过后续章节的学习逐步加深理解学习方法，并形成自己的学习方法。

1.1.6.1　课程学习要求

第一，上课认真听讲，积极思考并参与课堂活动。

第二，认真、按时完成课后作业，多练习上机。

1.1.6.2　实践练习的地位

学好计算机的唯一途径是上机练习。你的编程能力与你在计算机上投入的时间成正比。抄录古诗一首，告诫诸学子。

冬夜读书示子聿

宋朝·陆游

古人学问无遗力，少壮工夫老始成。

纸上得来终觉浅，绝知此事要躬行。

1.1.6.3　如何学好 C 语言程序设计

（1）多读程序。

（2）多动手实践。学习者要多练习，多写程序，多上机实践。

（3）信心、坚持、求助、模仿、修改、创新。

1.1.6.4　C 语言的学习方法与步骤

（1）读书，看 PPT，看视频和听课，理解基本语法规则。

（2）多读案例程序和经典程序。C 语言类教材一般都会提供经典案例程序，学习者也可以在网上找其他的经典程序案例。

（3）部分案例的编程实践。理解程序的关键步骤是编程实践案例，验证程序，最好能够修改程序。

（4）上机完成学习任务的编程题和改错题。学习者最好能独立完成，并采用多种方法完成。

1.1.6.5　典型的错误学习方法

典型的错误学习方法列举如下。

（1）延续中学数学的理论学习方法："死啃"书本，死记语法，就是不上机实践。结果学习效果非常差。

（2）只听课不实践教材案例。

（3）不看书或者不看书上的语法讲解，只知道上网乱查资料，没有鉴别能力，不知对错。

（4）没有独立设计和思考能力，只会抄别人的程序。

（5）临时抱佛脚，时间管理不合理。交作业的当天或前一天才开始编程，上交的程序存在大量语法错误。

（6）仅仅为了完成老师布置的作业，不愿看书，不愿意多做一些编程练习，最多达到入门水平。

（7）没有学习兴趣。

（8）懒惰，遇到困难和挫折就放弃。

（9）没有掌握排除错误的方法，不会排除常见错误，又不擅于借助工具或求助他人。

1.1.6.6　如何面对挫折

初学者快速成长的有效途径是挫折训练，在挫折中学习，遇到挫折，不能轻言放弃，要在挫折中成长，积累常见错误排除方法。

在学习 C 语言程序设计时也一样，初学者可以改动 C 程序数据，使程序出现各种各样的编译错误，找出并记录错误信息。初学者要善于求助他人或借助工具，不断积累排错经验，熟练使用排错方法和工具，学会自己独立排错。

1.1.6.7　抄程序的层次

在教学中常常听说一些老师教给学生学习程序设计的方法很简单，就是照着书抄一遍代码就可以了。事实上，很多同学照着老师的方法做了，但是收效甚微。笔者就思考问题出在哪里。多年思考后，我提出了如表 1-2 所示的抄程序的层次模型，应该能有效解决抄程序存在的问题。初学者如果在抄程序时没有看懂程序，抄了再多也不会编程，我们只是培养了熟练的打字员。

表 1-2　抄程序的层次模型

层次	表现	后果	培养目标
1	没看懂原程序，存在错误，不能运行	不会编程	打字员
2	没看懂原程序，程序能够运行	不会编程	打字员
3	半懂原程序，程序能够运行	不会编程	打字员

表1-2(续)

层次	表现	后果	培养目标
4	全懂原程序,程序能够运行,不能修改	不会编程	只能读懂程序
5	全懂原程序,程序能够运行,能修改	会编程	能编写简单程序
6	全懂原程序,程序能够运行,脱离课本时能解决类似问题	能编程	合格程序员

1.1.6.8　抄程序方法

根据表1-2的模型,我们进一步提出正确抄写程序的方法。

①看懂程序;

②将程序分成若干模块;

③逐个完成模块,并进行迭代运行,编译运行成功后再增加下一个模块;

④一题多解在编程题中尤其重要,改进程序或适当改变程序的功能或者采用其他方式实现程序的功能即一题多解。

1.2　认识 C 语言程序

本节主要内容为:C 语言的结构、C 语言标识符及其命名规则、C 语言的注释和注释规范、C 语言的关键字、C 语言的语句。

1.2.1　C 语言的结构

【案例1-1】输出字符串 hello world!

```
// stdio(Standard Input Output,标准输入输出)
#include <stdio.h>        //编译预处理命令
int main( )              //主函数,程序入口
{
    printf("Hello,World!");//输出函数 printf( )//特别注意这里缩进4个空格

    return 0;//0 代表正常退出,1 表示非正常退出
} //exmaple1_1.cpp
```

输出结果:Hello,World!

1.2.1.1　C 语言程序的结构

C 语言程序由若干函数构成,函数包含函数头和函数体两部分,函数体中由若干语句组成,每个语句由分号结束;每个 C 语言程序有且只有一个主函数 main( ),主函数是程序的开始和结束的地方,位置可以任意放置。

C 语言程序的基本结构如图1-4所示,具体阐述如下。

①由一个或多个函数构成。

②这些函数分布在一个或多个文件中。

③每个文件称为一个可编译单元。

④每个 C 程序都有且仅有一个 main 函数。

⑤main 函数是程序的入口,直接或间接地调用其他函数来完成功能。

1
C 语言基础知识

· 7 ·

⑥函数的基本结构:

返回类型　函数名(形式参数列表)

{

　　数据定义;

　　数据加工处理;

　　return 返回值;

}

⑦C 程序结构中的其他成分:注释、头文件、编译预处理。

图 1-4　C 程序的基本结构

1.2.1.2　掌握正确的编程方式

正确写程序方式是采用迭代方式写程序,迭代方式就是增加、修改和完善编写程序。编程套路:佛说一花一世界,梁说一句(模块)一迭代;先搭框架后代码,括号引号成对打。

我们要学会采用正确方式编程,编程是从排错开始的,只有能够识别错误,遇到错误时才能轻松排除。在 C 语言初学过程中我们会遇到很多错误,排错方法请参考 1.3.3 节。

温馨提示:遇到这类错误需要同学们在犯错和排错中积累经验,才能轻松排除错误。

【案例 1-1】的常见错误写法。

程序功能:输出字符串 hello world!

```
//Standard Input Output
//#include <stdio.h> //1. 没有包含头文件
void main( ) //2. 主函数返回值类型不对
{     printf("hello world!"); //3. 花括号所在行写程序
printf("hello world!");//4. 代码顶左端写
    printf("hello world!")//5. 没有分号或者是中文标点符号";"
//} 6. 无右括号
//7. 错误写程序方式:从前到后依次抄代码(实质是培养打字员)
//exmaple1_1_error.cpp
```

1.2.2　C 语言标识符及其命名规范

【案例 1-2】求两个整数之和,并显示输出运算结果。

```
1 #include <stdio.h>      //编译预处理命令
```

```
2 int main( )        //主函数
3 {
4     int x,y,z;   //声明变量:定义整型变量 x,y,z
5     x = 3;        //为变量 x 赋值为 3
6     y = 5;        //为变量 y 赋值为 5
7     z = x + y;    //求 x 与 y 的和,并将和赋给变量 z
8     printf("z=%d\n",z);   //输出运算结果
9
10     return 0;
11 }//exmaple1_2.cpp
```
输出结果:z=8

1.2.2.1 标识符及其命名规则

标识符用来标识变量名、符号常量名、函数名、类型名、文件名等的有效字符序列。标识符类似于自然语言中各种事物的名字。

命名规则可以采用字母和数字的组合命名,但第一个字符必须是字母或者下划线。

1.2.2.2 声明语句和执行语句

特别注意案例中的声明语句(第 4 行)和执行语句(第 5~7 行)的作用。

声明语句不产生机器操作,声明变量或函数,只是通知编译系统定义变量的类型以及变量名称,便于系统在内存中分配相应的内存单元,并在以后的执行中按照指定名称和类型进行相关处理。

执行语句产生机器操作,要完成某种指定的任务,比如赋值、算术运算、输入和输出等。

1.2.2.3 变量变化表

变量变化表是阅读程序的有效工具,展示了程序中各种变量变化的过程,有助于理解程序和算法。变量变化表是本教材提供的特色工具。例如,【案例 1-2】可以用表 1-3 的变量变化表展示程序的运行过程,问号表示不知道其值。算法就是解决问题的方法、思路和步骤,也可以是程序解决问题步骤的抽象结果。算法的更多解释见第 3 章。变量变化表中的行号表示代码的行号,如【案例 1-2】所示。每行代码前可以标注行号,只是便于下面的变量变化表的讨论,写程序时不标行号,适当设置后程序的编程工具会显示。

表 1-3　变量变化表

行号	x	y	z
4	?	?	?
5	3	?	?
6	3	5	?
7	3	5	8
8	3	5	8

注:"?"表示还没有给变量赋值,变量的取值不确定。因此,变量定义时最好进行初始化,即给予初始值。

1.2.3　C 语言的注释和注释规范

思考:如何规范地注释代码。

【案例 1-3】求两个整数的最大值,并显示输出运算结果。

```
/ * 程序功能注释:【案例 1-3】求两个整数的最大值,并显示输出运算结果 */
1 #include <stdio.h>
2 int main( ){       //花括号可以放在这里
3     int x = 0, y = 0, z = 0; //代码行注释:定义整型变量
4                //空行起到分隔不同模块的作用,可以不要
5     / * 程序块注释:为变量赋值 */
6     x = 3;
7     y = 5;
8
9     / * 采用选择结构取 x 和 y 的最大值 */
10    if ( x > y)
11        z = x;
12    else
13        z = y;
14    printf("z=%d\n",z);//输出运算结果
15
16    return 0;
17} //选择结构 exmaple1_3. cpp
```

注释主要提供行注释和块注释。行注释主要解释每行代码的作用和功能,用双斜杠表示"//";块注释主要表示之后的程序模块、函数功能等的作用,用"/ *　　*/"表示,可以注释多行语句。

表 1-4 显示了 x 和 y 取不同值时,程序运行过程中变量的取值变化。表 1-4 的左半部分执行 if 语句,表示 x>y 时的运行过程;表 1-4 右半部分执行 else 语句,表示 x≤y 时的运行过程。本教材希望用变量变化表这种方式让读者真正理解程序,通过运行程序并增加过程输出语句,练习者也能检查自己的理解是否正确。学编程一定要多实践,读者可以通过自己动手改写程序验证自己的理解是否正确。例如,在第 4 行、第 8 行和第 15 行增加语句"printf("x=%d,y=%d,z=%d",x,y,z);",就可以检查第 4 行、第 7 行和第 14 行代码运行的结果,因为输出语句不会改变变量的值。第 6 行代码可以改为"x = 3; printf("x=%d,y=%d,z=%d",x,y,z);"。但是我们要验证第 11 行和第 13 行代码的运行结果,要用到复合语句,需要将第 11 行和第 13 行代码改写为复合语句。复合语句就是多条语句构成的语句块。例如,第 11 行代码可以改写为"{z = x;printf("x=%d,y=%d,z=%d",x,y,z);}",最好写成如下形式,以便更好理解。

```
    {
        z = x;
        printf("x=%d,y=%d,z=%d",x,y,z);
    }
```

表 1-4　变量变化表

行号	x	y	z	行号	x	y	z
3	0	0	0	3	0	0	0
6	5	0	0	6	3	0	0
7	5	3	0	7	3	5	0
10	5	3	0	10	3	5	0
11	5	3	5	12	3	5	0
				13	3	5	5
14	5	3	5	14	3	5	5

注:表格中左右两边取值不同,执行的代码行也不同。

温馨提示:特别要注意编程规范。

大家刚开始学习 C 语言的时候,第一步不是要把程序写正确,而是要写规范。因为如果你养成一种非常不好的写代码的习惯,代码就会写得乱七八糟,在工作面试的时候,这样的习惯可能会让你失去机会。学习者要特别注意以下三条规则,更多的要求参考附录 A 第一节的简易版编程规范。

①标识符命名规则:见名知意,符合规范。

②排版规则:适当缩进,使程序结构清晰,可读性强。

③注释规则:对程序功能、变量作用和语句或语句块的功能进行简明扼要的说明。

1.2.4　C 语言的关键字

1.2.4.1　关键字

关键字是由 C 语言预定义的具有特定含义的单词,通常称为保留字。它们在程序中有特定的使用目的,不能用于定义标识符。C 语言有 32 个关键字,但最常用的只有 27 个,罗列如下:

(1)数据类型(12 个)。

char:声明字符型变量或函数返回值类型。

double:声明双精度浮点型变量或函数返回值类型。

enum:声明枚举类型。

float:声明浮点型变量或函数返回值类型。

int:声明整型变量或函数返回值类型。

long:声明长整型变量或函数返回值类型。

short:声明短整型变量或函数返回值类型。

signed:声明有符号类型变量或函数返回值类型。

struct:声明结构体类型。

unsigned:声明无符号类型变量或函数返回值类型。

union:声明共用体类型。

void:声明函数无返回值或无参数,声明无类型指针。

(2)控制语句(12 个)。

break:跳出当前循环。

case:开关语句分支。

continue:结束当前循环,开始下一轮循环。

default:开关语句中的默认分支。

do:循环语句的循环体。

if:条件语句。

else:条件语句否定分支(与 if 连用)。

for:一种循环语句。

goto:无条件跳转语句。

return:子程序返回语句(可以带参数,也可不带参数)。

switch:用于开关语句。

while:循环语句的循环条件。

(3)其他关键字(3 个)。

const:声明只读变量。

sizeof:计算数据类型或变量长度(所占字节数)。

typedef:用于给数据类型取别名。

注意事项:

①关键字不能定义为标识符。

②编写程序时关键字必须是小写字母,若改为大写字母就不是关键字,而是普通标识符。

③关键字不需要特别记忆和讲解,在后面的使用中进行查询和注意就行了,重在使用,应用熟练后就自然知道这些关键字的作用及相互之间的区别了。现在讲解后学生也不能理解,建议学生在复习时再来看这一部分,就容易理解了。有些编译器会用特别的颜色表示关键字,如 Dev-C++ 和 VS2010。

1.2.4.2　循环结构程序案例

【案例 1-4】顺序输出 26 个英文小写字母。

/ * 程序功能注释:【案例 1-4】输出 26 个小写英文字母 * /

```
1 #include <stdio.h>
2 int main( )
3 {
4     char c = ' ';//代码行注释:字符变量 c 用于存储字符//特别注意这里缩进 4 个空格
5     int i = 0;//i 是循环控制变量,用于控制循环次数
6     / * 程序块注释:循环结构,循环 26 次 * /
7     c = 'a';//给变量赋值
8     for (i = 0;i < 26;i++)//i++表示 i=i+1
9     {
10        printf(" %c",c); //特别注意这里再缩进 4 个空格
11        c = c + 1;
12    }
```

```
13        printf(" \n");
14
15        return 0;
16} //example1-4.cpp
```

运行结果:

a b c d e f g h i j k l m n o p q r s t u v w x y z。

思考:如何规范地注释代码? 如何修改代码,输出不同的结果(例如,只输出 a c e g i、a d g j m、d i n s x、大写字母等)?

简单起见,这里在表 1-5 中只显示了第 10 行代码中变量值的变化过程,变量变化表如表 1-5 所示。

表 1-5　变量变化表

行号	i	c
10	0	a
10	1	b
10	2	c
10	3	d

1.2.4.3　迭代编程

编程套路搭建了程序的思路框架,迭代编程实现程序的层层递进。通过教学实践发现,迭代编程让初学者更容易理解程序的写作过程,理解代码的迭代生长过程,使初学者更容易学会编程。

编程套路(搭建支架):佛说一花一世界,梁说一句(模块)一迭代;先搭框架后代码,括号引号成对打。

迭代编程(层层递进):编程套路突破口,反复演练方掌握。

这里给出了【案例 1-4】的迭代过程。同学们切忌急躁,不必一次就把整个程序都弄明白,而是要循序渐进地理解、修改、增加和完善整个程序。

第 1 次迭代的代码

```
#include <stdio.h>
int main( )
{
        printf("helloworld! \n");

        return 0;
}
```

第 2 次迭代的代码

```
#include <stdio.h>
int main( )
{
        char c = ' ';//字符变量 c 用于存储字符
```

```
    int i = 0;//i 是循环控制变量,用于控制循环次数
    / * 循环语句 for,循环 26 次 * /
    c = 'a';//给变量初值
    printf("helloworld! \n");

    return 0;
}
```

第 3 次迭代的代码

```
#include <stdio.h>
int main( )
{
    char c = ' ';//字符变量 c 用于存储字符
    int i = 0;//i 是循环控制变量,用于控制循环次数
    / * 循环语句 for,循环 26 次 * /
    c = 'a';//给变量初值
    for (i = 0;i < 26;i++)//i++表示 i=i+1
    {
    }
    printf("helloworld! \n");

    return 0;
}
```

第 4 次迭代的代码

```
#include <stdio.h>
int main( )
{
    char c = ' ';//字符变量 c 用于存储字符
    int i = 0;//i 是循环控制变量,用于控制循环次数
    / * 循环语句 for,循环 26 次 * /
    c = 'a';//给变量初值
    for (i = 0;i < 26;i++)//i++表示 i=i+1
    {
        printf(" %c",c);//输出一个英文字母
        c = c + 1;//得到下一个英文字母
    }
    printf(" \n");

    return 0;
}
```

1.2.5　C 语言的语句

C 语言的语句就是用来向计算机系统发送操作指令。用 C 语言进行程序设计,就是设计由函数构成的一个或几个文件。C 程序就是函数集。目前我们学习的 C 程序是由一个以.c 或者.cpp 为扩展名的源文件,且其中只有一个主函数 main( );对于每一个函数的设计,就是使用程序控制语句完成问题对应的算法步骤。

C 语言的语句分为 4 类:①控制语句;②表达式语句;③函数调用语句;④空语句与复合语句。

1.2.5.1　控制语句

C 语言的程序控制语句有基本语句、条件控制语句、循环控制语句,对应的三种基本控制结构为顺序结构、选择结构和循环结构。控制语句有 9 种,作用如下。

if-else:条件语句,用来实现选择结构。

switch:多分支选择语句。

for:循环语句,实现循环结构。

do-while:循环语句,实现循环结构。

while:循环语句,实现循环结构。

continue:流程控制语句,结束本次循环,终止执行 switch 或循环语句。

break:流程控制语句,终止执行 switch 或循环语句。

return:流程控制语句,从函数返回。

goto:流程控制语句,转向语句,会破坏程序的良好结构,造成程序逻辑混乱,现在已基本不用。

温馨提示:控制语句中的关键字不需要特别记忆和讲解,重在编程时熟练应用。

1.2.5.2　表达式语句

我们在表达式后面加上一个分号";",便构成了一个表达式语句。前面介绍的赋值表达式语句就是一种表达式语句。

表达式语句的功能就是计算表达式的值。

一般语句格式为:表达式;

例如:

　　z=x+y;

　　x=2 * y;　//赋值语句:计算 2 * y 的值并赋给 a

　　++k;　　//前缀自增表达式语句:k 的值增 1

　　m=6, n=m++;　//逗号表达式语句:顺序计算 m,n 的值

因为 C 程序中大多数语句是表达式语句(含函数调用语句),因此我们也将 C 语言作为"表达式语言"。

表达式和表达式语句的区别在于:表达式代表的是一个数值,而表达式语句代表的是一种动作特征。在 C 程序中赋值语句是最常见的表达式语句。

特别提示:";"是 C 语言中的语句必不可少的结束符,且必须采用英文标点符号,不能用中文标点符号。

1.2.5.3　函数调用语句

C 程序是函数集,函数调用语句是最常用的语句,如 printf( )函数、scanf( )函数都是

需要函数调用语句才能执行。如果想通过一个函数完成一个功能,只有函数定义是不行的,必须通过函数调用来完成函数的功能。例如,库文件 stdio.h 中有 printf() 函数的定义,如果我们不调用 printf 函数(),就不能执行屏幕输出操作。

执行函数语句就是调用函数体并把实际参数赋予函数定义中的形式参数,然后执行被调函数体中的语句,求取函数值。其一般形式为:

函数名(实参列表);

其中实参列表一定要与函数定义中的形参在顺序、类型、个数一一对应。关于函数调用的更深层次的理解在第 2 章和第 3 章进行具体介绍。

函数调用语句由函数调用加分号构成,例如:

printf("Hello,World!");

printf() 是一个库函数,上面语句是调用该函数。

函数调用语句也可以出现在表达式语句或其他场合,例如:

c = max(x,y); //表达式语句

或

printf("%d",max(a,b)); //函数调用语句

都正确。

1.2.5.4 空语句与复合语句

(1)空语句。

空语句是表达式语句的一种特例,是仅由一个分号";"组成的语句。

语句格式为:

```
;
```

空语句的存在只是语法完整性的需要,其本身并不代表任何动作。空语句是什么也不执行的语句,使程序不产生任何动作,常常用于循环语句结构和无条件转移中(不需要其他语句),或者只是为了在"}"之前设立一个标号,或者预留一个语句的位置。

例如:

```
while(getchar()!='Y')
{
    ;
}
```

(2)复合语句。

复合语句也称语句块,是使用花括号"{}"把多条语句括起来组合而成的一种语句。复合语句中的语句是一个整体,如果一组语句是作为一个整体出现的,我们需将其作为复合语句。如案例 1-4。

复合语句格式如下:

```
{
    [局部变量定义];//可以选择进行变量定义,也可以没有变量定义
    语句1;
    语句2;
    ……
```

语句 n;

}

例如:

{

    int n;//定义变量 n

    scanf("%d",&n);//输入 n

    printf("%d",n);//输出 n

}

1.2.6　C 语言的函数

函数分为库函数、用户自定义函数和 main( )函数。

(1)库函数:①由系统提供,经过精心编写和反复测试及使用,可靠而安全,推荐多使用。②使用时必须包含所需的头文件。

(2)用户自定义函数:用户自己编写的函数。

(3)main( )函数:每一个 C 程序都有且仅有一个,是程序调用的入口。main( )函数是程序的组织者,直接或间接地调用别的函数辅助完成整个程序的功能。但别的函数不能调用 main( )函数,由操作系统自动调用。

特别注意:C 语言严格区分大小写,所以 Main( )函数并不等同于 main( )函数。

【案例 1-5】用户自定义函数构成的 C 程序示例。

本案例改编自案例 1-1。

/ ∗【案例 1-5】本程序由两个函数构成:main( )函数和 sayHello( )函数(用户自定义函数),但它们仍然在同一个文件中 ∗/

```
#include <stdio.h>
/ ∗用户自定义函数的定义 ∗/
void sayHello()
{
    printf("Hello, World! \n");
}
int main( )
{
    sayHello();//用户自定义函数的调用

    return 0;
}//example1-5. cpp
```

输出结果:Hello, World!

1.3　C 语言程序的开发

本节主要内容为:C 语言程序的开发步骤、开发环境的安装、开发环境的使用、程序错误类型与调试方法。

1.3.1　C 语言程序的开发步骤

1.3.1.1　C 语言程序开发的步骤

C 语言程序开发的步骤如下：

①明确任务，即要解决什么问题。

②设计问题的解决方案，即确定算法。

③采用编辑器编写程序代码，用 C 语言描述算法。

④通过编译（编译器完成）、连接（连接器完成），排除程序中的语法错误。

⑤运行程序并用数据进行测试，检查程序是否能够完成预定任务。

1.3.1.2　程序的编译与程序语言的分类

计算机语言是人与计算机进行交流的工具。

计算机语言发展分成机器语言、汇编语言和高级语言三个阶段。

计算机由电子元器件组成。电子元器件的两种状态：开(1)和关(0)。机器语言的所有指令均由 0 和 1 组成。该语言的特点是：由该语言编写的程序，计算机能够直接识别和执行；缺点之一是可读性差。

温馨提示：可读性就是程序员阅读程序时容易理解的程度，可读性好的程序更容易被读懂，可读性差的程序很难被读懂。我们编写的程序代码要尽量易懂，便于他人理解该程序代码。

汇编语言是用一些助记符表示数据操作，比如用 add 表示要实现数据的加运算。该语言相对机器语言的可读性得到了一定程度的提高，用该语言编写的程序，计算机不能直接识别和执行，必须借助于一个翻译工具（汇编程序）的翻译生成机器语言程序后再运行。

高级语言就是用该语言编写的程序，优点是可读性很高和可移植性强；缺点就是计算机不能直接识别和执行该语言，我们必须通过编译程序或解释程序的翻译生成机器语言程序后再运行。高级语言有几百种，如 C、C++、C#、Basic、JAVA、Python、PHP 等。

1.3.1.3　程序的连接

【案例 1-1】输出字符串 hello world！

```
#include <stdio.h>        //编译预处理命令
int main( )               //主函数
{
    printf("hello world!");   //输出函数 printf( )
    return 0;
}
```

程序的连接过程（见图 1-5）：先由编译程序或解释程序将 C 源程序(.c 或.cpp)转换为目标程序(.obj,object)，再连接程序将目标程序(.obj)转换为可执行程序(.exe,execute)。

源程序文件 example1_1.cpp 或 exmaple1_1.c 转换为目标程序 example1_1.obj，进一步转换为可执行程序 example1_1.exe。

```
┌──────────────┐      ┌──────────────┐      ┌────────────────┐
│ C源程序(.c)  │─────▶│ 目标程序(.obj)│─────▶│ 可执行程序(.exe)│
└──────────────┘      └──────────────┘      └────────────────┘
    编译程序或解释程序           连接程序
```

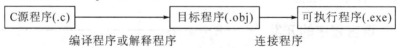

example1_1.cpp/exmaple1_1.c➜example1_1.obj ➜example1_1.exe

图 1-5　程序的连接过程

1.3.2 开发环境的安装和使用

C 语言的集成开发环境还有 c_Free、TC(Turbo C)、C++ Builder 6.0、Dev-c++、Visual Studio2005/2008/2010/2012/2013/2015/2017、Visual Studio Code 等。

Visual C++ 6.0 有一些老旧,不是特别好用,这里介绍 Dev-C++和 Visual Studio2010 (VS2010)两种开发环境的安装和使用。Dev-C++安装包特别小,只有几十兆,界面简单,使用方便,适合初学者练习小程序,但是不便于调试错误和做项目。VS2010 安装包达到 2.5G,功能强大,界面复杂。当需要调试程序错误和做项目时,笔者推荐使用 VS2010,因为 VS2010 比 Dev-C++更适合开发项目,Dev-C++更适合处理小程序。

为了节省正文篇幅,Dev-C++和 VS2010 开发环境安装流程可以在网络搜索查看,操作手册见附录 B。附录中提供了 Dev-C++和 VS2010 的简单使用手册、VS2010 常用调试技巧和 VS2010 开发环境的常见使用问题及其解决方法。

1.3.3 程序错误类型与排除方法

核心提示:不会排错就不会编程,学习编程从排错开始。

1.3.3.1 错误类型

程序在计算机上编译运行时,可能会出现各种各样的问题,从而出现各种错误。错误罗列如下。

①语法错误:编译出错,不能被运行,是严重错误。

②逻辑错误:虽然能够运行,但结果不正确。

③运行错误:编译不出错,无法连接运行;能够运行,结果也正确,但在某个特定的情况下会出现问题,是严重错误。

④警告:会出现 warning 警告提示,可以编译和运行,可能会造成运行错误,需要小心。

1.3.3.2 错误原因

程序在计算机上编译运行时,可能会出现各种各样的问题。语法错误是指语句不符合语法规则或者书写标识符错误,造成编译出错。程序不能被运行,是严重错误。一般编译器都能检查出相应的语法错误并给出较为准确的错误定位和定性,因此修正这类错误较为简单,初学者常犯的就是此类错误。

逻辑错误,又称语义错误,程序虽然能够运行,但结果不正确,即此时程序能够运行,但运行结果不是希望达到的结果。

运行错误,又称运行时异常,虽编译不出错,但程序无法连接运行;能够运行,结果也正确,但在某个特定的情况下会出现问题,是严重错误。它们并不是经常发生,而是在特定的情况下发生,比如运行环境设置错误、内存耗尽、缓冲区溢出、相应的数据文件不存在、网络连接断开等,所以很难捕获,从而导致程序蕴含了隐藏很深的错误,要想修复它们得耗费更多的资源(人、财、物、时间等都是资源)。

程序有时会出现警告(warning)提示,可以编译和运行,可能会造成运行错误,需要小心。出现警告提示是由于变量没有初始化,或者编译器升级时有些函数不再主张使用。例如,在 VS2005 之后版本的编译器主张使用 scanf_s( )函数,scanf( )会出现警告信息,有些版本甚至不允许使用 scanf( )。因此,我们推荐初学者使用 VS2010,熟练编程后再去使用 VS2017 这类新版本。

1.3.3.3　排除错误的方法

排除语法错误时,我们需要看懂编译器的错误提示,熟练掌握语法规则。如果出现多个错误提示,我们可以先排除第一个错误,编译后再排除其他错误。Dev－C＋＋和VS2010编译器中都有错误列表,用来显示语法错误。

排除逻辑错误时一般通过输出法和需要相应的程序调试手段和工具(debug方法)。

排除运行错误时需要检查运行环境和配置环境等。

排除警告错误时需要分类处理。出现变量没有初始化的警告时一定要注意初始化变量;有些函数过时了就不用,但是 scanf( )还是要用的,这时不管警告。

1.3.3.4　常用的排除逻辑错误的方法

(1)输出法。

输出法,又称肉眼观察法、肉眼法,就是采用输出结果,分析运行的中间结果和最后结果,分析程序可能出错的位置和出错的原因并寻找修改方法,即找错和改错。输出法通常作为第一步,粗略发现问题。

(2)Debug方法。

Debug方法,就是采用专门的debug工具(一般的编译器都带有该工具)排错的一种专业方法。通过分析运行中变量值的变化过程,我们进行精细的分析和查找,分析程序可能出错的位置和出错的原因并寻找修改方法,即找错和改错。

记住几个常用键:ctrl+F5为正常运行、F5为进行调试运行、F9为设置或取消断点、F10为逐语句(不进入函数体内)、F11为逐语句(进入函数体内)。具体操作方法参考附录B,附录B提供了VS2010常用调试技巧,我们需要结合具体知识和案例勤加练习,才能熟练掌握Debug方法。

1.3.3.5　五读排错法

①读编译信息(警告 warning 或错误 error);

②读运行结果(看中间结果和最终结果是否正确、运行是否出现异常);

③读程序代码;

④读诊断变量数据;

⑤读链接运行信息(是否出现链接运行错误)。

1.3.3.6　初学者常犯的错误

①将 printf("Hello,world! \n");语句后的英文分号改为中文分号。

②将 printf("Hello,world! \n");语句中的英文双引号改为中文双引号。

③将 printf("Hello,world! \n");语句中的英文括号改为中文括号。

④将 printf("Hello,world! \n");语句中的英文双引号改为英文单引号。

⑤将 printf 改为 Printf 或者 print。

⑥在#include <stdio.h>后面加上分号。

⑦将#include <stdio.h>中的英文的"<"或">"符号改为对应的中文的符号"＜"或"＞"。

⑧将标识 main 函数开始的"{"去掉。

⑨将最后的标识 main 函数结束的"}"去掉。

⑩将 main 函数改为 Main 或者 mian。

⑪将 int main( ) 函数改为 void main( )，是大多数 C 语言教材的典型错误，main( )返回值不是 void 型，但是这个错误在编译程序时可能没有问题。

1.4 二进制与信息表示

本节主要内容为：二进制、进制转换、信息的存储单位、非数值信息的表示。

信息的分类如图1-6所示。

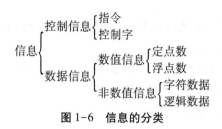

图 1-6 信息的分类

1.4.1 二进制

计算机采用的是二进制数字系统。

基本符号：0、1。

进位原则：逢二进一。

优点：易于物理实现，二进制数字运算简单，机器可靠性高，通用性强。

缺点：对人来说可读性差。

程序设计中常用的数制是二、八、十和十六进制，表1-6给出了常用进制。

表 1-6 常用进制

进制	基 数	进位原则	基本符号
二进制	2	逢2进1	0,1
八进制	8	逢8进1	0,1,2,3,4,5,6,7
十进制	10	逢10进1	0,1,2,3,4,5,6,7,8,9,
十六进制	16	逢16进1	0,1,2,3,4,5,6,7,8,9,A,B,C,D,E,F

1.4.2 进制转换

1.4.2.1 各进制数码的对应关系

表1-7给出了各进制数码的对应关系。

表 1-7 各进制数码的对应关系

十进制	十六进制	二进制	十进制	十六进制	二进制
1	1	1	9	9	1001
2	2	10	10	A	1010
3	3	11	11	B	1011
4	4	100	12	C	1100
5	5	101	13	D	1101
6	6	110	14	E	1110

表1-7(续)

十进制	十六进制	二进制	十进制	十六进制	二进制
7	7	111	15	F	1111
8	8	1000			

1.4.2.2　R 进制→十进制

各位数字与它的权相乘,其积相加。

例如:

$(11111111.11)_2 = 1×2^7+1×2^6+1×2^5+1×2^4+1×2^3+1×2^2+1×2^1+1×2^0+1×2^{-1}+1×2^{-2}$
$= (255.75)_{10}$

$(3506.2)_8 = 3×8^3+5×8^2+0×8^1+6×8^0+2×8^{-1} = (1862.25)_{10}$

$(0.2A)_{16} = 2×16^{-1}+10×16^{-2} = (0.1640625)_{10}$

1.4.2.3　十进制→R 进制

(1)整数。

十进制整数转换成 R 进制的整数,采用除 R 取余法即除基取余法,如图 1-7 所示。

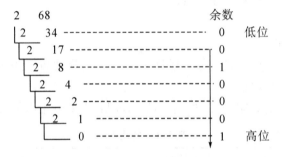

图 1-7　除基取余法

所以 $(68)_{10} = (1000100)_2$

口诀:除基取余,先余为低,后余为高。

结束条件:商为 0。

整数用例:93,57,248。

(2)小数。

十进制小数转换成 R 进制小数,用乘 R 取整法即乘基取整法,如图 1-8 所示。

```
                              高位
0.3125  ×2  = 0 .625
0.625   ×2  = 1 .25
0.25    ×2  = 0 .5
0.5     ×2  = 1 .0
```

图 1-8　乘基取整法

所以 $(0.3125)_{10} = (0.0101)_2$。

口诀:乘基取整,先整为高,后整为低。

结束时刻:将小数部分全部变为 0 或者规定精度为止。小数用例:0.375,0.6375, 0.2465,0.3125。

1.4.2.4 二、八、十六进制的相互转换

每位八进制数相当于三位二进制数,每位十六进制数相当于四位二进制数,例如:

$(1011010. 10)_2 = (001\ 011\ 010\ .100)_2 = (132.4)_8$

$(1011010. 10)_2 = (0101\ 1010\ .1000)_2 = (5A.8)_{16}$

$(F7)_{16} = (1111\ 0111)_2 = (11110111)_2$

1.4.3 信息的存储单位

1.4.3.1 常用存储单位

位(bit,b):度量数据的最小单位,表示一位二进制信息。

字节(byte,B):由八位二进制数字组成(1 byte = 8 bit)。

千字节 1KB(Kilobyte) = 1024B

兆字节 1MB(Megabyte) = 1024KB

吉字节 1GB(Gigabyte) = 1024MB

太字节 1TB(Terabyte 万亿字节) = 1024GB

1.4.3.2 大数据背景下信息的存储单位

大数据背景下数据量大幅度增加,会常用到以下单位:

1PB(Petabyte 千万亿字节 拍字节)= 1024TB

1EB(Exabyte 百亿亿字节 艾字节)= 1024PB

1ZB (Zettabyte 十万亿亿字节 泽字节)= 1024 EB

1YB (Yottabyte 一亿亿亿字节 尧字节)= 1024 ZB

1BB (Brontobyte 一千亿亿亿字节)= 1024 YB

1.4.4 非数值信息的表示

1.4.4.1 西文字符

美国信息交换标准码(American Standard Code for Information Interchange,ASCII):用7 位二进制数表示一个字符,最多可以表示 2^7(128)个字符;用 1 个字节表示,最高位表示校验位;ASCII 码表见附录 C。

1.4.4.2 汉字

目前应用较为广泛的是"国家标准信息交换用汉字编码"(GB 2312-80 标准),简称"国标码":汉字是二字节码,用 2 个七位二进制数编码表示一个汉字,用 2 个字节表示。

1.5 综合应用案例分析

前面我们已经学会了如何开发我们的第一个 C 语言程序:HelloWorld 程序。

这个程序除了帮助我们掌握和理解 C 程序的开发步骤以外,还有没有什么别的实用价值呢? 答案是肯定的。

HelloWorld 程序的开发运行是我们学习程序设计的第一步,一旦迈出以后,我们就可以在此基础上迈出我们的第二步、第三步……

知识是用来学以致用的,让我们看看在 Helloworld 的基础上能够扩展出什么?

1.5.1 Helloworld 程序的扩展一

```
/* 功能:主要演示如何利用 printf 库函数设计字符界面 */
#include <stdio.h>
```

```
int main()
{
    printf("          *          \n");// \n 为转义字符---换行符
    printf("        *  *         \n");
    printf("       *      *      \n");
    printf("      *         *     \n");
    printf("     *             *   \n");
    printf("      *         *      \n");
    printf("       *       *       \n");
    printf("        *  *          \n");
    printf("          *           \n");
    return 0;
}
```

运行结果如图 1-9 所示。

图 1-9 运行结果

请练习上三角形星号或者下三角形星号。

1.5.2 Helloworld 程序的扩展二

注意:程序开始前的注释提供程序的开发信息。

/* 功能:简单计算器的菜单 */

/**

* 程序功能:主要演示如何利用 printf 库函数设计字符界面

*   \n 为转义字符---换行符

* 作   者:ABC

* 开发日期:2010 年 9 月 20 日

*/

```
#include <stdio.h>
int main()
{
    printf("    ===简单计算器===    \n");
```

```
    printf("------------------------------\n");
    printf("   1. 加法   2. 减法        \n");
    printf("   3. 乘法   4. 除法        \n");
    printf("   5. 退出              \n");
    printf("------------------------------\n");
    printf("请选择功能(1-5):        \n");
    return 0;
}
```

运行结果如图1-10所示。

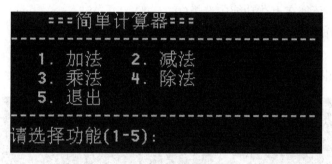

图1-10　运行结果

思考题:如何将扩展二改写为自定义函数形式。

```
#include <stdio.h>
/*菜单函数的定义*/
void menu()
{
    printf("   ===简单计算器===   \n");
    printf("------------------------------\n");
    printf("   1. 加法   2. 减法        \n");
    printf("   3. 乘法   4. 除法        \n");
    printf("   5. 退出            \n");
    printf("------------------------------\n");
    printf("请选择功能(1-5):        \n");
}
int main()
{
    menu();//菜单函数的调用
    return 0;
}
```

1.5.3　Helloworld 程序的扩展三

```
/*功能:信息管理系统的界面设计*/
#include <stdio.h>
```

```
int main( ) {
    printf("  =======大学信息管理系统 ======= \n");
    printf("--------------------------------\n");
    printf("  1. 办公室管理  5. 财务管理      \n");
    printf("  2. 教务管理  6. 图书管理        \n");
    printf("  3. 科研管理  7. 设备管理        \n");
    printf("  4. 人事管理  8. 后勤管理        \n");
    printf("         0. 退出系统             \n");
    printf("--------------------------------\n");
    printf("请您在上述功能中选择(0——8):      \n");
    return 0;
}
```

运行结果如图 1-11 所示。

图 1-11　运行结果

第三部分　学习任务

2 基本数据类型及其操作

第一部分 学习导引

【课前思考】为什么在计算机程序设计中要将数据分成不同的数据类型?

【学习目标】熟悉 C 语言的基本数据类型、常量与变量概念及其使用、常用运算符与表达式、数据的输入与输出、函数和指针的初步使用。

【重点和难点】本章讨论的都是 C 语言中一些最基本的数据对象,因此非常重要。本章重点在于了解并掌握 C 语言中的基本数据类型、常量和变量的应用、表达式的应用、函数和指针的应用。

【知识点】数据类型、常量、变量、运算符、表达式、函数和指针。

【学习指南】熟悉 C 语言的基本数据类型,熟悉各种常量描述和使用,熟悉变量的声明与初始化,理解并掌握常用运算符与表达式,掌握数据的输入与输出方法,掌握函数和指针的基本使用。

【章节内容】C 语言的数据类型、常量与变量及其输入输出、常用运算符与表达式、函数的基本运用、变量与指针、综合应用案例分析。

【本章概要】数据类型分为基本数据类型和构造类型。基本数据类型主要有整型(int)、浮点型(float)、字符型(char)等。其中,浮点型又可以分为单精度浮点型(float)和双精度浮点型(double)两种。char 占用 1 个字节、int 和 float 占用 4 个字节、double 型数据占用 8 个字节,我们可以用 sizeof 运算符测量这些类型的长度。构造数据类型包括数组、结构体、共用体和枚举类型。

常量是在程序执行过程中其值不能改变的量,符号常量的标识符用大写字母表示。

由于数据类型不同,变量占用的存储空间不同,变量名代表内存中的一个存储单元。变量的数据类型在变量的定义时需指出,变量在使用之前必须先声明,变量名通常用小写字母。变量定义的一般形式:类型标识符 变量名表;

数据的输入与输出。常用 printf( ) 和 scanf( ) 函数的格式基本相同,我们要掌握主要格式控制符即整型%d、浮点型%f、字符型%c、字符串%s、换行符\n,格式控制字符与变量个数相同且类型一致。特别注意 scanf 需要在变量前加地址符 &。如果要控制输出宽度,请用格式%m.nf。字符的输入输出可以用 getchar( )和 putchar( )函数。

算术表达式是用算术运算符将运算对象连接起来的式子。基本算术运算符的优先级别与数学中的算术运算符的优先级别一样。我们要明白"/"符号既可以做整除又可以做一般除法,"%"是求余数符号。i++表示 i=i+1,--i 表示 i=i-1,我们不必过分区分 i++和++i。在进行算术运算时,遵循的原则是"先乘除求余,后加减",即 *、/、%的优先级别高于+、-。赋值运算符的优先级低于算术运算符,算术运算符的结合方向为左结合,常常采用( )来指定运算优先级。我们要能够读懂复合算术赋值符+=代码,"i+=3"表示"i=i+3"。数据类型转换可以自动转换和强制转换。char 可以自动转换为 int,int、float 可以自动转换为 double。我们还可以采用(int)x 将 x 强制转换 int 类型。

函数是语言的核心、代码的抽象,能够更好地模块化编程。本部分介绍带参数函数的使用,函数能够通过形参接受主函数传递来的数据,并能将运算结果通过函数返回值传给主函数。函数的定义可以放在 main( )函数前,也可以放在 main( )函数之后。函数包括声明、实现和调用 3 个部分,函数先声明后实现再调用。

指针是 C 语言的核心、特色、精华和学习难点。指针是一个变量,其实就是存储另一个变量的地址,我们通过指针找到变量,实现间接访问变量,完成数据读取和写入。定义指针和使用指针读取变量中的内容时都用 *,取变量的地址用 &。

第二部分　学习材料

2.1　C 语言的数据类型

本节主要内容为:数据类型的分类、C 语言的基本数据类型、基本数据类型的存储空间和取值范围。

2.1.1　数据类型的分类

信息的分类如图 2-1 所示。

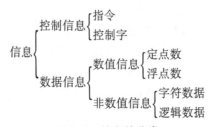

图 2-1　信息的分类

编写程序就是告诉计算机如何进行问题的求解,而计算机求解或处理问题的本质就是进行数据处理或数据运算。因此,程序一般包括两方面:对数据的描述、对操作的描述。对数据的描述需要借助数据类型。数据类型的分类如图 2-2 所示。通过分类,我们能够更好地处理数据。对于操作的描述,就是语言的函数和命令等。数据类型分为基本数据类型和构造类型。构造数据类型包括数组、结构体、共用体和枚举类型。

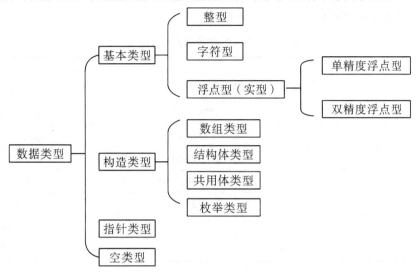

图 2-2　数据类型的分类

2.1.2　基本数据类型

基本数据类型,也叫简单数据类型,包括整型、实型和字符型。这些数据类型是 C 语言提供的最基本的数据类型。它们之所以被称为基本数据类型,是由于这些类型不可以再分解为其他类型。这些也是我们在日常生活中经常使用的数据类型,像 C++、Java、Python 等其他程序设计语言,也都具有这几种基本数据类型。

本节主要介绍 C 语言的基本数据类型,主要有整型(int)、浮点型(实型)、字符型(char)等。其中,浮点型又可以分为单精度浮点型(float)和双精度浮点型(double)两种。

①整型是指不带小数点的数据类型,根据所分配的字节数不同,分为基本整型(int)、短整型(short)、长整型(long)。这三种类型又可分别按有无符号分为有符号(signed)和无符号(unsigned)类型,如商品的数量、学生人数都用整型数据表示。

②实型也叫浮点型,包括单精度(float)和双精度(double)两种,带小数点的数据都是实型数据,如商品的单价、折扣、总额都可用实型数据表示。

③字符型(char)用于存储单个字符,并由一对单引号′括起来,并且每个字符对应一个 ASCII 码。ASCII 码(美国标准信息交换码)使用一个字节表示字符,最多可定义 128 个字符,其中包括字母、数字、标点符号、控制字符及其他特殊符号。C 语言中常用的是字母和数字的 ASCII 码。

2.1.3　基本数据类型的存储空间和取值范围

2.1.3.1　内存结构

计算机的内存结构是以字节为单位进行存储分配的,为正确地存放或取得信息,每一个字节单元给以一个唯一二进制表示的存储器地址(称为物理地址,Physical Address,又叫实际地址或绝对地址)。因此,每个字节都用一个物理地址来唯一标识,系统根据所定义的变量的数据类型为其分配相应的存储空间。对于 32 位机(一次只能处理 32 位、4 个字节的数据),基本数据类型内存分配表如表 2-1 所示。其中,字符型(char)占 1 个字节,基本整型(int)在占 4 个字节,短整型(short)占 2 个字节,长整型(long)占 4 个字节,单精度浮点型(float)占 4 个字节,双精度浮点型(double)占 8 个字节。而对于 16 位机,基本整型(int)占 2 个字节。

表 2-1 基本数据类型内存分配表

类型说明符	字节数	数的范围	
char	1	0～127	即 $0 \sim (2^7-1)$
short	2	-32768～32767	即 $-2^{15} \sim (2^{15}-1)$
int	4	-2147483648～2147483647	即 $-2^{31} \sim (2^{31}-1)$
long	4	-2147483648～2147483647	即 $-2^{31} \sim (2^{31}-1)$
unsigned int	4	0～4294967295	即 $0 \sim (2^{32}-1)$
unsigned short int	2	0～65535	即 $0 \sim (2^{16}-1)$
float	4		$10^{-37} \sim 10^{38}$
double	8		$10^{-307} \sim 10^{308}$

2.1.3.2 数据占用存储空间

变量是内存中连续的存储单元的抽象,不同数据类型的变量和常量在内存中占有不同的存储单元。

在 C 语言中,不同数据类型的变量所占存储单元的个数和具体的编译器有关。例如,在 16 位编译器(如 Turbo C,现在已经不用了)中,int 占 2 字节共 16 个比特;而在 32 位编译器(如现在常用的 Dev-C++、VC+6.0 和 Visual Studio2010 等)中,int 占 4 字节共 32 比特。数据类型各占多少字节、和编译器的不同实现有关,没有统一的标准。

我们可以通过 sizeof 运算符测试某种数据类型在内存中所占的字节数。sizeof 运算符可以作用于某种数据类型或单个的常量、变量或表达式。

用法为:sizeof(数据类型)或 sizeof(表达式)。

sizeof 运算符用法示例见案例 2-1。

【案例 2-1】sizeof 运算符用法示例,判定数据类型所占字节数

```
#include <stdio.h>
int main( ){
    char c = 'a';//字符变量
    int x = 0;//整型变量
    float f = 3.0f;//单精度浮点型变量
    double d = 3.0;//双精度浮点型变量
    printf(" \nsizeof 作用于变量:\n" );
    printf("c 占%d 字节。\n" , sizeof(c));
    printf("x 占%d 字节。\n" , sizeof(x));
    printf("f 占%d 字节。\n" , sizeof(f));
    printf("d 占%d 字节。\n" , sizeof(d));
    printf(" \nsizeof 作用于数据类型:\n");
    printf("char 占%d 字节。\n" , sizeof(char));
```

```
    printf("int 占%d 字节。\n", sizeof(int));
    printf("float 占%d 字节。\n", sizeof(float));
    printf("double 占%d 字节。\n", sizeof(double));
    return 0;
} //example2-1. cpp
```

运行结果如图 2-3 所示。

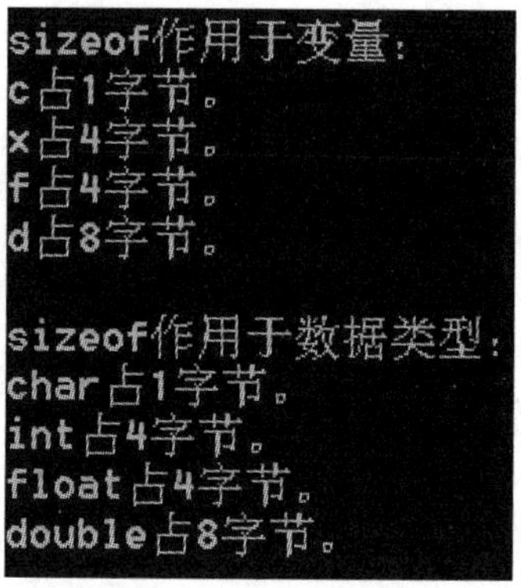

图 2-3　运行结果

2.2　常量和变量及其输入输出

本节主要内容为:整型常量和变量及其输入输出、实型常量和变量及其输入输出、字符型常量和变量及其输入输出、字符串型常量和变量及其输入输出、变量的命名规范和编码规范、常见输入和输出错误及其排除方法。

对于基本数据类型量,按其取值是否可变又分为常量和变量两种。

在程序执行过程中,其值不发生改变的量称为常量(又称为常数),其值可变的量称为变量。它们可与数据类型结合起来进行分类。

在程序中,常量是可以不经说明而被直接引用的,而变量必须被先定义后才能使用。

在 C 语言中,对于不同的数据类型常量有不同的表示方法。

2.2.1　整型常量和变量及其输入输出

2.2.1.1　变量的初始化和输出

【案例 2-2-1】求任意两个整数的和,并显示输出运算结果。

```
int main()
{
    int x = 3;//定义整型变量 x 并初始化
    int y = 5;//定义整型变量 y 并初始化
    int sum = 0;//定义整型求和变量 sum 并初始化

    sum = x + y;//求和并赋值给 sum
    printf("sum=%d\n",sum);//输出运输结果
```

```
        return 0;
} //example2-2-1. cpp
```

程序的根本作用是对数据进行处理。在程序中,数据主要有常量和变量两种表现形式。其中,常量可以不经说明而被直接引用,而变量必须被先定义后才能使用。常量和变量都有数据类型,常量的数据类型可以从其形式上看出,而变量的数据类型必须在定义时指出。

温馨提示:

①标识符命名规则:见名知意,符合规范;

②特别注意变量定义规则:变量名通常用小写字母;

③每个变量定义时同时进行初始化;

④每个变量定义单独占一行;

⑤对每个变量的作用进行注释。

2.2.1.2 变量的赋值和输出

【案例 2-2-2】求任意两个整数的和,并显示输出运算结果。

```
int main( )
{
        int x = 0;//定义整型变量 x 并初始化,每个变量单独占一行
        int y = 0;//定义整型变量 y 并初始化
        int sum = 0;//定义整型求和变量 sum 并初始化,标识符必须见名知意
        x = 3; //对 x 赋值
        y = 5; //对 y 赋值
        sum = x + y;//求和并赋值给 sum
        printf("%d+%d=%d\n",x,y,sum);//输出运输结果
        return 0;
}//example2-2-2. cpp
```

注释规则:对程序功能、变量作用和语句或语句块的功能进行简明扼要的说明。

变量变化表见表 2-2。

表 2-2　变量变化表

行号	x	y	sum
5	0	0	0
7	3	0	0
8	3	5	8
9	3	5	8

printf( )函数的功能:依次输出格式控制字符串中的字符,当遇到格式控制说明时,将对应"输出参数"的值按照指定的格式输出。例如:

```
        int y=1,z=2;
        printf("y=%d,z=%d\n",y,z);
```

输出的结果为:y=1,z=2

printf( )函数的一般格式为:

  printf(格式控制字符串,输出参数 1,…,输出参数 n);

格式控制字符串:用双引号括起来,表示输出数据的格式。其中包含两类字符。

  普通字符:在输出数据的过程中,普通字符原样输出。

  格式控制说明:由"%"和格式字符组成。常用数据类型对应的格式字符如下:

int 型 :%d

float 型、double 型:%f

char 型:%c

字符串型:%s

提示:格式控制说明符的个数要与输出参数的个数一致。例如:

  printf("x=%d,y=%f",x,y); √(正确)

  printf("Hello World!");√

  printf("x=, y= %d, z = %d\n",x,y,z);×(错误)

2.2.1.3　变量的输入和输出

【案例 2-2-3】求任意两个整数的和,并显示输出运算结果。

```
int main( )
{
    int x = 0;//定义整型变量 x 并初始化
    int y = 0;//定义整型变量 y 并初始化
    int sum = 0;//定义整型求和变量 sum 并初始化

    printf("请输入 2 个整数:");//输入提示,提高界面友好性
    scanf("%d",&x); //输入 x
    scanf("%d",&y); //输入 y
    //scanf("%d %d",&x,&y);//可以合并为一句
    sum = x + y;//求和并赋值给 sum
    printf("%d+%d=%d\n",x,y,sum); //输出运输结果

    return 0;
}  //example2-2-3.cpp
```

特别注意:

(1)输入函数 scanf( )中不要丢掉变量前的地址符 &;

(2)scanf("%d %d",&x,&y)改为 scanf("%d%d",&x,&y)、scanf("%d, %d",&x, &y)、scanf("%d:%d",&x,&y)会有什么变化?

(3)常见错误:scanf("%d %d",&x,&y)改为 scanf("%d %d",x,y)、scanf("请输入2 个整数:%d %d",x,y)、scanf("%d %d\n",x,y)会遇到什么问题? 怎么排除错误?

scanf( )函数的功能是按指定的格式输入相应的数据。使用函数 scanf( )实现数据输入的过程中,如果需要输入多个数据,输入参数的类型、个数和位置要与格式控制说明一

一对应。

例如：

int x,y；　float z；　char c；char str[10]；

scanf("%d",&x)；　输入:100↙（↙表示回车符）

scanf("%d%f",&y,&z)；输入:1000　2.5↙

scanf("%c",&c)；　输入:a↙

scanf("%s",&str)；　输入:hello↙（输入字符串）

scanf()函数的一般格式为：

scanf(格式控制字符串,输入参数1,…,输入参数n)；

格式控制字符串:用双引号括起来,表示输入数据的格式。其中包含两类字符。

普通字符:普通字符(含空格和逗号)需要原样输入。尽量不要出现普通字符。

格式控制说明:同 printf()函数,其作用是按指定的格式输入数据。

对应的格式字符如下：

int 型:%d

float 型:%f　double 型:%lf

char 型:%c

字符串型:%s

输入参数:接收输入变量的地址。

scanf()库函数要求从键盘输入数据到特定的内存单元(变量就是内存单元的抽象)中,& 为取变量的地址。

一般情况下,输入的多个数值型数据之间必须有间隔,一般用一个或多个空格间隔,也可以使用 Enter 键、Tab 键处理。

例如,对于以下语句段：

int a,b,c；

scanf("%d%d%d",&a,&b,&c)；

下面的输入均为合法输入：

①4　5　6↙

②4↙

　5　6↙

③4(按 Tab 键)5↙

　6↙

2.2.1.4　整型常量

这部分内容为扩展资源,学生了解即可。

整型常量是指不带小数点的整数。在实际应用中我们经常需要对数据进行进制转换,那么根据进制的不同,整型常量分类如下。

①十进制常量:由数字 0~9 及+、-号组成,如 43、-57；

②八进制常量:必须以数字 0 开头,由数码 0~7 组成,如 $043=(43)_8=(35)_{10}$；

③十六进制常量:必须以 0x 或 0X 开头,由数码 0~9、A~F 或 a~f 组成,如 $0x43=(43)_{16}=(67)_{10}$。

八进制、十进制、十六进制整型数据的输入输出格式分别对应%o、%d 和%x。对于长整型常量,可以用后缀 l 或 L 标识,如 43L、57l。后缀为 u 或 U 的整型常量表示该数为无符号型,如 43U。

【案例 2-3】观察下面程序的运行结果。

```
#include <stdio.h>
int main( )
{
    int i = 14, j = 014, k = 0x14;//建议每个变量的定义单独占一行
    printf("i=%d,j=%o,k=%x\n", i, j, k);
    printf("i=%d,%o,%x\n", i, i, i);
    printf("i=%d,j=%d,k=%d\n", i, j, k);
    return 0;
} //example2-3. cpp
```

运行结果如图 2-4 所示。

```
i=14,j=14,k=14
i=14,16,e
i=14,j=12,k=20
```

图 2-4　运行结果

2.2.2　实型常量和变量及其输入输出

2.2.2.1　单精度实型变量的输入输出

【案例 2-4-1】计算两个浮点数的乘积的程序。

```
#include <stdio.h>
int main( ){   //左花括号可以放在上一行的末尾,是常见用法
    float x1 = 0;  //定义了一个 float 型的浮点数 x1
    float x2 = 0;  //定义了一个 float 型的浮点数 x2
    float multiplication = 0; //定义一个乘积变量
    printf("请输入第一个实数:");  //养成好习惯,提示更友好,用户更方便
    scanf("%f", &x1);       //接收第一个浮点数 x1,%f 用于接收 float 型
    printf("请输入第二个实数:");
    scanf("%f", &x2);
    multiplication = x1 * x2;
    printf("%f * %f = %f\n", x1, x2, multiplication);//输出结果
    printf("%6.2f * %6.2f = %6.2f\n", x1, x2, x1 * x2);//右对齐
    printf("%-6.2f * %-6.2f = %-6.2f\n", x1, x2, x1 * x2);//左对齐

    return 0;
} //example2-4-1. cpp
```

友情提醒:务必养成好习惯,输入任何数据前先给出输入提示,增强程序的友好性,

即用户使用起来更方便。

常见错误:scanf( )函数中%f 改为%d 会出现什么问题?

思考题:如何控制输出精度或宽度?

"%m.nf"表示指定的输出数据占 m 列,其中 n 为小数,如果数值长度小于 m,则左补空格。"%-m.nf"表示指定的输出数据占 m 列,其中 n 为小数,如果数值长度小于 m,则右补空格。

整型数据、字符和字符串数据也可以类似表示。例如,%5d 表示输出的一个整数占 5 个字符宽度,不足时左端补空格,即右对齐;%-5d 表示输出的一个整数占 5 个字符宽度,不足时右端补空格,即左对齐。

2.2.2.2　双精度实型变量的输入输出

【案例 2-4-2】计算两个浮点数的乘积的程序。

```
#include <stdio.h>
int main( ){
    double x1 = 0;    //定义了一个 double 型的浮点数 x1
    double x2 = 0;    //定义了一个 double 型的浮点数 x2
    double multiplication = 0; //定义一个乘积变量
    printf("请输入第一个实数:");
    scanf("%f", &x1);    //接收第一个浮点数 x1,%lf 用于接收 double 型
    printf("请输入第二个实数:");
    scanf("%f", &x2);
    multiplication = x1 * x2;
    printf("%f * %f = %f\n", x1, x2, multiplication);//输出结果
    printf("%6.2f * %6.2f = %6.2f\n", x1, x2, x1 * x2);//右对齐
    printf("%-6.2f * %-6.2f = %-6.2f\n", x1, x2, x1 * x2);//左对齐
    return 0;
} //example2-4-2.cpp
```

问题:程序有错误吗? 能运行出结果吗? 怎么改正?

改正:这是常见语法错误,scanf( )函数中%f 改为%lf。

2.2.2.3　直接实型常量

实型也称为浮点型。实型常量也称实数或浮点数,是指带小数点的数。实型常数不分单、双精度,都按双精度 double 型处理,实型常量分类如下。

①十进制数形式:由数码 0~ 9 和小数点组成。如 0.0、25.0、5.789、0.13、5.0、300.、-267.8230。注意,常量必须有小数点。此外,C 语言允许浮点数使用后缀。后缀为"f"或"F"即表示该数为浮点数,如 356f 和 356. 是等价的。

②指数形式:由十进制数,加阶码标志"f"或"F"以及阶码(只能为整数,可以带符号)组成。其一般形式为:a E n 。其中 a 为十进制数,n 为十进制整数,其值为 $a \times 10^n$。如 3.7E-2(等于 3.7×10^{-2})、0.5E7 (等于 0.5×10^7)。

这部分内容作为扩展资料了解一下就行了。

【案例 2-4-3】计算两个浮点数的乘积的程序。

```
#include <stdio.h>
int main( )
{
    double x1 = 0;    //定义了一个 double 型的浮点数 x1
    double x2 = 0;    //定义了一个 double 型的浮点数 x2
    double multiplication = 0; //定义一个乘积变量
    x1 = 2.5;//对第一个变量赋值
    x2 = 3.5;
    multiplication = x1 * x2;
    printf("%f * %f = %f\n", x1, x2, multiplication);//输出结果
    printf("%6.2f * %6.2f = %6.2f\n", x1, x2, x1 * x2);//右对齐
    printf("%-6.2f * %-6.2f = %-6.2f\n", x1, x2, x1 * x2);//左对齐

    return 0;
}  //example2-4-3.cpp
```

2.2.2.4 符号常量

有时为了方便,在 C 语言中,我们还可以用一个标识符表示一个常量。这种用符号表示的常量被称为符号常量,符号常量使用频率较高,因此非常重要。其一般定义如下:

#define 标识符　常量

例如:

#define　MAX 100

#define　PI　3.1415926

温馨提示:

(1)符号常量在使用之前必须先被定义,符号被定义后,在程序运行过程中,其值不可被改变。

(2)习惯上,符号常量的标识符用大写字母表示。

【案例 2-5】符号常量的使用。

```
# include <stdio.h>
#define PI 3.1415926//定义符号常量 PI,表示常量 3.1415926
int main( ){
    /*定义变量*/
    double r = 0;//球的半径
    double s = 0;//表面积
    double v = 0;//体积

    /*赋值*/
    r = 3.5;//为半径 r 赋值

    /*计算*/
```

```
        s = 4.0 * PI * r * r;//计算表面积
        v = 4.0/3.0 * PI * r * r * r;//计算体积

        /*输出计算结果*/
        printf("球的表面积=%f,体积=%f\n",s,v);

        return 0;
    }  //example2-5.cpp
```

该程序主要实现了计算球的表面积和体积的功能。其运行结果如下：
s=153.938 037,v=179.594 377

2.2.2.5 整型和实型的混合输入

如何为下列函数 scanf( )输入相应的值？

scanf("%d,%f",&y,&z);

scanf("y=%d,z=%f",&y,&z);

请思考：

若有以下语句：

int x,y;

float z;

scanf("y=%f,z=%d",&y,&z);

其中,函数 scanf( )的使用是否正确？为什么？

2.2.3 字符型常量和变量及其输入输出

2.2.3.1 字符型常量和变量及其运算

例如,'a'、'b'、'D'、'+'、'?' 都是合法的普通字符常量。字符型常量在计算机中的表示见附录 C 的 ASCII 码。

在 C 语言中,字符型常量有以下特点:①字符型常量只能用单引号括起来,不能用双引号或其他括号;②字符型常量只能是单个字符,不能是字符串;③字符可以是 ASCII 字符集中任意字符。

但数字被定义为字符型之后就不能以原数值参与运算,而是以该字符对应的 ASCII 码值进行运算。例如,'2'和 2 是不同类型的数据。如要运算'2'+7,则参与运算的是字符'2'对应的 ASCII 码值为 50。

【案例 2-6】字符型常量与字母大小写转换

```
#include <stdio.h>
int main( )
{
    char c1 = 'a'; //第一个字符变量 c1
    char c2 = 'F'; //第二个字符变量 c2
    printf("%d,%d\n", 2 + 7, '2' + 7);
    printf("%4c%4c\n",c1,c1-32);//小写转大写
    printf("%4d%4d\n",c1,c1-32);//小写转大写
```

```
    printf("%4c%4c\n",c2,c2+32);//大写转小写
    printf("%4d%4d\n",c2,c2+32);//大写转小写
    return 0;
} //example2-6.cpp
```

大小写转换规则:小写字母-32→大写字母;大写字母+32→小写字母。

运行结果如图 2-5 所示。

图 2-5 运行结果

2.2.3.2 转义字符

转义字符是一种特殊的字符常量,具有特定的含义,不同于字符原有的意义。转义字符以反斜线"\"开头,后跟一个或几个字符。

例如,printf 函数的格式串中用到的'\n'就是一个转义字符,其意义是"换行",它也是使用最多的转义字符。

转义字符主要用来表示那些用一般字符不便于表示的控制代码,如表 2-3 所示。例如,字符′A′(65)还可以用八进制数′\101′和十六进制数′\x41′表示。

温馨提示:首先掌握"\n",再掌握"\t"和"\b",除\n、\t、\b 外其余用得很少,只需要了解就行了,需要时查表 2-3 即可。

表 2-3 转义字符

转义字符	转义字符含义	转义字符	转义字符含义
\n	换行 next line(最常用)	\t	横向跳到下一制表位置 tab(常用)
\b	退格 backspace(偶尔用)	\v	垂直跳格
\f	走纸换页	\\	反斜线符"\"
\′	单引号	\"	双引号
\a	鸣铃或报警	\r	回车 return
\ddd	1~3 位八进制数所代表的字符	\0	空字符
\xhh	1~2 位十六进制数所代表的字符		

【案例 2-7】转义字符的使用

Helloworld 程序的扩展

```
/*功能:超市计费系统 1.0 版,界面设计打印购物小票*/
#include <stdio.h>
int main()
```

```
{
    printf("\t您的本次购物清单如下:\n");
    printf("\t--------------------------------\n");
    printf("\t商品编号\t商品名\t数量\t单价\t合计 \n");
    printf("\t--------------------------------\n");
    printf("\tS000010\t食用加碘盐\t1\t1.50\t1.50 \n");
    printf("\tS011010\t老干妈辣椒酱\t1\t8.90\t8.90 \n");
    printf("\t\t\t\t总计:10.40 元\n");
    printf("\t--------------------------------\n");
    printf("\t超星超市欢迎您下次再来! 您现在的总积分:82\n");
    printf("\t2010 年 9 月 20 日 14:28:21 北京龙沙店\n");

    return 0;
} //example2-7. cpp
```

'\t'具有控制每行输出的作用,运行结果如图 2-6 所示。

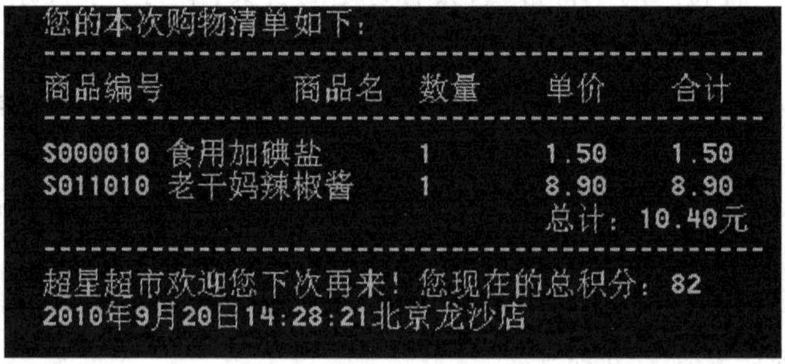

图 2-6 运行结果

2.2.3.3 字符变量

字符变量用来存储单个字符,字符变量的类型说明符是 char。系统给字符变量分配一个字节的存储空间来存储字符所对应的 ASCII 码值。字符变量与整型变量的定义相似。

例如:

```
char c = 'a';
```

表示定义了一个字符变量 c,并赋初值为字符'a'。

系统给变量 c 分配一个字节的空间,存储字符'a'的 ASCII 码值 97。有时也把字符当作整型值来处理,允许对整型变量赋以字符值,也允许对字符变量赋以整型值。在输出时,允许把字符变量按整型量输出,也允许把整型量按字符变量输出。

【案例 2-8】字符变量的输入输出

```
#include <stdio.h>
int main( )
{
    char c1 = ' '; //第一个字符变量 c1
```

```
    char c2 = ' '; //第二个字符变量 c2
    printf("请输入 2 个字符:");
    scanf("%c%c",&c1,&c2);
    printf("%4c%4c\n",c1,c2);
    printf("%4d%4d\n",c1,c2);

    return 0;
} //example2-8. cpp
```

运行结果如图 2-7 所示,其中图(a)表示输入 aF,图(b)表示输入 a F,图(c)表示只输入 a。

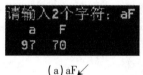 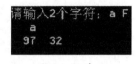 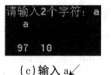

(a) aF↙ (b) a F↙ (c)输入 a↙

图 2-7 运行结果

问题(可以用 debug 方法跟踪问题):

(1)输入两个字符时中间打空格会发生什么?

(2)输入第一个字符完成后打回车会发生什么?

2.2.3.4 整型和字符型的混合输入

思考题:如何实现数据的混合输入?

```
char c1,c2;
int x,y;
scanf("%c%c",&c1,&c2);
scanf("%d%c",&x,&c2);
scanf("%d%d",&x,&y);
```

特别注意:输入字符时不需要间隔符。例如,在【案例 2-9】中输入数据时,数据 2 与 a 之间没有空格。当数据输入完毕以后,按 Enter(回车)键表示输入结束。

【案例 2-9】阅读以下程序,分析当输入以下三组不同数据时,程序的运行结果如何?

```
int main(){
    int x = 0;//整型变量
    char ch = ' ';//字符变量
    printf("请输入一个整数和一个字符:\n");
    scanf("%d%c",&x,&ch);
    printf("x=%d  ch=%c  \n",x,ch);
    return 0;
} //example2-9. cpp
```

①2↙

②2a↙

③2 a↙

2.2.3.5　getchar( )函数和 putchar( )函数

【案例 2-10】从键盘输入一个字符,然后输出。

```
int main( )
{
    char c1 =´´;   //字符变量
    printf("请输入 c1:");
    scanf("%c",&c1);
    printf("c1 = %c\n",c1);
    return 0;
}
```

修改后程序如下:

```
int main( ){
    char c1 =´´; //字符变量
    printf("请输入 c1:");
    c1 = getchar( );
    printf("c1 = %c\n",c1);
    putchar(c1);
    return 0;
} //example2-10. cpp
```

getchar( )为字符输入函数,其作用是从键盘终端输入一个字符。

其一般形式:getchar( )。

putchar( )为字符输出函数,其作用是向终端输出一个字符。

其一般形式:putchar(c)。

其中,参数 c 可以是字符型常量,也可以是字符型变量或整型变量。例如:putchar(´c´)和 putchar(´\n´)都正确。

2.2.4　字符串型常量和变量及其输入输出

2.2.4.1　字符串常量

字符串常量是用一对双引号扩起来的字符序列如"How are you!","Good Morning."。符串中字符的个数成为字符串的长度,长度为 0 的字符串称为空串""。

字符常量:´a´,´D´,´5´,´+´。

字符串常量:"How are you!","Good Morning."。

温馨提示:字符常量和字符串常量的区别。

(1)定界符不同。字符常量用单引号,字符串常量用双引号。

(2)长度不同。字符常量长度为 1。

(3)存储要求不同。字符常量存储的是字符的 ASCII 码值,字符串常量除存储字符外,还需要存储结束标志´\0´。

2.2.4.2　字符串变量

在日常使用电脑的过程中,我们经常要登录一些系统或网站,需要输入一些相关信息,例如进入个人的邮箱,要求输入的邮箱名称和密码都属于字符串,即使我们把密码设置为一串数字,系统都是默认为字符串来处理的。

C 语言中没有字符串这种数据类型,但提供了字符数组来存储字符串。这里仅简单介绍,更多细节参考第 7 章。

例如:

```
char username[ ] = "admin";
char password[ ] = "jm_567";
```

其中"admin"和"jm_567"就是字符串常量,username 和 password 为字符数组名。

我们也可以使用指针:char * username = "admin";

【案例 2-11】字符串的输入输出用数组实现。

```
# include <stdio.h>
int main( )
{
    char username[ ] = "admin";//用户名数组
    char password[ ] = "jm_567";//密码数组
    printf("%s\n","Welcome you!");
    printf("用户名:%s\n",username);
    printf("密码:%s\n",password);
    printf("%s","请输入新的密码:");
    scanf("%s",&password);//可以去掉地址符 &
    printf("新密码:%s\n",password);
    return 0;
}//example2-11.cpp
```

运行结果如图 2-8 所示。

```
Welcome you!
用户名: admin
密码: jm_567
请输入新的密码: 123456
新密码: 123456
```

图 2-8   运行结果

温馨提示:scanf( )函数输入字符串时数组名前可以去掉地址符 &。

2.2.5   变量的命名规范和编码规范

代码规范非常重要。编程规范影响代码的质量,影响程序的可读性。良好的代码规范可以培养学生良好的工程意识,适应新工科解决复杂问题的要求。许多 C 语言教材非常不重视代码的规范性,过分强调 C 语言语法的重要性和知识的正确性,忘记了学习 C 语言的核心目标是解决实际问题,就是能够编写高质量的代码,反而设计了很多选择题、判断题、填空题,造成大量学生只会应对理论考试却不会编写程序;即使能编写出来代码,也不能应用于实际,一旦代码长度达到上百行,写出来的代码就是别人看不懂甚至自己也无法看懂的。这样的错误编码方式,可以说是误人子弟。写代码的目的是便于完成一定功能任务,通常要给同行看,以后自己也要修改,因此,结构优美且可读性强的代码很受欢迎。不规范的代码是害人害己,难怪经常听优秀的程序员说"特别讨厌读别人不规范的程序,读懂别人的代码所花的时间,自己重新编写都完成了"。请老师和学生都要高度重视代码规范,错误习惯易养成但难纠正,好的习惯难养成但受益终生。

正因为代码规范的重要性,本书提供简易版编程规范和详细版编程规范,作为附录 A 附在书后,即代码规范,试图解决代码规范性问题。简易版编程规范作为基本要求,规则非常简单,所有学生都应该掌握,掌握后学生编写的程序结构优美且可读性强,见附录 A 第一节的"简易版编程规范"。详细版编程规范可以作为计算机专业或者有志于专业编程工作的优秀程序员的编写标准,详细规范见附录 A 第二节的"C 语言代码规范之道"。

2.2.6 常见的输入和输出错误及其排除方法

这里简单介绍一些常见的输入和输出错误:

（1）没有包含头文件 stdio.h;

（2）printf( )和 scanf( )函数名写错;

（3）scanf( )函数的变量名前无地址符 &;

（4）printf( )和 scanf( )的格式符混淆;

【案例 2-12】阅读以下程序,寻找典型错误并改正。

```
void main( )
{
    int x,y=5; float z;
    char ch;
    printf("Please enter x, z, ch:\n");
    scanf("%f%c %d",x,z,ch);
    printf("x=%c   y=%f   z=%d   ch=%f\n",x,y,z,ch);
}  //example2-12-error.cpp
```

2.3　常用运算符与表达式

在解决问题时我们不仅要考虑需要哪些数据,还要考虑对数据进行哪些操作,以达到求解问题的目的。运算符就是实现数据之间某种操作的符号。本节主要内容为:算术运算、赋值运算、逗号运算、数据类型的自动转换、数据类型的强制转换、常见的运算符与表达式错误及其排除方法。

2.3.1 算术运算

2.3.1.1　算术运算符与算术表达式

【案例 2-13】计算表达式 1+1/2+1/3+1/4+1/5 的值。

分析:这是一个比较简单的多项式求和问题。在 C 语言中,求商运算是通过"/"运算符实现的,而且当"/"左右两边的操作数都是整数时,其结果也为整数。例如,1/2=0。若"/"左右两边的操作数有一个是实数,其结果为实数。例如,1.0/2=0.5。

```
# include <stdio.h>
int main( )
{
```

```
    float x = 0;   //定义一个浮点型的变量
    x = 1 + 1.0/2 + 1.0/3 + 1.0/4 + 1.0/5;
    printf("x=%f",x);   //输出变量 x 的值

    return 0;
}  //example2-13. cpp
```
输出结果:x=2.283 333。

C 语言的主要算术运算符有+(加)、-(减)、*（乘)、/(除)、%(求余或模运算)。算术运算符都是双目算术运算符,即运算符要求有两个运算量。用算术运算符将运算对象连接起来的符合 C 语言语法规则的式子称为算术表达式。基本算术运算符的优先级别和数学一样,在进行算术运算时,遵循的原则是"先乘除求余,后加减",即 *、/、% 的优先级别高于+、-。算术运算符的结合方向为左结合。

【案例 2-14】除法/、整除/和取模运算的区别。

```
#include <stdio.h>
int main( )
{
    printf("%5d,%5.2f,%5d\n", 20 / 7, 20.0/ 7,20%7);
    printf("%5d,%5.2f,%5d\n", 100/3,100/3.0,100 % 3);
    return 0;
}  //example2-14. cpp
```
运行结果如图 2-9 所示。

图 2-9   运行结果

2.3.1.2   基本的算术运算符

在程序设计中,我们经常需要进行一些数学方面的计算,如对一些数值型的数据进行算术运算,如表 2-4 和表 2-5 所示。表 2-4 给出了常见的算术运算符,表 2-5 给出了算术运算符示例。我们需要重点搞清楚除法、整除和取余之间的区别。

表 2-4   常见的算术运算符

操作对象个数	算术运算符	功能
单目运算符	+	取正
	-	取负

表2-4(续)

操作对象个数	算术运算符	功能
双目运算符	+	加
	−	减
	*	乘
	/	除
	%	求余(模)

表 2-5   算术运算符示例

运算符	名称	运算对象	功能	示例表达式	示例值
*	乘	任何两个实数或整数	求两数之积	5.5 * 4.0	22.000
/	除	任何实数或整数,但右操作数不可为0(必须有一个是实数)	求两数之商	4.5 / 5	0.900
/	整除	任何整数,但右操作数不可为0	求两整数之商	6 / 5	1
%	模	两个整数,但右操作数不可为0	求整除的余数	13 % 8	5
+	加	任何两个实数或整数	求两数之和	8 + 3.5	11.500
−	减	任何两个实数或整数	求两数之差	10 − 4.6	5.400

2.3.1.3   自增、自减运算符

【案例 2-15】++和--运算。

```c
#include <stdio.h>
int main( )
{
    int i = 8;//整型变量
    int j = 2;//整型变量
    int k = 0;//整型变量
    int t = 0;//整型变量
    printf("%d, %d, %d, %d\n", i, j, k, t);
    t = j++;//相当于t=j;j=j+1;
    printf("%d, %d, %d, %d\n", i, j, k, t);
    k = j * (i++);
    printf("%d, %d, %d, %d\n", i, j, k, t);
    j = --i;//相当于i=i-1;j=i;
    printf("%d, %d, %d, %d\n", i, j, k, t);
    return 0;
}//example2-15.cpp
```

表 2-6 显示了变量变化的过程。

表 2-6　变量变化表

行号	i	j	k	t
8	8	2	0	0
9	8	3	0	2
11	9	3	24	2
13	8	8	24	2

注:【案例 2-15】代码#include<stdio.h>的行号为 1。

运行结果如图 2-10 所示。

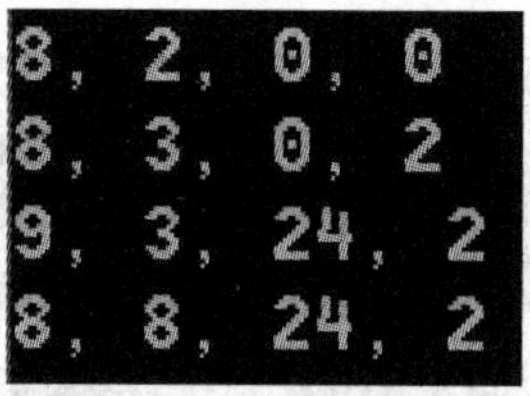

图 2-10　运行结果

自增(++)、自减(--)运算符是单目运算符,具有右结合性,优先级高于算术运算符中的双目运算符,并且只能用于简单变量,不能用于常量和表达式,其功能是使变量的值加 1 或减 1,即 i++和++i 相当于 i=i+1,i--和--i 相当于 i=i-1。

例如,52++、(price * count)++ 都是错误的。

但 i++和++i,i--和--i 在复杂的表达式中使用时,还是有一些区别的,如表 2-7 所示。

表 2-7　自增自减运算符执行过程

表达式	执行过程
i++	先使用 i 的值,i 再自增
i--	先使用 i 的值,i 再自减
++i	i 先自增,再使用 i 值
--i	i 先自减,再使用 i 值

2.3.2　赋值运算

2.3.2.1　简单赋值运算符与赋值表达式

【案例 2-16】在键盘上输入 3 个实数字符,求其平均值。

```
#include <stdio.h>
int main( )
{
    float x = 0;//实型变量
    float y = 0;//实型变量
    float z = 0;//实型变量
    float aver = 0;//平均值
    printf("请输入 3 个实数:");
```

```
        scanf("%f%f%f",&x,&y,&z);
        aver=(x+y+z)/3;
        printf("运算结果是:\n");
        printf("%8.4f+%8.4f +%8.4f= %8.4f\n",x,y,z,aver);
        printf("%-8.4f+%-8.4f +%-8.4f= %-8.4f\n",x,y,z,aver);


        return 0;
}  //example2-16.cpp
```

运行结果如图 2-11 所示。

```
请输入3个实数: 1.234 5.098 8.0235
运算结果是:
    1.2340+   5.0980 +   8.0235=    4.7852
    1.2340  +5.0980   +8.0235   = 4.7852
```

图 2-11　运行结果

简单赋值运算符为=。简单赋值表达式的一般形式为:变量=表达式。

温馨提示:

(1)赋值运算符的优先级低于算术运算符。

(2)赋值运算符的结合方向为"自右向左",即右结合。例如,x=y=3。

(3)赋值表达式的左侧必须是变量,不能是常量或表达式。例如,3=x-2 * y,a+b=3 都是错误的。

在赋值表达式的末尾加一个分号,就构成了赋值语句。赋值语句形式多样、用法灵活。但用赋值语句时需要注意以下几点:

(1)赋值运算符=的左边只能是变量,如 x+1=4 就是错误的。

(2)赋值运算符=右边的表达式也可以是一个赋值表达式。例如,a=b=c=6。按赋值运算符的右结合性,实际等价于:c=6;b=c;a=b。

2.3.2.2　复合赋值运算符

【案例 2-17】复合赋值运算符示例。

```
1 #include <stdio.h>
2 int main(){
3     int x = 0;//整型变量
4     int y = 0;//整型变量
5     x = 3;
6     y = 6;
7     x *= y + 6;
8     printf("x=%d,y=%d\n",x,y);//输出运输结果
9     y += 12;
10     printf("x=%d,y=%d\n",x,y);//输出运输结果
11     return 0;
```

12} //example2-17.cpp

表 2-8 展示了【案例 2-17】的变量变化过程。

表 2-8 变量变化表

行号	x	y
4	0	0
6	3	6
7	36	6
9	36	18

运行结果如图 2-12 所示。

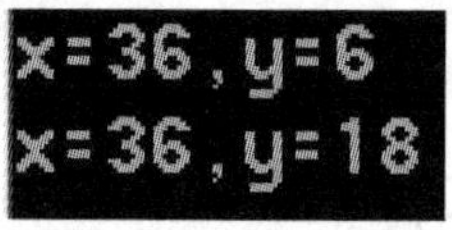

x=36,y=6
x=36,y=18

图 2-12 运行结果

复合赋值符分为复合算术赋值符(+=、-=、*=、/=、%=)和复合位运算赋值符(&=、
|=、^=、>>=、<<=。不需要掌握位运算)。复合算术赋值表达式的一般形式为:<变量>
<复合算术赋值符> <表达式>。例如,a+=12 等价于 a=a+12,x *=y+6 等价于 x=x *
(y+6)。

2.3.3 逗号运算

【案例 2-18】求任意两个整数的平均值,并显示运行结果。

```
#include <stdio.h>
int main( )
{
    //int x,y,z;//定义 3 个整型变量,不规范定义
    int x = 0;//整型变量,规范定义
    int y = 0;//整型变量
    int z = 0;//整型平均值
    float average = 0;//实型平均值

    //x=3,y=6; //为变量 x 和 y 赋值,不规范代码
    //z=(x+y)/2,average=(x+y)/2.0;//求平均值,不规范代码
    x = 3;      //为变量 x 赋值,规范代码
    y = 6;      //为变量 y 赋值
    z = (x + y) / 2;//求平均值
    average = (x + y) / 2.0;//求平均值
    printf("z=%d,average=%4.2f\n",z,average);//输出运输结果
} //example2-18.cpp
```

运行结果:z=4,average=4.50。

2.3.4 数据类型的自动转换

【案例2-19】不同类型数据之间的运算。

```c
#include <stdio.h>
int main( )
{
    double x = 0;//实型变量
    double s = 0;//实型变量
    int y = 0;//整型变量
    char c = ´´;//字符型变量
    x = 2.5;
    y = 5;
    c = ´a´;
    s = x + y;
    printf("s=x+y=%lf\n", s);
    s = s + c;
    printf("s=s+c=%lf\n",s);

    return 0;
}//example2-19.cpp
```

运行结果如图2-13所示。

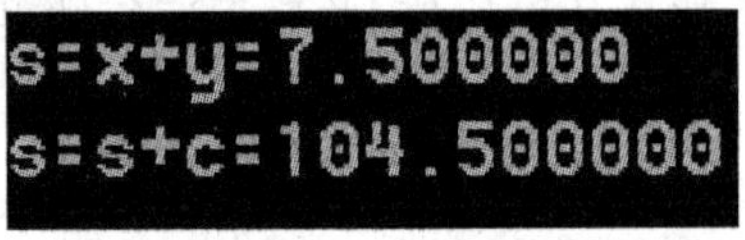

```
s=x+y=7.500000
s=s+c=104.500000
```

图2-13　运行结果

在将不同类型数据混在一起进行运算时,我们首先需要将不同类型的数据转换成同一类型,然后再进行计算。在C语言中,类型转换的方法有两种:隐式转换(也称为自动转换)和显式转换(也称为强制转换)。

隐式转换是由编译系统自动完成的。数据类型自动转换规则如图2-14所示。

横向朝左的箭头表示必定的转换,即必须把char和short型先转换成int型,必须把float型先转换成double型。

纵向的箭头表示当运算对象为不同类型时转换的方向。

两个均为float型的数据进行运算,也要先转换成double型。

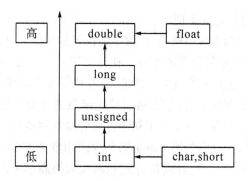

图 2-14 数据类型自动转换规则

2.3.5 数据类型的强制转换

【案例 2-20】强制类型转换。

```c
#include <stdio.h>
int main( )
{
    float a = 0;//实型变量
    int   b = 0;//整型变量
    a = 6.5;
    b = (int) a;//强制类型转换
    printf("a=%f, b=%d\n",a,b);

    return 0;
} //example2-20. cpp
```

运行结果:a=6.500 000, b=6。

数据类型的强制转换格式:(类型说明符)(表达式),如(double)3、(int)3.8、(double)(5/2)、(double)5/2。

无论是自动类型转换还是强制类型转换,都是临时的,它们都不能改变数据原有的类型和大小。

2.3.6 常见的运算符与表达式错误及其排除方法

常见运算符与表达式错误主要有:

(1)表达式括号不配对;

(2)整除/与普通除法/、取余数运算%混淆;

(3)常见运算符错误如表2-9所示。

表 2-9 常见运算符错误

正确运算符	*	/	+=	-=	.	*=	/=	x*x
错误运算符	×	÷	=+	=-		=*	=/	x^2

2.4 函数的基本运用

本节主要内容为:函数的声明与定义实现、函数的调用与返回值。

2.4.1 函数的声明与定义实现

函数可以说是高级编程语言的核心,函数也是代码的抽象。可以说没有学会函数就没有学会编程。但是,函数也是初学者的难点。在计算机专业核心课"数据结构"中,基本上所有算法都是用函数进行描述和实现的。因此,计算机类专业的学生务必掌握函数这部分内容。初学者如果觉得掌握函数有困难,可以略过函数这部分内容,等到掌握好其他内容后再阅读有关函数的章节内容。为了便于初学者更好地掌握函数,本书将传统教材中单独设立一章的函数内容分散到本书的第1章至第9章,采用循序渐进的方式,相信更有利于学生的学习。通过教学实践发现,这种编排方式能够大大提高学生的编程实践能力。因此,建议想成为优秀程序员的同学,可以按照此书编排的方式进行学习,开始愉快的函数学习之旅吧。

2.4.1.1 一般函数

在图 2-15 所示的幂函数中,一元函数 $y=f(x)$ 只有 1 个自变量 x,二元函数 $z=f(x,y)=x^2+y^2$ 有 2 个自变量 x 和 y,三元函数 $w=f(x,y,z)=x^2+y^2-z^2$ 有 3 个自变量 x、y 和 z。

幂函数

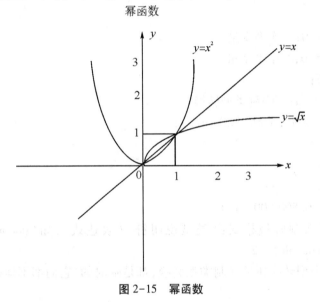

图 2-15 幂函数

2.4.1.2 函数的定义

【案例 1-5】用户自定义无参数函数 sayHello( )函数。

```c
#include <stdio.h>
/*用户自定义函数的定义*/
void sayHello( )
{
    printf("Hello, world! \n");
}
int main( )
{
    sayHello( ); //用户自定义函数的调用
```

```
    return 0;
} //example1-5.cpp
```

函数是一段相关代码的抽象,它通过函数名将相关的代码组织在一起,对输入的数据(也称为参数,相当于数学函数的自变量)进行处理,然后返回特定的输出(也称为返回值,相当于数学函数的因变量,即函数值)。因此,函数的返回值就是函数值。我们一旦定义好函数之后,就完成了函数名和该函数对应的相关代码的绑定,以后就可以利用函数名调用这段代码来完成相应的功能。函数的定义又称为函数的实现。

函数定义的语法格式:

返回类型 函数名(形式参数列表)

```
{
    数据定义;
    数据加工处理;
    return 返回值;
}
```

特别说明:函数包含函数头和函数体两部分。

函数头(也称为函数原型):返回类型 函数名(形式参数列表)。

函数体:由"{"和"}"这一对花括号括起来的若干条语句。语句主要包含定义数据、处理数据和通过 return 语句返回处理的结果数据三部分。这三部分并非必须有,我们可根据实际需要进行选择。

2.4.1.3 函数的实现方式

方法1:函数的实现,放在 main() 函数之前。这种方式常用于短程序,适合初学者。计算机类专业要求擅于写长程序,因此不常用这种方式。

【案例 2-21-1】计算公式 $y = x^2 - x + 1 (x \in R)$。

```
#include <stdio.h>
float fun(float w)
{
    float z = 0;//计算结果
    z = w * w - w + 1;
    return z;//返回值
}
int main( )
{
    float x = 0;//自变量
    float y = 0;//函数值
    printf("请输入一个实数:");
    scanf("%f",&x);
    y = fun(x);//函数调用
    printf("x=%8.3f,y=%8.3f\n",x,y);
```

```
        return 0;
}  //example2-21-1.cpp
运行结果如图 2-16 所示。
```

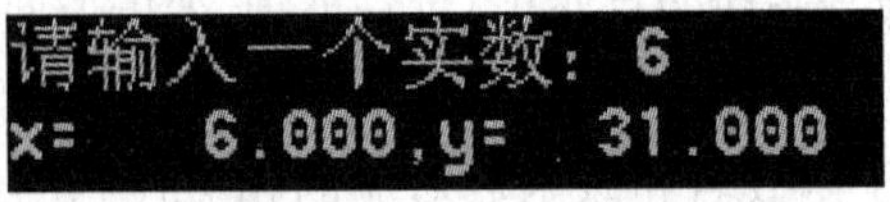

请输入一个实数：6
x=   6.000,y=   31.000

图 2-16　运行结果

思考题:怎样用函数实现 $y=2x+3(x \in N$ 或 $x \in Z$ 或 $x \in R)$？

【案例 2-22-1】求和函数 $z=f(x,y)=x+y$。

```
#include <stdio.h>
/*求和函数的定义,放在 main 函数之前*/
int sum(int a,int b)
{
    int total = 0;//求和变量
    total = a + b;
    return total;//函数返回值
}
int main()
{
    int x = 0;//整型变量
    int y = 0;//整型变量
    int z = 0;//求和变量
    printf("请输入 2 个整数:");
    scanf("%d %d",&x,&y);
    z = sum(x,y);//函数调用
    printf("%4d +%4d =%4d\n",x,y,z);
    return 0;
}  //example2-22-1.cpp
```

运行结果如图 2-17 所示。

请输入2个整数：3 6
   3 +   6 =   9

图 2-17　运行结果

口诀:函数先定义后使用(调用)。

函数名代表了函数本身,是函数整体的抽象,我们对函数的调用通过函数名进行。

函数的形式参数列表:表示函数的输入数据有哪几个,各个数据的名称和类型分别是什么。不同的输入数据之间用逗号隔开。

函数的返回类型表示了函数对输入的数据进行处理以后返回给调用函数处的结果数据,该数据也有一定的类型。如果一个函数不返回任何值,则它的返回类型为 void 空类型，即它返回空值或什么也不返回，这时候返回语句可以写成"return；"，或者省略不写（编译器会自动加上"return；"语句）。

方法2：函数的实现，放在main（）函数之后，在main（）函数前需要先声明函数。这种方式常用于长程序，对于计算机类专业和优秀程序员而言更常用。

【案例2-22-2】求和函数 z=f（x，y）= x+y。

```
#include <stdio.h>
int sum(int a,int b);//求和函数的声明
int main()
{
    int x = 0;//整型变量
    int y = 0;//整型变量
    int z = 0;//求和变量
    printf("请输入2个整数:");
    scanf("%d %d",&x,&y);
    z = sum(x,y);//函数调用
    printf("%4d +%4d =%4d\n",x,y,z);
    return 0;
} //example2-22-2.cpp
/*求和函数的定义,放在main函数之后*/
int sum(int a,int b)
{
    int total = 0;//求和变量
    total = a + b;

    return total;//函数返回值
}
```

运行结果如图2-18所示。

图2-18　运行结果

函数使用的口诀：函数先声明，后实现（定义），再调用（使用）。

2.4.1.4　函数的声明

函数的声明是指在程序中调用函数时，函数还未定义，即该函数的定义还在调用处的后面，这时候就需要在调用函数前进行函数声明。

声明的目的在于提前告诉编译器，该函数的函数名是什么，形式参数有几个，每个形式参数各是什么类型，返回值类型是什么。这几项合起来称为函数的原型，函数的声明也称为声明函数的原型。

这样，编译器调用该函数时，就会根据上面的几项内容进行语法检查，看调用处是否

和定义时的一致,如果不一致,则会提示语法错误。

如果函数的定义在调用处的前面,则不需要声明,编译器会自动根据函数的定义去检查函数的调用格式是否正确。

函数声明的语法格式如下:

　　　　返回类型 函数名(形式参数列表);

例如,【例2-22-2】中定义的求和函数 sum 的声明的语法格式如下:

　　　　int sum(int a,int b);

【案例2-21-2】计算公式 $y = x^2 - x + 1 (x \in R)$。

/* 函数的定义,放在 main 函数之后 */

```
#include <stdio.h>
float fun(float w)
{
    float z = 0;//计算结果
    z = w * w - w + 1;

    return z;//返回值
} //example2-21-2. cpp
int main( )
{
    float fun(float);//函数的声明
    float x = 0;//自变量
    float y = 0;//函数值
    printf("请输入一个实数:");
    scanf("%f", &x);
    y = fun(x);//函数调用
    printf("x=%8. 3f,y=%8. 3f\n",x,y);

    return 0;
}
```

运行结果如图2-19所示。

请输入一个实数: 6
x=   6.000,y=   31.000

图2-19　运行结果

注意:在声明时,对于函数的形式参数列表,每个参数的类型是必须的,而参数名则可选。

例如,【例2-22-2】中定义的求和函数 sum 的声明的语法格式如下:

　　　　int sum(int ,int);

另外,声明时如果给出每个参数名,则这个参数名可以和定义时的参数名一致,也可以重新命名。

一般的，为了使程序更易读，声明时参数名最好和定义时的参数名一致。例如，上面的 sum 函数又可声明如下：

    int sum(int a,int b);

声明的位置可以在调用该函数前的任何函数之外声明，也可以在调用该函数的函数内，在调用处之前声明。

2.4.2　函数的调用与返回值

2.4.2.1　函数的调用和返回

定义好函数后，该函数并不能被执行，只有当调用该函数时，该函数的代码才能被执行。

调用函数的语法格式如下：函数名(实在参数列表)。

形式参数就是在定义函数时给出的输入参数，简称"形参"；实在参数就是在调用函数时给出的输入参数，简称"实参"。函数调用的基本原则有如下两点：①实参和形参之间的个数和类型必须对应一致或保持兼容。实参和形参类型兼容就是可以实现类型的自动转换。例如，整型转换为实型，实型转换为整型，但都会丢失精度。另外，字符串就不能转换为整型。对于初学者，只要求实参和形参之间的个数和类型必须对应一致，不考虑实参和形参的类型兼容性问题，从而降低学习的难度。②返回值类型的使用必须合法，即调用代码中函数的返回值类型必须与原型中函数值对应一致或保持兼容。

注意：函数的调用本质上是一个表达式，它返回了特定类型数据的值(返回值)。因此，只要该值能出现的位置，都可以使用该函数调用表达式。

2.4.2.2　函数调用与返回的跟踪和演示

我们采用 debug 跟踪实参和形参的参数传递机制、函数返回值的传递机制。

【案例 2-21-2】计算公式。

【案例 2-22-2】求和函数。

函数调用的过程是这样的：

(1)当执行到函数调用语句时，首先系统为函数的所有形参分配内存空间，之后将所有实参的值计算出来，依次传递给对应的形参。如果是无参函数，则上述工作不执行。

(2)然后进入函数体，依次执行函数中的声明语句部分和执行语句部分。

(3)当执行到 return 语句时，计算 return 后面表达式的值(如果是 void 型函数，本工作不执行)，释放本函数中定义的变量以及形参所占用的内存空间，返回主调函数继续运行。

2.4.2.3　函数调用与返回过程

函数调用是指函数 A 中调用被调用函数 B。函数调用与返回过程如图 2-20 所示，具体过程如下：①函数 A 正常执行；②此处发生调用函数 B；③完成参数传递及流程控制转移；④函数 B 正常执行；⑤函数 B 返回到被调用处，即函数 A 内；⑥函数 A 继续执行。

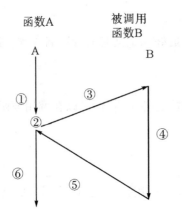

①函数A正常执行
②此处发生调用函数B
③完成参数传递及流程控制转移
④函数B正常执行
⑤函数B返回到被调用处，即函数A内
⑥函数A继续执行

图 2-20 函数调用与返回过程

2.4.2.4 函数的返回值

C 语言可以从函数(被调用函数)返回值给调用函数(这与数学函数相当类似)。在函数内是通过 return 语句返回值的。函数可以使用一个或者多个 return 语句返回值,也可以不返回值(此时函数类型是 void)。函数类型省略,默认为 int。如果函数没有返回值,函数类型应当说明为 void(无类型)。

return 语句的格式:

return [表达式];

或 return (表达式);

说明:函数的类型就是返回值的类型,return 语句中表达式的类型应该与函数类型一致。如果不一致,以函数类型为准(实参类型自动转换为形参类型)。建议不要使用不一致的实现方式,会给自己造成困惑。

例如,计算表达式的值。

$$y = \begin{cases} x^2-x+1 & (x<0) \\ x^3+x+3 & (x\geq0) \end{cases}$$

表达式可以采用如下函数实现

```
float y (float  x ){
    if (x<0)
        return (x * x-x+1);
    else
        return (x * x * x+x+3);
}
```

注意:当有多个 return 语句时,每个 return 语句后面的表达式的类型应相同。

2.5 变量与指针

本节主要内容为:指针的地位、变量与地址。

思考题:你的同学只知道你的寝室地点,但不知道你上课的地方,如果他/她要到学校寝室找你而你正在上课,你如何告知他/她你的位置?

你只需在你的寝室留一张写有你上课教室位置的纸条就可以了,这就是本节内容的实质——指针。

指针是 C 语言中的重要概念,也是 C 语言的重要特色。使用指针,可以使程序更加简洁、紧凑、高效。

2.5.1 指针的地位

指针是 C 语言的核心概念,也是 C 语言的特色和精华所在,更是初学者的难点所在。掌握了指针,才谈得上真正掌握了 C 语言。在计算机专业核心课"数据结构"中,C 语言版的教材大部分都是用指针进行描述和实现的。可以说,没有熟练掌握指针,就无法理解和实现数据结构的算法。因此,计算机类专业的学生务必掌握好指针这部分内容。初学者可以略过指针这部分,等到掌握好其他内容后再阅读有关指针的章节内容。为了便于初学者更好地掌握指针,本书编者将传统教材中单独设立一章的指针内容分散到本书的第 2 章至第 10 章,采用循序渐进的原则,相信更有利于学习和掌握。通过教学实践发现,这种编排方式能够大大提高学生的编程实践能力。因此,建议想成为优秀程序员的同学,可以按照此书编排的方式进行学习,开始愉快的指针学习之旅吧。

C 语言区别于其他高级语言的一个重要特点是具有指针类型,我们可以通过它访问程序中的地址,通过指针我们能很方便地对数组、字符串以及其他的构造类型数据进行操作,通过指针也可以对硬件进行操作。

使用指针可以带来如下的好处:

(1)可以提高程序的编译效率和执行速度,使程序更加简洁。

(2)通过指针被调用函数可以向调用函数处返回除正常的返回值之外的其他数据,从而实现两者间的双向通信。

(3)利用指针还可以实现动态内存分配。

(4)指针还用于表示和实现各种复杂的数据结构,从而为编写出更加高质量的程序奠定了基础。

(5)利用指针可以直接操纵内存地址,从而可以汇编和完成语言类似的工作。

但是,指针也是一把双刃剑,如果不能正确理解和灵活应用指针,我们利用指针编写的程序更容易隐含错误,从而降低程序可读性。

2.5.2 变量与地址

计算机的内存由若干个字节的内存单元构成,每个字节内存单元都有一个唯一的地址用于区分和存取单元中的数据,图 2-21 为 32 位内存单元与地址。形式上,地址是一个无符号整数,从 0 开始,依次递增。在表达和交流时,我们通常把地址写成十六进制数。

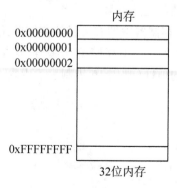

图 2-21　32 位内存单元与地址

首先，要理解变量的名称与地址关系。

【案例2-23】理解变量的名称与地址。

```
#include <stdio.h>
int main( ){
    int x = 10;//整型变量
    printf("x 的地址为%p\n", &x);//用%p 格式控制符输出十六进制形式的地
                                址,不常用
    printf("x 的值为%d\n", x);
    printf("x 在内存中占%d 字节\n", sizeof(x));

    return 0;
} //example2-23. cpp
```

运行结果如图 2-22 所示。

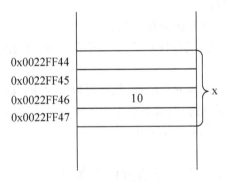

图 2-22   运行结果

【案例2-23】的变量内存分配示意如图 2-23 所示。

```
0x0022FF44 ┌─────────────┐
           ├─────────────┤
0x0022FF45 ├─────────────┤  ⎫
           ├─────────────┤  ⎬ x
0x0022FF46 │     10      │  ⎭
           ├─────────────┤
0x0022FF47 └─────────────┘
```

图 2-23   变量内存分配

2.5.2.1   内存地址

内存地址就是内存中存储单元的编号。

(1)计算机硬件系统的内存储器中拥有大量的存储单元(容量为 1 字节)。

为了方便管理,我们必须为每一个存储单元编号,这个编号就是存储单元的地址。每个存储单元都有一个唯一的地址(常用 16 进制表示内存地址),如表 2-10 所示。

表 2-10　内存储器

单元地址	存储单元
00000H	
00001H	
00002H	
00003H	
00004H	
00005H	
……	……
FFFFEH	
FFFFFH	

（2）在地址所标识的存储单元中存放数据。

注意：内存单元的地址与内存单元中的数据是两个完全不同的概念。

2.5.2.2　变量地址

变量地址是系统分配给变量的内存单元的起始地址。

int a＝5；

float b＝12.5；

char c＝′#′；

当我们定义一个变量时，系统相应地自动为变量分配内存空间，使得变量名和地址形成对应关系，如表 2-11 所示。

表 2-11　数据存储

单元地址	变量值	变量名
00000H	5	a
00001H		
00002H		
00003H		
00004H	12.5	b
00005H		
00006H		
00007H		
00008H	35	c
00009H		

【案例 2-24】变量与地址的关系。

```
#include<stdio.h>
int main( )
{
    int a = 5;//整型变量
    float b = 12.5;//单精度浮点型变量
    char c = ′#′;//字符型变量
```

```
    double d = 14.5;//双精度浮点型变量
    / * %x 是以 16 进制方式输出变量地址,更常用 */
    printf("变量名  变量地址  所占空间  变量值\n");
    printf("a %12x %8d %10d\n",&a,sizeof(a),a);
    printf("b %12x %8d %10.2f\n",&b,sizeof b,b);
    printf("c %12x %8d %10c\n",&c,sizeof c,c);
    printf("d %12x %8d %10.2f\n",&d,sizeof(d),d);

    return 0;
}  //example2-24.cpp
```

运行结果如图 2-24 所示。

变量名	变量地址	所占空间	变量值
a	28ff1c	4	5
b	28ff18	4	12.50
c	28ff17	1	#
d	28ff08	8	14.50

图 2-24　运行结果

特别注意:程序实际运行时,由于每次运行分配的地址不同,得到的地址与运行结果图不一致。这是正常的,只要变量名、所占空间和变量值相同就行了。

C 编译程序编译到该变量定义语句时,将变量 num 登录到"符号表"(见表 2-12)中。符号表的关键属性有两个:一是"标识符名(id,变量名)",二是该标识符在内存空间中的"地址(addr)"。

表 2-12　符号表

变量名	变量地址	变量类型	变量所占内存长度
a	00000H	int	4
b	00004H	float	4
c	00008H	char	1

为描述方便,我们假设系统分配给变量 num 的 2 字节(C++编译器中是 4 字节)存储单元为 3000 和 3001,则起始地址 3000 就是变量 num 在内存中的地址,如图 2-25 所示。

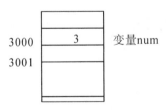

图 2-25　变量与地址

【案例2-25-1】输入函数。

```c
#include<stdio.h>
int main( )
{
    int num = 0; //整型变量
    scanf("%d",&num);
    printf("num=%d\n", num);
    printf("%x\n",&num);


    return 0;
}   //example2-25-1.cpp
```

scanf( )函数中变量前如果不指定地址,debug 会出现错误"Access Violation",常常在计算机用户运行的程序试图存取未被指定使用的存储区时遇到错误。

2.5.2.3　变量值的存取

变量值的存取通过变量在内存中的地址进行。

系统执行"scanf("%d",&num);"和"printf("num=%d\n", num);"时,存取变量值的方式有两种:直接存取和间接存取。

(1)直接访问——直接利用变量的地址进行存取。

①如图 2-25 所示,scanf("%d",&num)的执行过程是这样的:用变量名 num 作为索引值,检索符号表,找到变量 num 的起始地址 3000;然后将键盘输入的值(假设为3)送到内存单元 3000 和 3001 中;

② printf("num=%d\n",num)的执行过程与 scanf( )不同,是利用变量名存取值。

(2)间接访问——通过另一变量访问该变量的值。

C 语言规定:在程序中我们可以定义一种特殊的变量(称为指针变量),用来存放其他变量的地址。假设定义了这样一个指针变量 pointer,它被分配到 4000、4001 单元。其值可通过赋值语句"pointer=#"得到。此时,指针变量 pointer 的值就是变量 num 在内存中的起始地址 3000,如图 2-26 所示。

图 2-26　指针变量的作用

我们通过指针变量 pointer 存取变量 num 值过程如下:首先找到指针变量 pointer 的地址(4000),取出其值 3000(正好是变量 num 的起始地址);然后从 3000、3001 中取出变量 num 的值(设为3)。

【案例2-25-2】指针实现输入。

```c
#include<stdio.h>
int main( ){
```

```
    int num = 0;//整型变量
    int * p = &num;//整型指针定义并初始化
    scanf("%d",p);
    printf("num=%d    %d\n",num, * p);
    printf("%x    %x\n",&num,p);
     * p = 25;
    printf("num=%d    %d\n",num, * p);
    num = 100;
    printf("num=%d    %d\n",num, * p);

    return 0;
} //example2-25-2. cpp
```

运行结果如图 2-27 所示。

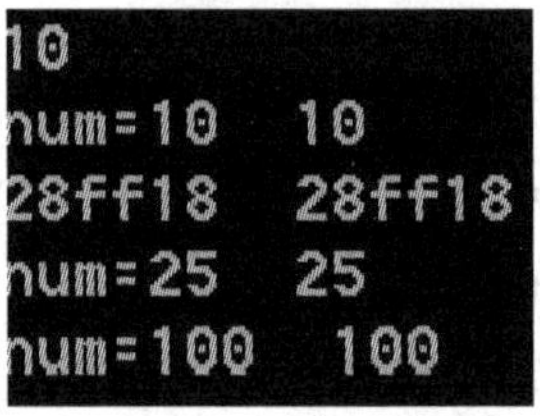

图 2-27　运行结果

2.5.2.4　指针与指针变量

(1)指针,即地址。

一个变量的地址称为该变量的指针。我们通过变量的指针能够找到该变量。

(2)指针变量——专门用于存储其他变量地址的变量。

指针变量 pointer 的值就是变量 num 的地址。指针与指针变量的区别就是变量值与变量的区别。

(3)为表示指针变量和其指向的变量之间的关系,我们用指针运算符 * 表示。

例如,指针变量 pointer 与其所指向的变量 num 的关系表示为 * pointer,即 * pointer 等价于变量 num。

因此,下面两个语句的作用相同。

```
num=3;    //将 3 直接赋给变量 num

pointer=&num; //使 pointer 指向 num
 * pointer=3; //将 3 赋给指针变量 pointer 所指向的变量
```

2.5.2.5　指针变量的定义与初始化

【案例 2-26】理解指针和它所指的变量的关系。

```
#include <stdio.h>
int main( ){
    int x = 10;    //整型变量
    int * p = &x;    //指向变量 x 的指针
```

```
printf("x 的地址为%p\n", &x);
printf("x 的值为%d\n", x);
printf("p 的地址为%p\n", &p);   //指针就是一个变量,所以它本身也有地址
printf("p 的值为%p\n", p);   //由于指针的值是地址,所以用%p 输出
printf("x 在内存中占%d 字节\n", sizeof(x));
printf("p 在内存中占%d 字节\n", sizeof(p));

    return 0;
} //example2-26.cpp
```
运行结果如图 2-28 所示。

图 2-28　运行结果

理解了地址的概念,理解指针就轻而易举了,那什么是指针呢?

指针是一个变量,它存有另外一个变量的地址,如图 2-29 所示。

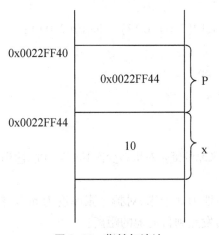

图 2-29　指针与地址

2.6　综合应用案例分析

本节主要内容为纸张对折问题、鸡兔同笼问题。

2.6.1　纸张对折问题

【案例 2-27-1】纸张对折多少次后其厚度能达到地球到月球的距离?

2.6.1.1　问题描述

假设地球到月球有 30 万千米,对折一张厚度为 0.1 毫米的纸,请问要对折多少次,纸的厚度才能达到地球到月球的距离?

2.6.1.2 问题分析

假设需要对折 x 次,将它们全部转换为以米为单位,则有:

0.1 * 0.001 * 2^x >= 300000000 //2^x 表示 2 的 x 次方

=> 0.0001 * 2^x >= 300000000 //化简

=> 2^x >= 3000000000000 //再次化简

=> x * lg2 >= lg3000000000000 //两边同时取 10 为底的对数 lg

=> x >= lg3000000000000 / lg2 //两边同时除以 lg2

=> x >= (lg3 + 12) / lg2 //最后化简 log10()

=> x >= (ln3 + 12 * ln10) / ln2 //自然对数 log()

2.6.1.3 问题解决

使用库函数 log10(double x)计算 lgx。函数原型为:double log10(double x)。

在 C 语言中使用函数库中的库函数,需遵循两个步骤:

(1)包含相应的头文件,如本例中应该包含相应的数学函数库头文件 math.h,即

  #include <math.h>

(2)在代码中按该库函数的使用格式和要求直接使用相应的库函数。

2.6.1.4 程序代码

```c
#include <stdio.h>
#include <math.h>
int main( )
{
    printf("%f", (log10(3.0) + 12) / log10(2.0));
    return 0;
} //example2-27-1.cpp
```

输出结果:41.448 100。

2.6.1.5 问题推广

(1)问题描述。

【案例 2-27-2】0.1 毫米厚的纸张对折多少次其厚度才能达到地球到月球(30 万千米)的距离?采用函数解决。

假设出发点到达目的地为 d 千米,对折一张厚度为 m 毫米的纸,请问要对折多少次(x),纸的厚度才能达到出发点到目的地的距离?

(2)问题分析。

假设需要对折 x 次,则有

m * 0.001 * 2^x >= d * 1000 //将它们全部转换为以米为单位

=> 0.001 * m * 2^x >= d * 1000 //化简,2^x 表示 2 的 x 次方

=> 2^x >= d * 1000 * 1000/m //再次化简

=> x * lg2 >= lg(d * 1000 * 1000/m)//两边同时取 10 为底的对数 lg

=> x >= lg(d * 1000 * 1000/m) / lg2 //两边同时除以 lg2

=> x >= (lgd + 6-lgm) / lg2 //最后化简

```c
#include <stdio.h>
```

```
#include <math.h>
float paperFold(int d,float m);//纸张对折函数的声明
int main(){
    int distance = 0;//距离(千米)
    float thickness = 0;//纸张厚度(毫米)
    float times = 0;//对折次数
    printf("确定距离(千米):");
    scanf("%d",&distance);
    printf("确定纸张厚度(毫米):");
    scanf("%f",&thickness);
    times = paperFold(distance,thickness);
    printf("需要对折%f次\n", times);
    return 0;
}//example2-27-2.cpp
/*纸张对折函数的实现
参数:d 表示出发点到目的地的距离(千米),m 是纸张厚度(毫米)
返回值:折叠次数*/
float paperFold(int d,float m)
{
    float numbers = 0;//对折次数
    numbers = (log10((float) d) + 6 - log10(m)) / log10((float) 2);
    return numbers;
}
```

运行结果如图 2-30 所示。

```
确定距离(千米):300000
确定纸张厚度(毫米):0.1
需要对折41.448101次
```

图 2-30　运行结果

2.6.2　鸡兔同笼问题

【案例 2-28】鸡兔同笼问题是我国古代著名的数学问题,已知鸡兔头数为 a(假设为 35),总脚数为 b(假设为 94),通过编程计算鸡兔各有多少只?

分析:根据题意列方程组求解。

设鸡为 x 只,兔为 y 只,a 为总头数,b 为总脚数,因此得到的方程为

$$\begin{cases} x+y=a \\ 2x+4y=b \end{cases}$$

已知 a 和 b 的值,求解 x 和 y,得到:x=(4a-b)/2,y=(b-2a)/2。

```
#include <stdio.h>
```

```
void chickenRabbitCage(int a,int b);//鸡兔同笼函数的声明
int main(){
    int headNumber = 0;//总头数
    int footNumber = 0;//总脚数
    printf("输入总头数和总脚数:");
    scanf("%d%d",&headNumber,&footNumber);
    chickenRabbitCage(headNumber,footNumber);//鸡兔同笼函数的调用
    return 0;
}
/*鸡兔同笼函数的实现
参数:a 为总头数,b 为总脚数
返回值:无*/
void chickenRabbitCage(int a,int b)
{
    int x = 0;//鸡的数量
    int y = 0;//兔子数量
    x = (4 * a - b) / 2;
    y = (b - 2 * a) / 2;
    printf("鸡%d 只,兔子%d 只\n",x,y);
}//example2-28.cpp
```

运行结果如图 2-31 所示。

输入总头数和总脚数: 35 94
鸡23只，兔子12只

图 2-31 运行结果

第三部分 学习任务

3　算法与程序结构

第一部分　学习导引

【课前思考】你认为程序设计的本质是什么？

【学习目标】了解 C 语言程序的基本控制结构和简单程序组织基本方法。

【重点和难点】重点在于算法、程序的基本控制结构、程序设计方法、函数的实参和形参、指针的定义与运算。难点是算法、函数的实参和形参、指针的定义与运算。

【知识点】算法、基本控制结构、函数的实参和形参、指针的定义与运算。

【学习指南】理解算法的概念、特点、设计目标和描述方式，掌握顺序结构和程序设计方法，理解函数的作用与规范使用方法，理解指针的定义与运算方法。

【章节内容】算法与流程图、顺序结构和程序设计方法、函数的作用与规范使用、指针定义与运算、综合应用案例分析。

【本章概要】程序设计的经典公式：程序＝数据结构＋算法。程序为解决某一问题而存在，程序需要按照算法步骤，按照顺序结构、分支结构和循环结构这些基本控制结构来组成程序。算法具有输入、输出、可行性、确定性和有穷性五个特征，程序的质量标准是保证正确性、友好性和可读性。算法可以通过流程图来直观表示处理的步骤和流程，流程图主要元素有起止框、输入输出框、判断框、处理框、流程线和文字注释。

模块化结构就是把一个程序按功能划分为多个模块部分，每个模块单独编码，然后再组合成一个整体的结构。结构化程序设计的基本思想是自顶向下、逐步求精、模块化。迭代开发就是每次只实现程序的一部分代码，不断增加、修改、完善整个程序，最终形成一个成熟的程序作品。我们采用迭代的思想进行编程，更容易学会编程，更容易发现错误。学习编程语言最重要的方式是用迭代的方法进行思考、设计、编程和改错，把最常用的语法规则用熟练就行了，对于不常用的规则我们学会搜索规则就行了。

函数就是抽象地使用一个标识符来代表一组语句，函数的目的是实现模块化和重复调用。函数实参和形参的个数、数据类型相同或赋值兼容，才能实现从主调函数向被调用函数单向值传递，函数的返回值作为计算结果传给主调函数。函数命名采用小驼峰命名法，并需要注释函数的声明、实现和调用,注释函数的功能、形参及返回值。

指针变量与其他类型的普通变量一样,需要先定义,后赋值,再使用。指针变量需要定义和初始化,将指针指向某个变量,所有指针先定义,后赋值,再使用,特别要注意悬空指针。指针中"＊"实现指针定义和取内容运算,采用"&"取地址实现指针初始化和赋值。指针和它指向的变量建立联系后,可以通过指针来间接读写指向变量。指针有两大特点:一是指针变量的值,就是另外的数据的地址;二是指针变量的类型,在声明指针变量时要指明类型,指针变量的类型应与所指向的数据类型一致。

第二部分 学习材料

3.1 算法与流程图

本节主要内容:算法的定义、算法的特点、算法设计目标和程序质量标准、算法的表示和流程图、程序的基本控制结构。

程序设计的经典公式:程序＝数据结构+算法。

程序为解决某一问题而存在,而问题可拆分成某些概念和逻辑关系。而结构化程序设计和面向对象程序设计不过是对概念和逻辑进行表达的不同方式。而程序中逻辑关系的复杂程度随程序的规模而增加。程序的本质不是各种技巧,如果没有对逻辑关系进行良好组织,程序就会变得混乱。

程序中的指令和函数按照什么逻辑顺序执行?任何程序都是按照算法步骤,根据顺序结构、分支结构和循环结构这些基本控制结构,将复杂的指令和函数组织在一起,按照一定的逻辑顺序执行。

3.1.1 算法的定义

计算机求解或处理问题的本质就是进行数据处理或数据运算。为了让计算机能够自动实现问题的求解,我们必须告诉计算机如何求解问题,也就是说要把解决问题的步骤告诉计算机,即编写计算机程序。换句话说,每个计算机程序都能实现某种数据运算。

因此,程序一般包括两方面:对数据的描述、对操作的描述。

算法就是指为了解决一个问题而采取的方法和步骤。算法是为解决某一个或一类问题而采取的方法和对步骤的描述。

如烧一壶开水,需要采用一定的步骤:

第1步,洗干净水壶;

第2步,把水壶装满水;

第3步,把水壶放在炉灶上,点火;

第4步,等水开后,灌入暖水瓶。

这些步骤都是按一定的顺序进行的,缺一不可,甚至顺序错了也不行,这就是算法。程序设计也是如此,需要有流程控制语句。

下面举例说明算法的设计思想。

【案例3-1】有黑色和蓝色两个墨水瓶,工作人员错把黑色墨水装在了蓝色瓶子里,把蓝色墨水错装在了黑色墨水瓶子里,现要求将其互换。

算法分析:这是一个非数值运算问题。如果直接将黑墨水倒入黑墨水瓶,会导致黑蓝墨水混合在一起,而无法达到目的。因此,这两个瓶子的墨水不能直接交换,为解决这一问题,关键是需要使用第三个墨水瓶。设第三个墨水瓶为白色瓶子,其交换步骤如下:

(1)将黑色瓶子中的蓝色墨水装入白色瓶子中;

(2)将蓝色瓶子中的黑色墨水装入黑色瓶子中;

(3)将白色瓶子中的蓝色墨水装入蓝色瓶子中;

(4)算法结束。

【案例3-2】输入2个整数,进行交换,变换值。本案例与【案例3-1】相似的问题就是要完成两个数a、b的交换,当然也得通过上述算法,借助c来完成。下面分析本案例的算法思想,如图3-1所示。

(1) a→c;

(2) b→a;

(3) c→b。

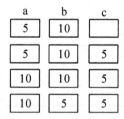

图3-1　两个数交换的处理过程

```
1  #include<stdio.h>
2  int main( )
3  {
4      /* 变量定义 */
5      int num1 = 0;//第一个整数
6      int num2 = 0;//第二个整数
7      int temp = 0;//临时变量
8      /* 输入数据 */
9      printf("Input the two numbers:");
10     scanf("%d%d",&num1,&num2);
11     printf("num1 = %d, num2 = %d\n",num1,num2);
12
13     /* 交换变量值 */
14     temp = num1;
15     num1 = num2;
16     num2 = temp;
17
18     /* 输出结果 */
```

```
19      printf("num1=%d, num2=%d\n",num1, num2);
20
21      return 0;
22} //example 3-2.cpp
```

运行结果如图 3-2 所示。

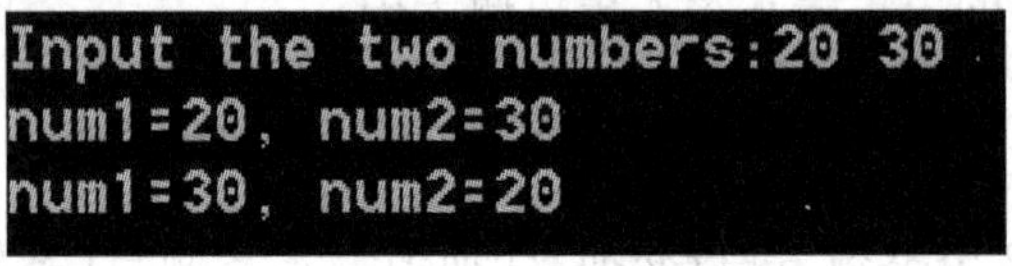

```
Input the two numbers:20 30
num1=20, num2=30
num1=30, num2=20
```

图 3-2 运行结果

表 3-1 给出了程序的变量变化过程。

表 3-1 变量变化表

行号	num1	num2	temp
7	0	0	0
11	20	30	0
14	20	30	20
15	30	30	20
16	30	20	20
19	30	20	20

现在再来分析【案例 1-2】的算法。

【案例 3-3】求两个整数之和,并显示输出运算结果(改编自【案例 1-2】)。

```
#include <stdio.h>
int main()
{
    /*对数据的描述*/
    int x = 0; //整型变量
    int y = 0; //整型变量
    int z = 0; //求和

    /*对数据操作的描述*/
    x = 3;
    y = 5;
    z = x + y;

    /*输出运算结果*/
    printf("z=%d\n",z);
    return 0;
}//example3-3.cpp
```

分析:对数据的描述包括指出数据所属类型(整型、实型、字符型等)以及数据的存储方式(静态存储和动态存储);而对操作的描述,就是对数据的处理步骤,即每一步要做什么,也就是算法。

程序是解决问题的一系列指令,编程序就是用一种编程语言描述算法。

3.1.2 算法的特点

算法是一个有穷规则的集合,这些规则确定了解决某类问题的一个运算序列。对于该类问题的任何初始输入值,计算机都能一步一步地机械化地执行计算,经过有限步骤后终止计算并输出结果。归纳起来,算法具有以下基本特征:

(1)输入。算法有 0 个(已指定初始条件)或多个输入数据。

(2)输出。算法有 1 个或多个输出结果。

(3)可行性。算法要能够有效运行,并能得到确切的结果。每一个步骤都要足够简单,是实际能做的,在短的时间内可完成的。

(4)确定性。算法的每一步必须有确切的含义。

(5)有穷性。算法必须在有限的步骤内之后结束。

【案例 3-4】顺序输出 26 个英文小写字母(改编自【案例 1-4】)。

```c
#include <stdio.h>
int main( ){
    char c = ´´;//字符变量
    int i = 0;//i 是循环控制变量,用于控制循环次数
    / * 循环语句 for,循环 26 次 */
    c = ´a´;//给变量初值
    while (i < 26)//循环条件
    {
        printf(" %c",c);
        c = c + 1;
        i++; //i++表示 i=i+1
    }
    printf(" \n");
    return 0;
} //example3-4. cpp
```

输出结果:a b c d e f g h i j j k l m n o p q r s t u v w x y z。

算法的五个重要的特性:

(1)有穷性:在有穷步之后结束。

(2)确定性:无二义性。

(3)可行性:可通过基本运算有限次执行来实现。

(4)有输入和有输出表示存在数据处理。

【案例 3-5】计算函数 f(x)的值。函数 f(x)如下所示,其中,a、b、c 为常数。

$$f(x) = \begin{cases} ax+b & x \geq 0 \\ ax^2-c & x < 0 \end{cases}$$

算法分析:本题是一个数值运算问题。其中 f 代表要计算的函数值,该函数有两个不同的表达式,我们根据 x 的取值决定执行哪个表达式,算法如下:

(1)将 a、b、c 和 x 的值输入计算机;

(2)判断如果条件 x≥0 成立,执行第(3)步,否则执行第(4)步;

(3)按表达式 ax+b 计算出结果并存放到 f 中,然后执行第(5)步;

(4)按表达式 ax^2-c 计算出结果并存放到 f 中,然后执行第(5)步;

(5)输出 f 的值,算法结束。

3.1.3 算法设计目标和程序质量标准

3.1.3.1 算法设计目标

算法设计应满足以下几条目标:

(1)正确性。要求算法能够正确地执行预先规定的功能和性能要求。这是最重要也是最基本的标准。

(2)可使用性。要求算法能够很方便地被使用。这个特性也叫用户友好性。

(3)可读性。要求算法易于人的理解,也就是可读性好,即同行容易看懂。为了达到这个要求,算法的逻辑必须是清晰的、简单的和结构化的。

(4)健壮性。要求算法具有很好的容错性,即提供异常处理,能够对不合理的数据进行检查,不经常出现异常中断或死机现象。

(5)高效率与低存储量需求。通常算法的效率主要指算法的执行时间。对于同一个问题如果有多种算法可以求解,执行时间短的算法效率高。算法存储量指的是算法执行过程中所需的最大存储空间。

3.1.3.2 程序质量标准

我们根据算法设计的目标提出程序的质量标准。

程序的质量标准:正确性、可读性、友好性、健壮性、高效率。

平时实验作业程序的质量标准:正确性、可读性、友好性。

课程设计或综合程序设计的质量标准:正确性、可读性、友好性、健壮性、高效率。

3.1.4 算法的表示和流程图

算法可以用任何形式的语言和符号来描述,通常有自然语言、流程图、N-S 图、PAD 图、伪代码、程序语言等。自然语言就是【案例 3-5】所表示的算法。流程图便于交流,简单易学,又特别适合初学者使用。对于一个程序设计人员来说,会看和会用流程图是必要的。N-S 图、PAD 图和伪代码的使用相对难一点,"算法分析与设计"和"软件工程"课程中会介绍这些内容,这里不过多介绍。N-S 图就是结构化的流程盒图,虽然结构严谨,但是难以绘制;PAD 图是问题表示图;伪代码类似于代码但又不是代码。

所谓流程图,就是对给定算法的一种图形解法。美国国家标准化协会(American National Standard Institute,ANSI)规定了一些常用的符号,如图 3-3 所示(建议用 Microsoft Visio 等工具绘制流程图,不要在 Microsoft Word 中绘制,不易排版)。

起止框　　　输入输出框　　　判断框　　　一般处理框　　　流程线　　　连接点

图 3-3 流程图的常用符号

（1）起止框表示算法的开始或结束。每个算法流程图中必须有且仅有一个开始框和一个结束框。开始框只能有一个出口，没有入口；结束框只有一个入口，没有出口，如图3-4(a)所示。

（2）输入/输出框表示算法的输入和输出操作。输入操作是指从输入设备上将算法所需要的数据传递给指定的内存变量，输出操作则是将常量或变量的值由内存储器传递到输出设备上。输入/输出框中填写需输入或输出的各项列表，它们可以是一项或多项，多项之间用逗号分隔。输入/输出框只能有一个入口和一个出口，其用法如图3-4(b)所示。

（3）处理框是指算法中各种计算和赋值的操作均以处理框表示。处理框内填写处理说明或具体的算式，我们也可以在一个处理框内描述多个相关的处理，但一个处理框只能有一个入口和一个出口，其用法如图3-4(c)所示。

（4）判断框表示算法中的条件判断操作。判断框表示算法中产生了分支，需要根据某个关系或条件的成立与否来确定下一步的执行路线。判断框内应当填写判断条件，一般用关系比较运算或逻辑运算来表示。判断框一般具有两个出口，但只能有一个入口，其用法如图3-4(d)所示。比较运算或逻辑运算见第4章。

（5）流程线表示算法的走向，流程线箭头的方向就是算法执行的方向。事实上，这条简单的流程线是很灵活的，它可以到达流程的任意处。它灵活的另一面是很随意的。在软件工程方法中我们要杜绝程序设计的随意性，因为它容易使软件的可读性、可维护性降低。因此，在结构化的程序设计方法中，常用的 N-S 图、PAD 图等适合于结构化程序设计的图形工具来表示算法，在这些图形工具中都取消了流程线。但是，对于程序设计的初学者来说，传统流程图有其显著的优点，流程线非常明确地表示了算法的执行方向，便于读者对程序控制结构的学习和理解，本节只给了流程图的介绍。

另外，流程图还需要注释说明，用来表示对算法中的某一操作或某一部分操作所做的必要的备注说明。因为它不反映流程和操作，框内一般是用简明扼要的文字进行描述。

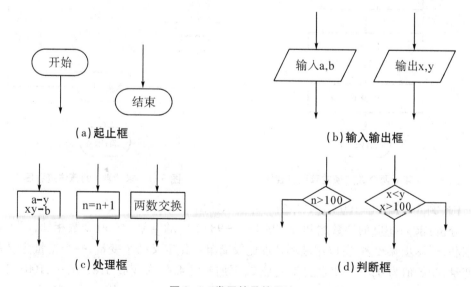

(a)起止框　　　　　　　　　(b)输入输出框

(c)处理框　　　　　　　　　(d)判断框

图3-4　常用符号的用法

3.1.5 程序的基本控制结构

一个算法的功能不仅与选用的操作有关,而且与这些操作之间的执行顺序有关。程序的流程控制决定了各种操作的执行次序。程序的流程控制主要由三种基本控制结构来实现:顺序结构、选择结构和循环结构,如图 3-5 所示。

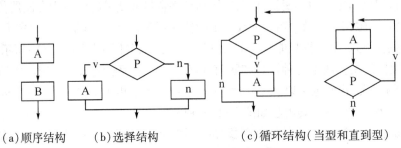

(a)顺序结构　　(b)选择结构　　(c)循环结构(当型和直到型)

图 3-5　三种基本控制结构

顺序结构的流程图表示算法,表示 a 和 b 两个数交换的算法处理流程,如图 3-6 所示。选择结构的流程图表示算法,表示求函数值 $f(x)=\begin{cases}ax+b & x\geq0\\ax^2-c & x<0\end{cases}$ 的算法处理流程,如图 3-7 所示。

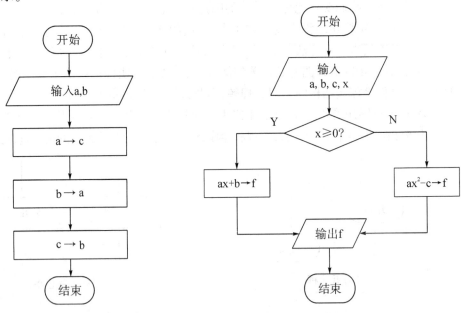

图 3-6　a 和 b 两个数交换的算法流程图　　图 3-7　求函数 f 的算法流程图

【案例 3-6】求 1~100 的偶数之和,并显示输出结果。

分析:求 1~100 的偶数之和,即 2+4+…+98+100 的结果,有 50 个数相加,因为要多次求和,运算步骤较多,所以用循环处理比较简单。先定义两个变量,一个变量为循环控制变量,初始值为 0,下次使之加 2,变成 2,再加变成 4,依次变成 6,8,10,…,100;另一个变量 sum 用于累加,初始值为 0,在变化的同时累加 i 的值,每次使 sum+i 赋予 sum,首次累加 sum=0,第 2 次累加 sum=2,第 3 次累加 sum=6,直至累加到 i=100 结束,最后输出累加和。循环结构的流程图如图 3-8 所示,表示了算法处理的过程。表 3-2 所示的变量变化表给出了算法的变量变化处理过程。表 3-2 中第 1 行、第 2 行是判断执行前后的变量取值。

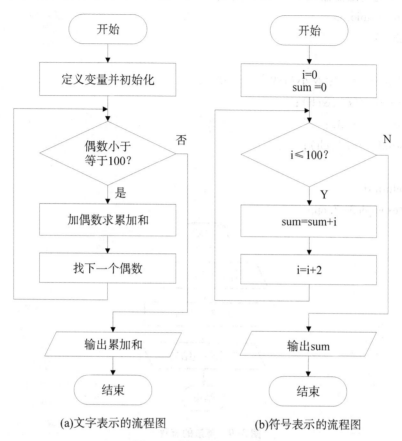

(a)文字表示的流程图   (b)符号表示的流程图

图 3-8   循环结构的流程图

表 3-2   变量变化表

i	sum
0	0
0	0
2	2
4	6
6	12

3.2   顺序结构和程序设计方法

本节主要内容为:程序的模块结构、程序的结构化设计方法、程序的迭代实现方法。

3.2.1   程序的模块结构

【案例 3-7】通过键盘输入一个小写字母,将它转换成大写并输出显示。

对于该问题的求解,主要有 3 步操作,而且它们之间的执行顺序是自上而下的,即顺序结构。在程序中,顺序结构的实现最简单,我们只需要将对应的操作按照执行的先后顺序进行排放即可。

算法:①通过键盘输入字符;②转换成大写;③输出。算法的流程图如图 3-9 所示。

```c
#include <stdio.h>
int main( )
{
    char ch = ' '; //小写的字符变量
    scanf("%c",&ch);
    ch = ch - 32;
    printf("%c",ch);


    return 0;
}   //example3-7.cpp
```

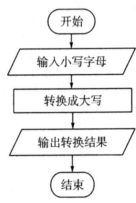

图 3-9　算法的流程图

【案例 3-8】输入某个同学英语、数学以及 C 语言 3 门课的成绩,并计算该学生 3 门课的总分和平均分。

算法的流程图如图 3-10 所示。

```c
/* 求总分和平均分 */
#include <stdio.h>
int main( )
{
    /* 定义变量 */
    int english = 0; //英语成绩
    int math = 0; //数学成绩
    int c = 0; //C 语言成绩
    int sum = 0;  //总成绩
    float average = 0; //平均成绩


    /* 数据输入输出 */
    printf("请输入英语成绩:");
```

```
scanf("%d",&english);  //输入英语成绩
printf("请输入数学成绩:");
scanf("%d",&math);  //输入数学成绩
printf("请输入 C 语言成绩:");
scanf("%d",&c);  //输入 C 语言成绩

/* 计算总分和平均分 */
sum = english + math + c;
average = sum / 3.0;

/* 输出计算结果 */
printf("英语:%d,数学:%d,C 语言:%d",english,math,c);
printf("该同学 3 门课的总成绩为%d,平均成绩为%8.2f\n",sum,average);
return 0;
}  //example3-8.cpp
```

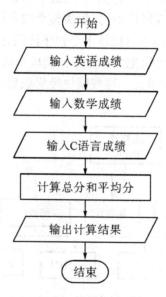

图 3-10　算法的流程图

　　模块化结构就是把一个程序按功能划分为多个部分,每个部分单独编码,然后再组合成一个整体的结构。一个程序由若干个子程序模块构成,一个模块实现一个特定的功能。所有的高级语言都支持子程序,用子程序实现特定的功能。这就是程序的模块结构,如图 3-11 所示,其中图 3-11(a)表示一般程序的模块结构,图 3-11(b)表示具体程序的模块结构,即求平均分的处理流程。

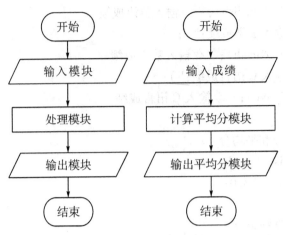

（a）一般程序的模块结构　　　（b）具体程序的模块结构

图 3-11　程序的模块结构

3.2.2　程序的结构化设计方法

程序的结构化设计的基本思想是自上向下、逐步求精、模块化。这种结构便于自上而下的模块化编程。在这种编程风格中，先解决整个的高层逻辑，然后再解决每个低层函数的细节，如图 3-12 所示。函数可以被多个程序使用，这样程序可以被重复使用，即重用性加强。模块化程序设计可以把大型程序分割成小而独立的程序段（称为模块）并单独命名，是单个可调用的程序单元。这些模块经集成后成为一个软件系统，以满足系统的需求。

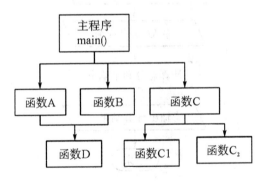

图 3-12　结构化的编程模块结构

【案例 3-9】通过编程，输出下面形式的字符串。

* * * * * * * * * * * * * * * * * * * *

Welcome to you!

* * * * * * * * * * * * * * * * * * * *

分析：按照前面所学，在 main( ) 函数中只需要 3 个 printf( ) 函数调用就可以了。我们现在尝试采用另一种方法。由于第 1 行输出的星号和第 3 行输出的星号是一样的，定义一个 printstar( ) 函数用来输出星号；然后在 main( ) 函数中先调用 printstar( ) 输出一行星号，调用 printf( ) 函数输出字符串；最后调用 printstar( ) 输出一行星号。

```
#include<stdio.h>
```

```
void printstar(int n);   //printstar()函数的声明
int main(){
    printstar(20);   //printstar()函数的调用
    printf("Welcome to you! \n");
    printstar(20);   //printstar()函数的调用

    return 0;
}
/ * printstar()函数的定义 * /
void printstar(int n)
{
    int i = 0;//循环控制变量
    for(i = 1;i <= n;i++)
        printf(" * ");
    printf("\n");
} //example3-9.cpp
```

模块化程序设计的特征：①每个模块只做一件事情。②模块之间的通信只允许通过调用模块来实现。③某个模块只能被更高一级的模块调用。④如果不存在调用或被调用关系，模块之间不能直接通信。⑤所有模块都使用控制结构设计单入口、单出口的方式。

3.2.3　程序的迭代实现方法

迭代式开发也被称作迭代增量式开发或迭代进化式开发。我们每次只设计和实现这个产品的一部分，这种逐步完成的方法叫迭代式开发，每次设计和实现一个阶段叫作一个迭代。软件开发无法一次性完全满足用户需求，设计者可以先开发出一个版本。在使用过程中，设计者对软件进行升级维护，开发新功能，不断地完善。通俗地说，软件迭代开发就是一遍又一遍地做相应的工作，最终形成一个成熟的产品。迭代的核心思想是修改、增加、完善。

通过长期教学实践发现，初学者采用迭代的思想进行编程，更容易理解程序的生长过程，更容易写代码，更容易完成设计任务，更容易发现和解决代码存在的错误。因此，强烈建议，初学者可以将案例程序分解为若干步骤，逐步迭代进行验证，还可以采用迭代的思想完成编程题目和纠正程序的错误。

特别提醒：可以说，系统的学习、思考和练习方法，比傻傻地读书、死扣语法细节和胡乱练习题目更有效。本书特别反对死扣语法细节以及妄想记忆和掌握每一个语法细节，这是愚蠢、笨拙的学习方法，这是无法学会编程的。

学习方法：学习编程语言最重要的方式是用迭代的方法进行思考、设计、编程和改错，把最常用的语法规则用熟练就行了，对于不常用的规则学会搜索规则就行了。简单地说，就是必须明白编程语言的学习方法，而不是死记硬背语法规则，否则就是徒劳无功。

第1章的【案例1-4】就给出了迭代编程的案例展示。下面再次用【案例3-10】来展示迭代编程的思想和方法。

【案例3-10】超市计费系统1.0版。

(1)问题描述。

利用迭代的方式开发超市计费系统1.0版。

(2)问题分析。

超市计费系统的核心是输入商品的数量和商品的价格以及打折的额度,然后计算一件商品的应付款总额。顾客可能购买多种商品,这需要一个循环的处理过程,现在我们还没法完成。但现在我们可以先简化命题,完成一种商品的计费。

(3)程序代码。

第一次迭代:先完成最简单的,没有输入,只有输出。

```c
/*超市计费系统0.1版 */
#include <stdio.h>
int main( )
{
    printf("超市计费系统0.1版\n");


    return 0;
} //example3-10-1.cpp
```

运行结果如图3-13所示。

超市计费系统0.1版

图3-13 运行结果

利用第二次迭代,我们分析完成一件商品的计费思路。

```c
/*超市计费系统0.2版,利用注释理清我们的编程思路*/
#include <stdio.h>
int main( )
{
    printf("超市计费系统0.2版\n");
    /*1.输入商品的数量*/
    /*2.输入商品的价格*/
    /*3.输入打折的额度*/
    /*4.计算并输出该商品的应付款*/


    return 0;
} //example3-10-2.cpp
```

根据前面我们所学的基本输入输出的方法,我们可以完成第三次迭代。

```c
#include <stdio.h>
int main( )
```

```
{
    int num = 0;        //商品的数量,应为整型
    double price = 0;        //商品的价格,应为浮点型
    double discount = 0;//商品打折额度为浮点型:1 表示不打折,0.9 表示打9 折
    printf("超市计费系统 1.0 版\n");

    /* 1. 输入商品的数量 */
    printf("请输入商品的数量:");
    scanf("%d", &num);

    /* 2. 输入商品的价格 */
    printf("请输入商品的价格:");
    scanf("%lf", &price);

    /* 3. 输入打折的额度 */
    printf("请输入商品打折的额度:");
    scanf("%lf", &discount);

    /* 4. 计算并输出该商品的应付款 */
    printf("你好,该种商品你应付:%.1f 元! \n", num * price * discount);

    return 0;
}   //example3-10-3. cpp
```

运行结果如图 3-14 所示。

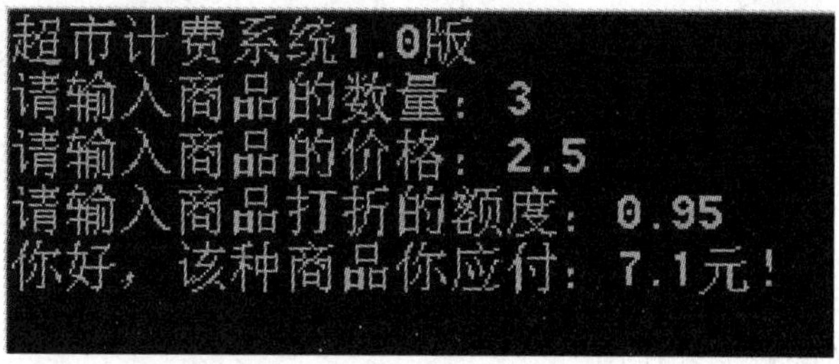

图3-14　运行结果

3.3　函数的作用与规范使用

本节主要内容为函数的概念,C 语言函数的结构和分类,函数的意义和作用,C 语言函数的类型,函数命名规范与注释规范,常见函数声明、实现和调用错误及排除方法。

3.2.1　函数的概念

函数就是抽象地使用一个标识符来代表一组语句。编写代码不只是孤立的考虑这组语句是怎么工作的,而是要从更高抽象层,即这组语句所完成的操作这个角度,将这种

语句作为一个整体对待使用。我们将一组操作定义为一个函数,在其他程序中可以多次调用,实现软件的重复使用,从而节约编程时间。

3.2.2 C语言函数的结构和分类

C语言的程序由函数组成,函数是C语言程序的基本单位。C语言的函数是子程序的总称,包括函数和过程。根据有无返回值,函数分为有返回值函数和无返回值函数。

C语言函数可以分为库函数、用户自定义函数。库函数由系统提供,程序员只需要使用(调用)即可。库函数由系统提供,均经过精心编写和反复测试,可靠而安全,建议多使用,要使用所需的头文件。用户自定义函数是用户自己编写的函数,即需要程序员动手编写。

每一个C程序有且仅有一个main()函数。main()函数是程序的组织者,直接或间接地调用别的函数来辅助完成整个程序的功能,但别的函数不能调用main()函数,它由操作系统自动调用。

C语言程序的结构如图3-15所示。在每个程序中,主函数main()是必须的,是所有程序的执行起点(入口),main()函数只调用其他函数,不能为其他函数所调用。其他函数之间没有主从关系,可以相互调用。所有函数都可以调用库函数,程序的总体功能通过函数的调用来实现。

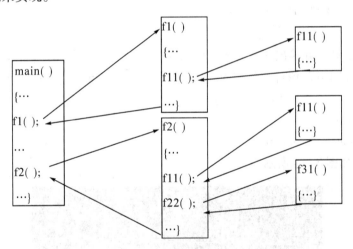

图3-15 C语言程序的结构

3.3.3 函数及形参与实参

3.3.3.1 函数的意义和作用

函数的意义和作用主要有:①使用函数可以控制任务的规模。②使用函数可以控制变量的作用范围。③使用函数时,可以由多人分工协作完成程序的开发。④使用函数时,可以重新利用已有的、调试好的、成熟的程序模块,实现软件的重复使用,从而节约编程时间。

【案例3-11】编写一个用于计算x的y次方的值的函数,并且在main()函数中调用该函数。x和y由键盘输入。例如,x和y的值为4和3,那么就是计算4的3次方。

分析:定义函数power()求x的y次方,主要涉及3个方面:函数的返回值及类型、函数的参数、函数体。假设x、y是整型变量,那么x的y次方应该是整数,所以函数的返回值类型应该是整型。对于power()中形参m和n的值都必须通过主调函数传递给它,所以应该把 m 和 n 设为该函数的实参,类型为整型。对于第 3 个问题,求 x 的 y 次方,我们可以通过循环进行累乘,即 $4^3 = 4 * 4 * 4$(自乘 3 次)。我们在主函数中输入 x、y 值,调用 power( )得到返回值即 x 的 y 次方,最后输出结果即可。

```
#include<stdio.h>
int main( )
{
    int x = 0;//底数
    int y = 0;//指数
    int k = 0;//x 的 y 次方
    int power(int m,int n);   //power 函数的原型声明
    printf("Please Input x,y:\n");
    scanf("%d%d",&x,&y);   //输入 x,y
    k=power(x,y);//调用 power 函数求 x 的 y 次方,此时 x 和 y 为实参
    printf("Result=%d\n",k);

    return 0;
} //example3-11. cpp


/* 函数定义首部确定返回值类型和形参 m 和 n 的类型
指数函数的定义(m 的 n 次方)*/
int power(int m,int n)
{
    int p = 1;//乘积 multiplication
    int i = 0;//循环控制变量
    /* 通过循环控制变量 i 控制循环进行累乘 */
    for (i = 1;i <= n;i++)
        p = p * m;
    return p;   //最后函数的返回值为整型局部变量 p
}
```

程序运行结果为:
Please Input x,y:
4 3↙
Result=64

请思考:函数 power( )中变量 p 的值为 1,若改为 p=0 可以吗? 为什么?

3.3.3.2 形参和实参

形参和实参的关系如下:

①对函数定义中指定的形参,在未发生函数调用时,它们并不占用内存单元。只有在函数调用发生时,函数 power 中的形参才被分配内存单元。在调用结束后,形参所占的内存单元被释放,值也随之消失。

②实参可以是简单或复杂的表达式,如"power(3,x+y);",但要求它们有确定的值,在调用发生时将实参的值赋给形参。

③在定义函数时,必须指定每个形参的数据类型。

④实参和形参的数据类型相同或赋值兼容。例如,在上述程序中,实参和形参都是整型,这是合法的。如果实参为整型,而形参 m 为实型;或者相反,则按照不同类型数值的赋值规则进行自动转换,这就是赋值兼容性。例如,实参 x 的值为 8.5,而形参 m 为整型,则当函数调用发生时,将实型 8.5 转换成整数 8,然后传递给形参。字符型与整型可以通用,满足类型兼容性原则。

⑤主调函数在被调用函数之前,我们应对被调用函数作原型声明或将被调用函数定义在主调函数之前。在【案例 3-11】中 main( ) 函数里就有 power( ) 函数的原型声明,否则编译会出错。

⑥在 C 语言中,实参向形参的数据传递是"值传递",只由实参传给形参,是单向传递,而不能由形参再传回来给实参。在内存中,实参单元与形参单元是不同的单元。函数调用发生时,按照自左向右的原则,实参的值传递给形参,如图 3-16 所示。

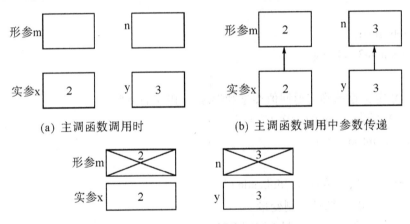

图 3-16　实参向形参的数据传递过程

在调用函数时,计算机给形参分配存储单元,并将实参对应的值传递给形参。调用结束后,形参单元被释放,实参单元仍被保留并被维持原值。因此,在执行一个被调用函数时,形参的值如果发生改变,并不会改变主调函数实参的值,如图 3-17 所示。

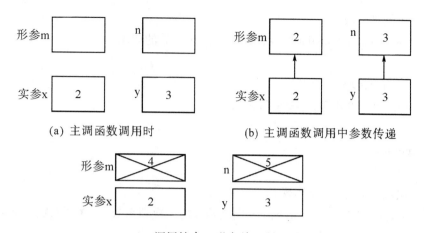

(a) 主调函数调用时   (b) 主调函数调用中参数传递

(c) 调用结束,形参单元被释放

图 3-17　形参被修改,实参不变

3.3.4　C语言函数的类型

C语言函数有多种分类方式,以下给出了五种分类方式。

(1)主函数、其他函数。

(2)主调函数(调用其他函数的函数)、被调函数(被其他函数调用的函数)。

(3)标准函数(库函数)和用户自定义函数。

(4)无参函数、有参函数。

(5)无返回值函数、有返回值函数。

3.3.5　函数命名规范与注释规范

【案例3-12】计算二次函数。

$y=ax^2+bx+c(x\in R,a,b,c\in Z)$

```c
#include <stdio.h>
float quadraticFunction(float w,int a,int b,int c);//二次函数的声明
int main(){
    float x = 0;//自变量
    float y = 0;//函数值
    int a = 0;//二次函数的二次项系数
    int b = 0;//二次函数的一次项系数
    int c = 0;//二次函数的常数项

    /*输入模块*/
    printf("欢迎进入二次函数计算系统\n");
    printf("请输入自变量(实数):");
    scanf("%f",&x);
    printf("确定二次函数的系数(3个整数):");
    scanf("%d%d%d",&a,&b,&c);
```

```
    /*处理模块*/
    y = quadraticFunction(x,a,b,c);//二次函数的调用

    /*输出模块*/
    printf("x = %8.3f,y = %8.3f\n",x,y);

    return 0;
}
/*二次函数的定义(或实现)
参数:w 是函数的自变量,a,b,c 分别是函数的二次项系数、一次项系数和常数项
返回值:二次函数的值*/
float quadraticFunction(float w,int a,int b,int c)
{
    float z = 0;//计算结果
    z = a * w * w + b * w + c;

    return z;//返回值
}//example3-12.cpp
```

运行结果如图 3-18 所示。

图 3-18 运行结果

3.3.5.1 函数的命名规则

函数的命名规则:不需要加前缀,但是每一个单词的第一个字母都需要大写或采用驼峰命名法,举例如下:

eg: void showMessage(int ix);//显示信息

函数可以采用首字母大写或小写的方式进行拼写,常采用动宾结构,尽量做到简洁明了,禁止使用具有歧义的词语。例如,关于函数的命名 changeValue,我们就无法得知 Value 具体指什么,必须以具有明确含义的词语来代替 Value,可改为 changeTemperature,表示更改温度值。但是,无需写成 changeTemperatureValue,因为 changeTemperature 的含义已经够明确了,加上 Value 反而显得拖沓。

3.3.5.2 函数的注释规则

函数的注释规则如下:

(1)注释函数的声明、定义和调用。

(2)注释函数的功能、形参作用及返回值。

（3）函数体内部注释与一般程序的注释方式相同，主要注释变量作用和主要模块的作用。

3.3.6　常见函数声明、实现和调用错误及排除方法

这里给出常见的函数错误：①函数的声明、实现和调用参数的个数不一致；②函数的声明、实现和调用参数的类型不一致或不兼容；③函数的声明、实现和调用的返回值类型不一致；④函数有声明和调用，无实现代码；⑤函数的实参变量名与形参变量名一定要相同。

【案例3-13】计算实数坐标(x,y)到坐标原点的距离 $d=\sqrt{x^2+y^2}$（$x,y\in R$），该程序的错误是什么？怎么改正？

```
#include <stdio.h>
int fun(int x,int y);//距离函数的声明
int main( ){
    float a = 0;//横坐标
    float b = 0;//纵坐标
    float d = 0;//函数值

    /*输入模块*/
    printf("请输入坐标值:");
    scanf("%f %f",&a,&b);

    /*输出模块*/
    printf("点(%8.3f,%8.3f)到原点的距离是%d\n",a,b,f(a,b,d));
    return 0;
}    //example3-13-error.cpp 和 example3-13-correct.cpp
```

3.4　指针定义与运算

本节主要内容为：指针变量的定义与初始化、指针变量的基本运算、空指针与指向 void 的指针。

3.4.1　指针变量的定义与初始化

3.4.1.1　指针变量的定义

【案例2-26】理解指针和它所指的变量的关系。

```
#include <stdio.h>
int main( ){
    int x = 10;　//整型变量
    int *p = &x;　//指向变量 x 的指针
    printf("x 的地址为%p\n", &x);
    printf("x 的值为%d\n", x);
    printf("p 的地址为%p\n", &p);　//指针就是一个变量,所以它本身也有地址
    printf("p 的值为%p\n", p);　//由于指针的值是地址,所以用%p 输出
```

```
        printf("x 在内存中占%d 字节\n", sizeof(x));
        printf("p 在内存中占%d 字节\n", sizeof(p));
        return 0;
} //example2-26.cpp
```
运行结果如图 3-19 所示。

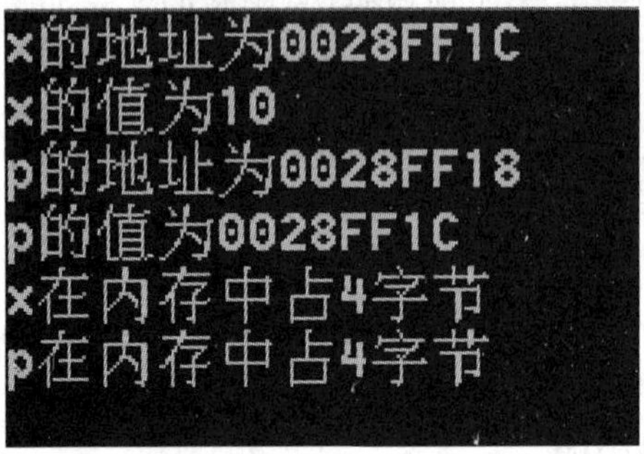

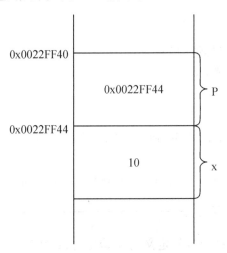

图 3-19　运行结果

指针和它所指的变量的关系如图 3-20 所示。

图 3-20　指针和它所指的变量的关系

理解了地址的概念,理解指针就轻而易举了,那什么是指针呢? 指针是一个变量,它存有另外一个变量的地址。在程序中如何定义和使用指针呢? 指针的定义及初始化方法如下。

指针定义的语法格式:

所指变量类型　*指针变量名;

指针初始化方法:

指针变量名 = 某个变量的地址;

与一般变量的定义相比,除变量名前多了一个星号"*"(指针变量的定义标识符)外,其余内容一样,即

数据类型　*指针变量[,　*指针变量2…];

例如:

int * p;

指针的表现形式可以是路牌、列车信息表、地图、课表等形式。为了进一步理解指针的作用,下面列出一些路牌来展示指针的作用,如图 3-21 所示。表 3-3 和表 3-4 提供了列车信息,表 3-5 为班级课表。

(a)火车站导航图　　　　　(b)地铁站导航图　　　　　(c)校园路牌

图 3-21　指示路牌

表 3-3　检票口的动车出发信息

次	开点	检票口	状态
D5105	07:58	9A、9B	检票
D6104	09:20	8A	候车
D954	10:06	8A、8B	候车
D2256	10:57	8A、8B	候车
D2278	13:23	8A	候车
D633	13:58	9A	候车
D367	15:08	9A	候车

表 3-4　候车大厅的动车出发信息

次	终点站	开点	检票口	状态
C6402	万州北	07:13	14A	正在检票
D5141	合川	07:15	10A	正在检票
D2214	上海虹桥	07:15	4A	正在检票
D6132	长寿北	07:20	1A	正在检票
D658	宁波	07:27	3A、3B	正在候车
D2270	南通	07:33	7A	正在候车
D2234	厦门北	7:43	5A、5B	正在候车
D1314	深圳北	7:50	2A、2B	正在候车
D5105	成都东	7:58	9A、9B	正在候车

表 3-5　班级课表

学　年: 2018-2019 ▼		学期: 1 ▼		年　级: 2018 ▼	
学院名称: 计算机科学与信息工程学院 ▼	专业: 物联网工程		▼ 推荐课表: 18物联网 ▼		

时间		星期一	星期二	星期三	星期四	星期五
早晨						
上午	第1节		职业生涯规划与就业指导I 2节/双周(4-18) 李菁 20306 无方向	高级程序设计(C语言)B实验 2节/周(4-18) 梁新元 30305 无方向	大学英语BⅠ 2节/双周(4-18) 杨晓琼 30204 无方向	形势与政策I 2节/单周(4-13) 杜元林 20302 无方向
	第2节					
	第3节	大学英语BⅠ 2节/周(4-18) 杨晓琼 20306 无方向	物联网工程导论 2节/周(4-11) 陈旭东 20708 无方向	大学英语BⅠ 2节/周(4-18) 杨晓琼 20313 无方向	中国近现代史纲要 2节/周(4-17) 罗振宇 20301 无方向	高等数学AⅠ 2节/周(4-18) 王斌 20202 无方向
	第4节					
下午	第5节	物联网工程导论 2节/周(4-11) 陈旭东 20208 无方向	线性代数B 2节/周(4-15) 李焕荣 20302 无方向	高级程序设计(C语言)B 2节/周(4-15) 梁颖元 20207 无方向		
	第6节					
	第7节		高级程序设计(C语言)B 2节/周(4-15) 梁颖元 20207 无方向	中国近现代史纲要 2节/双周(4-17) 罗振宇 20113 无方向	线性代数B 2节/周(4-15) 李焕荣 20708 无方向	
	第8节					
晚上	第9节	高等数学AⅠ 2节/周(4-18) 王斌 20113 无方向		高等数学AⅠ 2节/周(4-18) 王斌 20202 无方向	心理健康 2节/单周(6-13) 胡佳怡 20204 无方向	
	第10节					

3.4.1.2　指针变量的初始化

由于指针里存放的是变量的地址,但变量有不同的数据类型,所以指针也分为不同类型的指针,如指向整型的指针、指向浮点型的指针等。

【案例 3-14-1】指针变量的定义与应用。

```c
#include<stdio.h>
int main( )
{
    /*变量和指针变量的定义*/
    int num = 3;//整型变量
    int * p_int;  //定义指向 int 型数据指针变量 p_int
    float f = 3.14;//float 型变量
    float * p_f;  //定义指向 float 型数据指针变量 p_f
    char ch = 'A';//字符变量
    char * p_ch;  //定义指向 char 型数据的指针变量 p_ch

    /*指针变量的赋值或初始化*/
    p_int = &num;  //取变量 int 的地址,赋值给 p_int
    p_f = &f;  //取变量 f 的地址,赋值给 p_f
    p_ch = &ch;  //取变量 ch 的地址,赋值给 p_ch

    /*输出变量值(通过变量的直接访问和通过指针的间接访问)*/
    printf( "num=%d, * p_int=%d\n", num, * p_int);
```

```
        printf("f=%4.2f, *p_f=%4.2f\n", f, *p_f);
        printf("ch=%c, *p_ch=%c\n", ch, *p_ch);


        return 0;
}    //example3-14-1.cpp
```

运行结果如图 3-22 所示。

```
num=3, *p_int=3
f=3.14, *p_f=3.14
ch=A, *p_ch=A
```

图 3-22　运行结果

指针变量初始化的方式有三种。指针变量初始化的一般格式为

　　　　指针变量名 = & 变量名;

例如:

　　　　p_int = #

　　　　p_f = &f;

　　　　p_ch = &ch;

或者,在定义指针变量时直接初始化。例如:

　　　　int num, *p_int = #

或者,把一个指针变量的值赋给另一指针变量。例如:

int num, *p1 = &num, *p2; p2 = p1;

或

p_int = NULL(NULL 是空指针, stdio.h 定义的符号常量, 值为 0)

注意:

(1)此处的" * "号只是表明后面的符号为指针变量名。

(2)所有指针先定义,后赋值,再使用,特别注意悬空指针。如果指针变量 p_int 并未指向某个具体的变量,则称指针是悬空的。使用悬空指针很容易破坏系统,导致系统瘫痪。因此,不可以使用悬空指针,必须先赋值,后使用。

【案例 3-14-2】指针变量的定义与应用需要分类型处理。

```
#include<stdio.h>
int main()
{
        /*整型变量和指针变量的定义与使用*/
        int num = 3;    //整型变量
        int *p_int;    //定义指向 int 型数据指针变量 p_int
        p_int = &num;    //指针变量的赋值或初始化,取变量 int 的地址,赋值给 p_int
        /*输出变量值(通过变量的直接访问和通过指针的间接访问)*/
        printf("num=%d, *p_int=%d\n", num, *p_int);
```

```
/ * 实型变量和指针变量的定义与使用 * /
float f = 3.14;   //float 型变量
float * p_f;   //定义指向 float 型数据指针变量 p_f
p_f = &f;   //取变量 f 的地址,赋值给 p_f
printf("f=%4.2f, * p_f=%4.2f\n", f, * p_f);

/ * 字符型变量和指针变量的定义与使用 * /
char ch = ´A´;   //字符变量
char * p_ch;   //定义指向 char 型数据的指针变量 p_ch
p_ch = &ch;   //取变量 ch 的地址,赋值给 p_ch
printf("ch=%c, * p_ch=%c\n", ch, * p_ch);

return 0;
}   //example3-14-2.cpp
```

运行结果如图 3-23 所示。

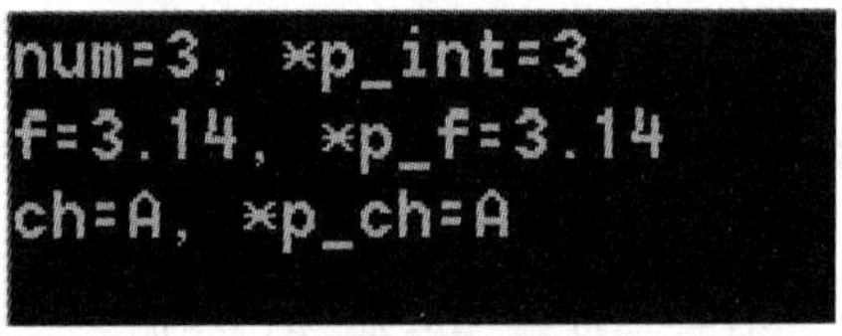

```
num=3, *p_int=3
f=3.14, *p_f=3.14
ch=A, *p_ch=A
```

图 3-23　运行结果

3.4.2　指针变量的运算

【案例 3-15】使用指针变量实现以下运算:输入 2 个整数,进行交换。

本题处理思路是通过临时变量 temp 作为中介实现值交换,表 3-6 所示的变量变化表展示了变量交换过程。

表 3-6　变量变化表

num1	num2	temp
0	0	0
20	30	0
20	30	20
30	30	20
30	20	20

【案例 3-15-1】输入 2 个整数,进行交换。

```
#include<stdio.h>
int main()
{
```

```
      /*变量定义*/
      int num1 = 0;//第一个整数
      int num2 = 0;//第二个整数
      int temp = 0;//临时变量

      /*输入数据*/
      printf("Input the two numbers:");
      scanf("%d%d",&num1,&num2);
      printf("num1=%d, num2=%d\n",num1,num2);

      /*交换变量值*/
      temp = num1;
      num1 = num2;
      num2 = temp;
      /*输出结果*/
      printf("num1=%d, num2=%d\n",num1, num2);
      return 0;
} //example3-15-1.cpp
```
运行结果如图 3-24 所示。

图 3-24　运行结果

【案例 3-15-2】使用指针实现两个数的交换,交换指针指向的存储内容。

```
1 #include<stdio.h>
2 int main()
3 {
4    int num1 = 0;//第一个整数
5    int num2 = 0;//第二个整数
6    int temp = 0;//临时变量
7    int *p1 = &num1;//定义指针 p1 并初始化,即指针 p1 指向变量 num1
8    int *p2 = &num2;//定义指针 p2 并初始化,即指针 p2 指向变量 num2
9    int *p = &temp; //指向变量 temp
10   printf("Input the two numbers:");
11   scanf("%d%d",p1,p2);
12   printf("num1=%d, num2=%d\n",num1,num2); //直接访问
13
```

```
14        /*交换指针指向的变量值即存储的内容,变量的间接访问*/
15        *p = *p1;
16        *p1 = *p2;
17        *p2 = *p;
18        printf("num1=%d,num2=%d\n", *p1, *p2);//指针使用
19        printf("num1=%d,num2=%d\n",num1, num2);
20
21        return 0;
22    }    // example3-15-2.cpp
```

表 3-7 给出程序运行中的变量变化过程。指针变量 p1 和 p2 指向的值发生了交换,变量值 num1 和 num2 也发生了交换。

·96·

表 3-7　变量变化表

行号	num1	num2	temp
7-9	*p1	*p2	*p
9	0	0	0
12	20	30	0
15	20	30	20
16	30	30	20
17	30	20	20

和指针密切相关的两种基本运算符为 & 和 *。其中 & 用于取变量的地址,而 * 用于取指针所指的变量的值。

(1)取地址运算(&)。

取地址运算的格式:& 变量。

用于取变量的地址举例:&num。

注意:指针变量只能存放指针(地址),且只能是相同数据类型变量的地址。

(2)取内容运算(*)也称为取内容运算符,间接访问运算符或取值运算符,是指取指针变量指向的变量的值。

例如:

printf(" * p_int=%d\n", * p_int);

注意:此时的" * "号与指针变量定义时不同。

假设有"int x, * p = &x;",则与 & 和 * 运算符相关的结论如下:

①p = &x   // x 的地址就等于指针 p 的值

② *p = x   // 指针 p 所指的变量的值就等于 x 的值

③ *&x = *p = x   // x 的地址所指的变量的值就等于 p 所指的变量的值,即是 x

④& *p = &x = p   // 指针 p 所指的变量的地址就是 x 的地址也是指针变量 p 的值

【案例 3-15-3】使用指针变量实现两个数交换,交换指针。

```
1 #include<stdio.h>
```

```
2 int main( )
3 {
4      int num1 = 0;//第一个整数
5      int num2 = 0;//第二个整数
6      int * p1 = &num1;//定义指针 p1 并初始化,即指针 p1 指向变量 num1
7      int * p2 = &num2;//定义指针 p2 并初始化,即指针 p2 指向变量 num2
8      int * p = NULL;//临时指针
9      printf("Input the two numbers:");
10     scanf("%d%d",p1,p2);
11     printf("num1=%d, num2=%d\n",num1,num2);
12
13     /*交换指针变量值*/
14     p = p1;   //指针赋值
15     p1 = p2;
16     p2 = p;
17     printf("*p1=%d,*p2=%d\n", *p1, *p2);//指针使用
18     printf("num1=%d,num2=%d\n",num1, num2);
19
20     return 0;
21 }    // example3-15-3.cpp
```

表 3-8 给出程序运行中的变量变化过程,指针变量 p1 和 p2 的值发生了交换,但是变量值 num1 和 num2 并没有发生交换。

表 3-8　变量变化表

行号	num1	num2	p1	p2	p
8	0	0	&num1	&num2	NULL
11	20	30	&num1	&num2	NULL
14	20	30	&num1	&num2	&num1
15	20	30	&num2	&num2	&num1
16	20	30	&num2	&num1	&num1

运行结果如图 3-25 所示。

```
Input the two numbers:20 30
num1=20, num2=30
 *p1=30,*p2=20
num1=20,num2=30
```

图 3-25　运行结果

赋值"="可以把一个指针值赋值给某个指针变量。所谓指针值是指向某变量指针

（变量的地址）。

例如：

```
int    * px , x;
px = &x;                //指针 px 指向变量 x
px = NULL;        //为 px 赋空指针
px = (int *)4800;        //将地址 4800 赋给 px，而不是整数类型 4800
```

3.4.3 空指针与指向 void 的指针

程序员在程序设计中需要特别注意两种特殊类型的指针：NULL 和 void *。

NULL 称为空指针，也称零指针，由系统预先定义好，可以直接使用。它的含义表示该指针什么也不指向。系统中空指针的定义为：#define NULL 0。例如：

int   * p = NULL;   / * 表示现在指针 p 什么也不指向，也可写成 int * p = 0；*/

注意：如果程序中定义好指针后没有给指针赋值就直接使用，这非常危险。因为没有给指针赋初始值，它的值就是随机的，这和当时的内存单元的值有关。当程序中使用该指针时，由于它的值是随机的，操作的内存单元很可能已经不是本程序能访问的内存，即可能是系统的内存或别的程序的内存，这样就很容易引起内存访问故障。

void * 称为指向 void 类型的指针，该类型的指针可以容纳任何其他类型的指针，但使用该指针时必须强制转换其为指向特定类型的指针。

例如，假设有语句"int * p；void * q；"，则语句"p = q；"是错误的，应该改为"p = (int *)q；"这才是正确的。

```
/*【案例 2-11】字符串的输入输出，用数组实现 */
# include <stdio.h>
int main()
{
    char username[ ] = "admin";//用户名数组
    char password[ ] = "jm_567";//密码数组
    printf("%s\n","Welcome you!");
    printf("用户名:%s\n",username);
    printf("密码:%s\n",password);
    printf("%s","请输入新的密码:");
    scanf("%s",&password); //可以去掉地址符 &
    printf("新密码:%s\n",password);
    return 0;
} //example2-11. cpp
```

运行结果如图 3-26 所示。

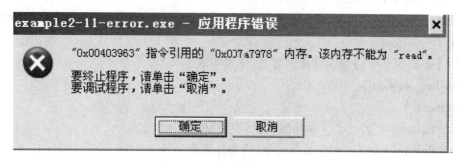

图 3-26 运行结果

温馨提示:scanf( )输入字符串时数组名前可以去掉地址符 &。

【案例 3-16-1】字符串的输入输出,用指针实现,有错(改编自【案例 2-11】)。

```cpp
#include <stdio.h>
int main( ){
    char * username = "admin";//用户名
    char * password = "jm_567";//密码
    printf("%s\n","Welcome you!");
    printf("用户名:%s\n",username);
    printf("密码:%s\n",password);
    printf("%s","请输入新的密码:");
    scanf("%s",password); //这里导致运行出错
    printf("新密码:%s\n",password);
    return 0;
} // example3-16-1.cpp
```

运行结果图如图 3-27 所示,给出了运行的错误提示。

example2-11-error.exe - 应用程序错误

"0x00403963" 指令引用的 "0x0J7a7978" 内存。该内存不能为 "read"。

要终止程序,请单击"确定"。
要调试程序,请单击"取消"。

　　确定　　　　取消

图 3-27 运行结果图

思考题:如何将【案例 3-16-1】修改正确?

【案例 3-16-2】字符串的输入输出,用指针实现,正确。

```cpp
#include <stdio.h>
#define N 20
int main( )
{
    char * username = "admin";//用户名指针
    char newPassword[N]="jm_567";//密码数组
```

```
    char * password = newPassword;//密码指针
    printf("%s\n","Welcome you!");
    printf("用户名:%s\n",username);
    printf("密码:%s\n",password);
    printf("%s","请输入新的密码:");
    scanf("%s",password); //这里不再导致运行出错
    printf("新密码:%s\n",password);

    return 0;
} // example3-16-2.cpp
```

运行结果如图 3-28 所示。

图 3-28　运行结果

3.5　综合应用案例分析

本节主要内容为:超市计费系统、计算平均成绩。

3.5.1　超市计费系统

超市计费系统 1.0 版参见【案例 3-10】,这里分别给出变量、函数和指针 3 种实现方式。

```
/*【案例3-17-1】超市计费问题,用变量实现*/
#include <stdio.h>
int main(){
    int num = 0;        //商品的数量,应为整型
    float price = 0; //商品的价格,应为浮点型
    double amount = 0;  //商品的总额,应为浮点型

    /*输入数据*/
    printf("超市计费系统 0.1 版\n");
    printf("请输入商品的数量和单价:");
    scanf("%d%f", &num,&price);

    /*计算结果并输出应付款*/
    amount = num * price;
```

```
        printf("你好,该种商品你应付:%.1f 元! \n", amount);
        return 0;
}  //example3-17-1.cpp
```
运行结果如图 3-29 所示。

图 3-29　运行结果

```
/*【案例 3-17-2】超市计费问题,用函数实现 */
#include <stdio.h>
double    computeAmount(int number, float pric) {
        double amou = 0;    //商品的总额,应为浮点型
        amou = number * pric;

        return amou;
}
int main() {
        int num = 0;      //商品的数量,应为整型
        float price = 0; //商品的价格,应为浮点型
        double amount = 0;    //商品的总额,应为浮点型

        /* 输入数据 */
        printf("超市计费系统 0.1 版\n");
        printf("请输入商品的数量和单价:");
        scanf("%d%f", &num, &price);

        /* 计算结果并输出应付款 */
        amount = computeAmount(num, price);
        printf("你好,该种商品你应付:%.1f 元! \n", amount);

        return 0;
}  //example3-17-2.cpp
```
运行结果如图 3-29 所示。
```
/*【案例 3-17-3】超市计费问题,用指针实现 */
#include <stdio.h>
int main() {
        int num = 0;      //商品的数量,应为整型
```

```
float price = 0；//商品的价格,应为浮点型
double amount = 0；  //商品的总额,应为浮点型
int  * pNum = &num;//指向 num 的指针
float  * pPrice = &price;//指向 price 的指针
double  * pAmount = &amount;//指向 amount 的指针

/ * 输入数据 * /
printf("超市计费系统 0.1 版\n");
printf("请输入商品的数量和单价:");
scanf("%d%f", pNum,pPrice);

/ * 计算结果并输出应付款 * /
 * pAmount =  * pNum  * ( * pPrice);
printf("你好,该种商品你应付:%.1f 元! \n", amount);
return 0;
} //example3-17-3. cpp
```

运行结果如图 3-29 所示。

3.5.2　计算平均成绩

【案例 3-8】输入某个同学英语、数学以及 C 语言 3 门课的成绩,并计算该学生 3 门课的总分和平均分。算法的流程图如图 3-10 所示。

第三部分　学习任务

4　选择结构

第一部分　学习导引

【课前思考】程序设计主要有哪些方法？程序的基本控制结构有哪几种？

【学习目标】掌握各种分支结构的语法及其应用方法。

【重点和难点】重点是几种分支结构的应用、指针与函数、局部变量。难点是关系运算、逻辑运算、分支结构的嵌套、指针与函数、全局变量和静态变量。

【知识点】关系运算符与关系表达式、逻辑运算符与逻辑表达式、基本 if 语句、if-else语句、else-if 语句、switch 语句和 break 语句、指针作为函数参数、测试方法、局部变量、全局变量、静态变量。

【学习指南】熟悉并掌握关系运算符与关系表达式，熟悉并掌握逻辑运算符与逻辑表达式，熟悉并掌握基本 if 语句、if-else 语句、else-if 语句、switch 语句和 break 语句，理解分支的嵌套及其应用，理解变量的存储属性和作用域，掌握软件测试方法和程序质量保证的方法，理解指针的作用并掌握指针作为函数参数的应用。

【章节内容】单分支结构、双分支结构、多分支结构、程序质量保证、变量的存储属性和作用域、指针作为函数参数、综合应用案例分析。

【本章概要】

结构化程序的基本控制结构是顺序结构、选择结构和循环结构。通过综合应用案例深入体会结构化程序设计的基本思想"自顶向下、逐步求精和模块化"。通过案例展示学习如何使用结构化编程思想进行编程。

选择结构主要由 if 和 switch 支持。其中，if-else 结构可以支持单分支(含二分支)和多分支，switch 结构用于支持多分支结构。if 与 else 支持多分支结构时采用最近匹配原则与{}处理，if 多分支结构可以借助区间划分图来理解。if 多分支可以在任何条件下使用，但是当取值是整数或字符时采用 switch 可以简洁表达多分支。当然，switch 中原则上每个 case 中都要用到 break，避免执行无关分支。

这里涉及了逻辑运算符、关系运算符、位运算符和条件运算符 4 种运算符。逻辑运算符有逻辑与 &&、逻辑或 ‖ 和逻辑非！。关系运算特别要注意<=(小于或等于)、>=(大于或等于)、==(等于)、!=(不等于)，尤其是数学表达式"a≥b≥c"要写成"a>=

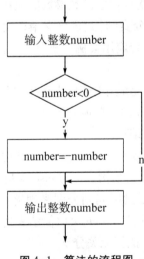

b&&b>=c"。条件运算符"?:"是三目运算符。"表达式1？表达式2:表达式3"中,表达式1为真则取值表达式2,表达式1为假则取值表达式3。各种运算符从高到低的顺序依次为逻辑运算符(!)、算术运算符、关系运算符、逻辑运算符(&& 和 ‖)、赋值运算符,可以采用括号"( )"来实现。

程序测试方法主要用于保证程序质量,通常从合法值、非法值、边界值、特殊值共4个角度测试程序的错误,保证程序的质量。程序员需要积累经验,学会采用合适的测试用例和其他计算工具如计算器和 excel 来验证程序的正确性。

局部变量的作用范围非常有限但是常用,关键是理解局部变量之间不容易相互干扰。全局变量作用范围大,但是容易破坏函数的通用性,降低程序的可靠性,因此通常反对使用全局变量,而主张采用函数参数来实现数据传递。程序员要学会使用局部静态变量,可以实现一次初始化并能将函数上次运行的局部静态变量的结果保留下来。

函数参数传递包括传值与传地址,通常的值传递只能单向传递,函数指针作为函数参数可以实现双向传递。

第二部分　学习材料

4.1　单分支结构

本节主要内容为:基本 if 语句、关系运算。

4.1.1　基本 if 语句

【案例 4-1】通过键盘输入一个整数,输出整数的绝对值。

算法:①通过键盘输入一个整数 number;②如果 number<0,则求绝对值 number = -number;③输出 number。算法的流程图如 4-1 所示。

图 4-1　算法的流程图

```
#include <stdio.h>
int main( ){
    int number = 0; //整型变量
    printf("Enter a number:");
    scanf("%d",&number);
    if (number < 0)
    {
        number = -number;
    }
    printf("The absolute value is %d.\n", number);
    return 0;
}    //example4-1.cpp
```
用基本 if 语句实现单分支结构,代码对应流程图如图 4-2(b)所示。

在 C 语言中,单分支结构可以用 if 语句实现。用 if 语句实现单分支的基本形式如下:

if (表达式) 语句

表达式常为关系表达式或逻辑表达式,单分支流程图如图 4-2(c)所示。语句可以是一条或多条语句,当是多条语句时,我们需要用{}将多条语句括起来。

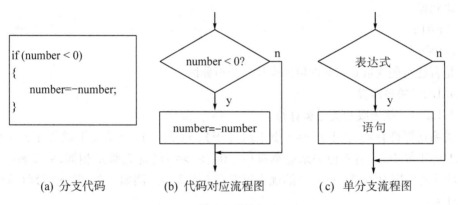

  (a) 分支代码 (b) 代码对应流程图 (c) 单分支流程图

图 4-2 单分支结构与流程图

【案例 4-2】用 if 语句实现单分支示例。
```
#include <stdio.h>
int main( )
{
    int score = 67;//分数
    if (score >= 60)
        printf("恭喜你通过了此次考试! \n");
    return 0;
}  //example4-2.cpp
```
【案例 4-3-1】输入两个实数,然后按由小到大的顺序输出这两个实数。
```
# include <stdio.h>
```

```
int main( )
{
    float a = 0; //实数
    float b = 0; //实数
    float temp = 0;  //临时变量
    scanf("%f%f",&a,&b);
    if (a > b)
    {
        temp = a;
        a = b;
        b = temp;
    }
    printf("%f  %f\n",a,b);

    return 0;
}   //example4-3-1.cpp
```

思考题:

语句段

　　a=b;

　　b=a;

是否能实现变量 a 和 b 的值的交换? 分析原因。

4.1.2　关系运算

4.1.2.1　优先级别关系运算符

关系运算符有<(小于)、<=(小于或等于)、>(大于)、>=(大于或等于)、==(等于)、!=(不等于)。前 4 种关系运算符(<、<=、>、>=)的优先级别相同,后 2 种(==和!=)的优先级别也相同。前 4 种的优先级别高于后 2 种。例如:<与>优先级别相同,<级别优于==。

算术运算符的优先级>关系运算符的优先级>赋值运算符的优先级。

例如,x+y>=3,y=x>3。

4.1.2.2　关系表达式

用关系运算符将 2 个表达式连接起来的式子称为关系表达式。例如:

　　2+3<10　　　a<=1　　　(a>b)==c　　　'a'<'b'　　　(a>b)<(b<c)

关系表达式的值是一个逻辑值,即"真"或"假"。在 C 语言中,用"1"代表"真",用"0"代表"假"。设 a=3,b=2,c=1,则有如下关系表达式:

　　a<=1　　　(a>b)==c　　　'a'<'b'　　　　(a>b)<(b<c)

温馨提示:注意数学式与关系表达式的关系。例如:

数学式　　　　　关系表达式

x≤10　　　　　　x<=10

x≥10　　　　　　x>=10

x$\neq$10	x!=10
x=10	x==10
a>b>c	a>b && b>c

在 C 语言中,常用关系表达式来描述判断条件。例如,用 x<0 判断 x 是否为负数,用 x!=0 判断 x 是否不为零。

4.2 双分支结构

本节主要内容为:if-else 语句、逻辑运算、条件运算、位运算。

4.2.1 if-else 语句

【案例 4-4】计算二分段函数。

$$f(x)=\begin{cases} 0, & -5\leqslant x\leqslant 5 \\ 1/x, & 其他 \end{cases}$$

双分支结构的流程图如图 4-3 所示。

```
#include <stdio.h>
int main( )
{
    double x = 0;  //自变量
    double y = 0;  //函数值
    printf("Enter x:\n");
    scanf("%lf",&x);
    if (x>=-5 && x<=5)
        y=0;
    else
        y=1/x;
    printf("f(%.2f)= %.1f\n",x,y);
    return 0;
}  //example4-4.cpp
```

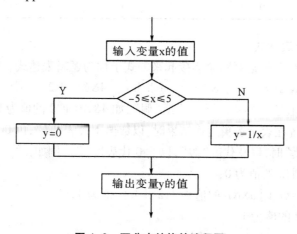

图 4-3 双分支结构的流程图

4

选择结构

·107·

思考题:如何改造为函数?

此处的双分支结构与其对应的流程如图4-4所示。

用if-else语句实现二分支结构:

if(表达式)

    语句1

else

    语句2

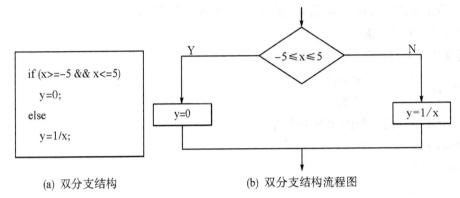

(a) 双分支结构　　　　　　　　　　　(b) 双分支结构流程图

图4-4　双分支结构与其对应的流程图

4.2.2　逻辑运算

4.2.2.1　逻辑运算符

逻辑运算符有逻辑与 &&、逻辑或 ‖ 、逻辑非!。&& 和 ‖ 是双目运算符,! 是单目运算符。逻辑运算的真值如表4-1所示。

表4-1　逻辑运算的真值

a	b	! a	a&&b	a ‖ b
1	1	0	1	1
1	0	0	0	1
0	1	1	0	1
0	0	1	0	0

4.2.2.2　逻辑表达式

用逻辑运算符将逻辑运算对象连接起来的式子称为逻辑表达式。例如:

    x>=-5 && x<=5　　a&&b　　a ‖ b　　4&&0 ‖ 2

逻辑表达式的值是一个逻辑值"真"或"假",如4&&0 ‖ 2的值为1。

C语言编译系统在表示逻辑运算结果时,以数值1代表"真",以0代表"假",但在判断一个量是否为"真"时,以0代表"假",以非0代表"真"。例如:

    若a=4,则!a的值为0;

    若a=4,b=5,则a&&b的值为1,a ‖ b的值为1;

    4&&0 ‖ 2的值为1。

逻辑表达式常用来描述条件。例如:

x<=-5 ‖ x>=5//判断 x 是否小于等于-5 或者大于等于 5

i%2==0 //判断 i 是否为偶数

ch>=´A´ && ch<=´Z´//判断 ch 是否为大写字母

ch>=´a´&& ch<=´z´´//判断 ch 是否为小写英文字母

（ch>=´a´ && ch<=´z´）‖（ch>=´A´ && ch<=´Z´）//判断 ch 是否为英文字母

4.2.2.3 运算符的优先级

复杂表达式中存在各种运算符,各种运算符之间存在优先级,运算符的优先级如图 4-5 所示。从高到低的排列顺序依次为逻辑运算符(!)、算术运算符、关系运算符、逻辑运算符(&& 和 ‖)、赋值运算符。其实不用死记这个优先级,可以适当采用括号( )来实现。

!9&&3 ‖ 5=1

3+5 * !6=3

x=8-7 ‖ 9=1

【案例 4-5】任意输入一个整数,判断该数是奇数还是偶数。算法流程图如图 4-6 所示。

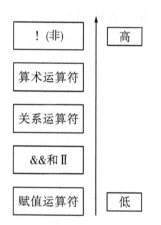

图 4-5 运算符的优先级

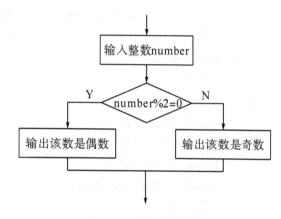

图 4-6 算法的流程图

```c
#include <stdio.h>
int main( ){
    int number = 0;//整数
    printf("输入一个数:");
    scanf("%d",&number);
    if(number%2 == 0)
        printf("该数是偶数! \n");
    else
        printf("该数是奇数! \n");

    return 0;
} //example4-5.cpp
```

【案例4-6】使用键盘输入一门成绩,当该成绩大于等于60,表示考试通过;否则,没通过。

```
# include <stdio.h>
int main( ){
    int score = 0; //分数
    printf("请输入考试成绩:");
    scanf("%d",&score);
    if (score >= 60)
        printf("恭喜你通过了此次考试! \n");
    else
        printf("很抱歉,你没能通过此次考试! \n");

    return 0;
} //example4-6. cpp
```

4.2.3 条件运算

【案例4-7-1】使用键盘输入两个整数,找出其中的最大数并输出。

分析:用变量 max 保存任意两个整数中的最大数。则程序代码如下:

```
#include <stdio.h>
int main( )
{
    int a = 0;//整数
    int b = 0;//整数
    int max = 0;//最大值
    scanf("%d%d",&a,&b);
    if (a > b)
        max = a;
    else
        max = b;
    printf("max=%d\n",max);

    return 0;
} //example4-7-1. cpp
```

条件运算符"?:"是一个三目运算符,其条件运算符的流程图如图 4-7 所示。条件表达式的一般形式为

表达式 1? 表达式 2:表达式 3;

例如:

max=(a>b)? a:b;

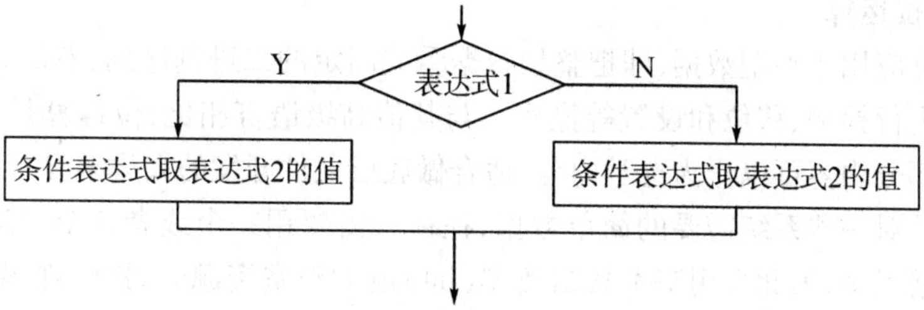

图 4-7　条件运算符的流程图

思考题:如何改造为函数?

二个数的最大值函数。

/ * 最大值函数的实现

功能:求 x 和 y 的最大值 * /

```cpp
int maximum(int x, int y) {
    / * if (x > y)
        return x;
    else
        return y; * /
    / * int m = 0; //最大值
    if (x > y)
        m = x;
    else
        m = y;
    return m; * /
    return x>y? x:y;
} //example4-7-2.cpp
```

思考题:如何改造为求三个数最大值的函数?

三个数的最大值函数。

/ * 最大值函数的实现

功能:求 x 和 y 的最大值 * /

```cpp
int maximum(int x, int y, int z)
{
    int m = x; //最大值
    if (m < y)
        m = y;
    if (m < z)
        m = z;

    return m;
} //example4-7-3.cpp
```

4.2.4 位运算

将位运算应用于整型数据,即把整型数据看成固定的二进制序列,然后,对这些二进制序列按位进行检测、移位和设置等操作。与其他高级语言相比,位运算是 C 语言的特点之一。这部分内容可以作为选学内容,适合做底层硬件开发的人员学习。

位运算针对一些系统需要的简单数据,往往只需要用一个或者几个二进制位表示,而且这种数据很多,因此采用基本数据类型(int)就太浪费资源。另外,许多系统程序需要对二进制位表示的数据进行直接操作。例如,在检测和控制领域中,许多计算机硬件的状态信息通常用二进制位串表示;如果要对硬件设备进行操作,也要以二进制位串的方式发出命令。

对此,C 语言提供针对二进制位的操作功能,称为位运算。这也体现了 C 语言具有高级语言的特点和低级语言的功能,能完成针对硬件底层的操作。特别是通信领域和嵌入式领域,一些系统本身对系统大小有严格的要求,需要针对二进制数的某些位进行计算,而且经常用一些标识位。例如,设置某些位表示开关,一般都是用 int 型或 short int 型进行标识,由其中 1 位或几位组成一个“开关”,这就给开发人员提供了方便。

位运算主要是在直接操控二进制时使用,主要目的是节约内存,使程序运行速度更快,还有就是在对内存有苛刻要求时使用位运算。

C 语言提供了 6 种运算符,分别为按位取反(~)、按位与(&)、按位或(|)、按位异或(^)、按位左移(<<)、按位右移(>>),如表 4-2 所示,位运算优先级如图 4-8 所示。

表 4-2 位运算符

位运算符	功能
~	按位取反
&	按位与
|	按位或
^	按位异或
<<	按位左移
>>	按位右移

图 4-8 位运算符优先级

4.2.4.1 按位取反运算

按位取反运算符“~”为单目运算符,具有右结合性。其功能是对于参与运算的数应先转化二进制位数,然后对各二进位按位取反,即对应位为 1,取反后为 0,对应位为 0,取反后为 1。

例如,int i = 11,求~11 值,如图 4-9(a)所示。

$\sim(11)_{10} = \sim(00001011)_2 = (11110100)_2 = (244)_{10}$

4.2.4.2 按位与运算

按位与运算符 & 是双目运算符。其功能是参与运算的两数各对应的二进位相与。只有对应的两个二进位均为 1 时,结果位才为 1,否则为 0。

例如,11&5 = 1,如图 4-9(b)所示。

```
~    00001011   11              &   00001011   11
                                    00000101    5
     11110100  244                  00000001    1
     (a)按位取反运算                    (b)按位与运算
```

图 4-9 位取反和位与运算图

在与位运算的应用中,按位与操作经常被用于实现某些位清零、检测位或保留某些位。

(1)清零。

"按位与"通常被用来使变量中的某一位清零。

例如:

a = 0xfe;　　//a = 0b 11111110

a = a&0x55;　　//使变量 a 的第 1 位、第 3 位、第 5 位、第 7 位清零 a = 0b 01010100

比如,我们把 a 的高八位清 0,保留低八位,可作 a&255 运算(255 的二进制数为 0000000011111111)。

(2)检测位。

如果想知道一个变量中某一位是'1'还是'0',我们可以使用按位与操作来实现。

例如:

　　a = 0xf5;　　　　　//a = 0b 11110101

　　result = a&0x08;　//检测 a 的第三位,result = 0

(3)保留变量的某一位。

要屏蔽某一个变量的其他位,而保留某些位,我们也可以使用按位与操作来实现。

例如:

　　a = 0x55;　　　　　//a = 0b 01010101

　　a = a&0x0f;　　　　//将高四位清零,而保留低四位 a = 0x05

4.2.4.3 按位或运算

按位或运算符"|"是双目运算符。其功能是参与运算的两数对应的二进位相或。对应的二进位只要有一个为 1,结果位就为 1,否则结果位为 0。例如,11|5,其运算如图 4-10(a)所示。

"按位或"运算最普遍的应用就是对一个变量的某些位置'1'。

例如：

    a=0x00；//a=0b 00000000

    a=a|0x7f；//将 a 的低 7 位置为 1,a=0x7f

4.2.4.4 按位异或运算

按位异或运算符^是双目运算符。其功能是参与运算的两数各对应的二进位相异或。当两对应的二进位相异时,结果为 1。

例如,11^5,按位异或运算可以处理某些特定的位,也可以使特定位保留原值,如图 4-10(b)所示。

```
  00001011   11              00001011   11
| 00000101    5         ^    00000101    5
  00001111   15              00001110   14
```

（a）按位或运算   （b）按位异或运算

图 4-10 位或和位异或运算图

异或运算主要有以下几种应用。

（1）翻转某一位。

当一个位与‘1′作异或运算时,结果就为此位翻转后的值。

例如：

    a=0x35；//a=0b00110101

    a=a^0x0f；//a=0b00111010 a 的低四位翻转

（2）保留原值。

一个位与‘0′作异或运算时,结果就为此位的值。

例如：

    a=0xff；//a=0b11111111

    a=a^0x0f；//a=0b11110000 与 0x0f 作异或,高四位不变,低四位翻转

4.2.4.5 按位左移运算

左移运算符"<<"是双目运算符,其功能是将数的各二进位全部左移若干位,运算符左边是移位对象,右边是移动的位数。左移时,高位丢弃,低位补 0。在左移过程中,移出的数据位不是 1,则相当于乘法操作,每左移一位,相当于原值乘 2,左移 n 位,相当于原值乘 2^n。例如,a<<4,指把 a 的各二进位向左移动 4 位。再如,a=00000011（十进制 3）,左移 4 位后为 00110000（十进制 48）,如图 4-11(a)所示。

4.2.4.6 按位右移运算

右移运算符">>"是双目运算符,其功能是将数的各二进位全部右移若干位,运算符左边是移位对象,右边是移动的位数。右移运算相当于除法运算,每右移一位,相当于原值除以 2,右移 n 位,相当于原值除以 2^n。例如,设 a=15,求 a>>2,表示把 000001111 右移为 00000011（十进制 3）,如图 4-11(b)所示。

3<<4	00000011	3	

$$\frac{3<<4 \quad 00000011 \quad 3}{00110000 \quad 48}$$

$$\frac{15>>2 \quad 00001111 \quad 15}{00000011 \quad 3}$$

（a）按位左移运算   （b）按位左移运算

图 4-11　左移和左移运算图

需要注意的是,对于有符号数,在右移时,符号位将随同移动。当为正数时,最高位补 0;当为负数时,符号位为 1。最高位是补 0 或是补 1 取决于编译系统的规定。Turbo C 和很多系统规定为补 1。

对于这些位运算符,说明如下:

①只有"~"为单目运算符;

②位运算只能用于整型或字符型数据;

③位运算符可以与赋值运算符结合组成复合赋值运算符,如~=,<<=,>>=,&=,^=;

④两个长度不同的数据进行位运算时,系统先将二数右端对齐,然后将短的一方进行扩充。对于无符号数,按 0 扩充;对有符号数,按符号扩充。

【案例 4-8】输入一个整数,截取它的 8~11 位。

```c
#include <stdio.h>
#include <stdlib.h>
#define MASK 0xf    //MASK=（00001111）
int main( ){
    int intNum = 0;//整数

    printf("请输入一个整数:");
    scanf("%d", &intNum);
    intNum >>= 8;
    printf("8-11 位为 0x%x\n", intNum & MASK);

    return 0;
}
```

位运算应用口诀:清零取反要用与,某位置一可用或;若要取反和交换,轻轻松松用异或。

4.3　多分支结构

本节主要内容为:if-else 多分支结构、switch 多分支结构。

4.3.1　if-else 多分支结构

4.3.1.1　用 if-else 语句实现多分支结构

【案例 4-9】计算三分段函数。

$$y=f(x)=\begin{cases} 0 & x<0 \\ 4x/3 & 0 \leqslant x \leqslant 15 \\ 2.5x-10.5 & x>15 \end{cases}$$

算法的流程图如图 4-12 所示。

```c
# include <stdio.h>
int main( )
{
    double x = 0;  //自变量
    double y = 0;  //函数值
    printf("Enter x:");
    scanf("%lf",&x);
    if (x < 0)
        y = 0;
    else if (x <= 15)
        y = 4 * x / 3;
    else
        y = 2.5 * x - 10.5;
    printf("f(%.2f)= %.2f\n",x,y);

    return 0;
} //example4-9.cpp
```

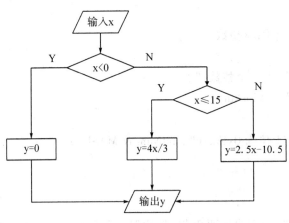

图 4-12　算法的流程图

在 C 语言中,用 if 语句实现多分支的一般形式如下:

```
if      (表达式 1)
        语句 1
else if (表达式 2)
        语句 2
……
else if (表达式 n-1)
        语句 n-1
else
```

语句 n

以上多分支结构的流程图如图 4-13 所示。

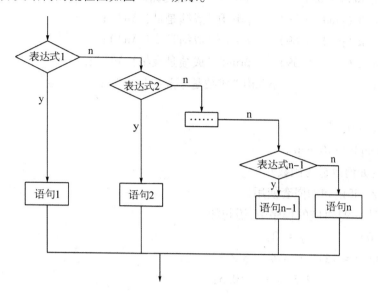

图 4-13　多分支结构的流程图

思考题：如何改造为函数？

【案例 4-10】任意输入一个百分制成绩 grade，要求输出相应的成绩等级：优（90 分以上）、良（80~89 分）、中（70~79 分）、及格（60~69 分）、不及格（0~59 分）。这个多分支结构算法的流程图如图 4-14 所示。

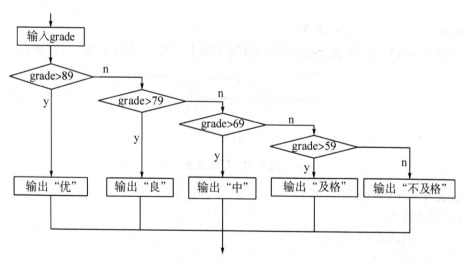

图 4-14　多分支结构算法的流程图

```c
#include <stdio.h>
int main( )
{
    int grade = 0; //成绩
    printf("输入学生的成绩:");
```

```
        scanf("%d",&grade);
        if (grade > 89)          printf("成绩是优！\n");
        else if (grade > 79)     printf("成绩是良！\n");
        else if (grade > 69)     printf("成绩是中！\n");
        else if (grade > 59)     printf("成绩是及格！\n");
        else                     printf("成绩是不及格！\n");


        return 0;
}  //example4-10.cpp
```

思考题：如何改造为函数？

4.3.1.2 if 语句的嵌套使用

在【案例4-9】对应的程序中，语句如下：

```
if (x < 0)          y = 0;
else if (x <= 15)   y = 4 * x / 3;
else                y = 2.5 * x - 10.5;
```

可以改为如下语句：

```
if (x <= 15)
{
    if (x < 0)       y = 0;
    else    y = 4 * x / 3;
}
else    y = 2.5 * x - 10.5;
```

借助图4-15的区间划分我们能够更好地理解【案例4-9】的 if 分支及其变化。

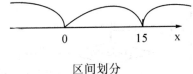

区间划分

图 4-15 区间划分

嵌套 if 语句的一般形式如下：

```
if (表达式 1)
    if (表达式 2) 语句 1
    else 语句 2
else
    if (表达式 3) 语句 3
    else 语句 4
```

温馨提示：if 与 else 的配对关系方面，else 总是与最靠近它的、没有与别的 else 匹配过的 if 匹配（最近匹配原则或邻近匹配原则）。

不同分支结构的案例。

```
if (x < 2)
    if (x < 1)   y = x + 1;
    else     y = x + 3;
```
注意:嵌套的 if 语句与 if-else 语句的比较。

现有以下两种 if 语句:

```
if (x < 1)   y = x + 1;
else if (x < 2)   y = x + 2;
else   y = x + 3;
```

```
if (x < 2)
    if (x < 1)   y = x + 1;
    else       y = x + 2;
else     y = x + 3;
```

根据分支结构语句,我们可以得到图 4-16 所示的区间划分。根据图 4-16,我们可以使用不同分支结构得到不同分支结构的流程图,如图 4-17(a)和图 4-17(b)所示。事实上,从区间划分角度看,我们能够更好地理解案例中的 if 分支及其变化,如图 4-16所示。

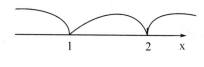

区间划分

图 4-16　区间划分

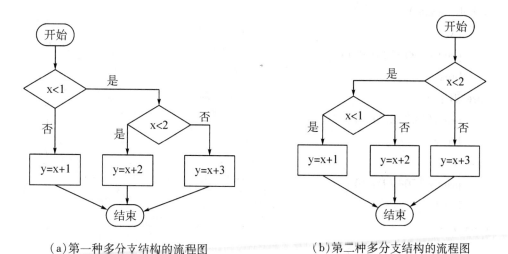

（a）第一种多分支结构的流程图　　　　（b）第二种多分支结构的流程图

图 4-17　不同分支结构的流程图

4.3.2 switch 多分支结构

4.3.2.1 switch 语句

【案例 4-11】学生成绩分类。输入五级制成绩（A~E），输出相应的百分制成绩（0~100 分），分类为 A(90~100 分)、B(80~89 分)、C(70~79 分)、D(60~69 分)、E(0~59 分)。

```
#include <stdio.h>
int main( ) {
    char grade = 'A';//成绩等级
    printf("输入学生的成绩等级:");
    scanf("%c",&grade);
    if (grade=='A')
        printf("90-100\n");
    else if (grade=='B')
        printf("80-89\n");
    else if (grade=='C')
        printf("70-79\n");
    else if (grade=='D')
        printf("60-69\n");
    else
        printf("0-59\n");
    return 0;
}   //example4-11-1.cpp
```

思考题:如何改造为 switch 多分支?

```
switch (grade) {
case 'A':
    printf("90-100\n");
    break;
case 'B':
    printf("80-89\n");
    break;
case 'C':
    printf("70-79\n");
    break;
case 'D':
    printf("60-69\n");
    break;
default:
    printf("0-59\n");
} //example4-11-2.cpp
```

思考题:如何改造为函数?

if-else 多分支结构可以简化为多个单分支结构,如下:

```
if ( grade == 'A')
{
    printf( "90-100\n");
    return 1;
}
if ( grade == 'B')
{
    printf( "80-89\n");
    return 1;
}
if ( grade == 'C')
{
    printf( "70-79\n");
    return 1;
}
if ( grade == 'D')
{
    printf( "60-69\n");
    return 1;
}
else
{
    printf( "0-59\n");
    return 1;
}//example4-11-3. cpp
```

switch 语句的语法格式

```
switch(表达式)
{
    case 常量表达式 1:语句段 1;[break;]
    case 常量表达式 2:语句段 2;[break;]
    ……
    case 常量表达式 n:语句段 n;[break;]
    [default:            语句段 n+1;]
}
```

方括号[ ]表示可选项,就是可以没有这一项。

温馨提示:

(1)在 switch 语句中,表达式和常量表达式的值一般是整型 int 或字符型 char。

(2)每个 case 后面"常量表达式"的值,必须各不相同,否则会出现相互矛盾的现象。

（3）case 后面的常量表达式仅起语句标号作用，并不进行条件判断。系统一旦找到入口标号，就从此标号开始执行，不再进行判断。

（4）可以省略 default，如果省略了，当"表达式"的值与任何一个"常量表达式"的值都不相等，什么都不执行，结束 switch 语句。

（5）各个 case 及 default 子句的先后次序不影响程序执行结果。

（6）特别注意，通常每个 case 分支后需要 break 语句。

【案例 4-12】输入 0~6 中的任意一个整数，转换成日期（格式为英文星期）输出。算法的流程图如图 4-18 所示。

```c
#include <stdio.h>
int main( ) {
    int day = 0;  //数字星期
    scanf("%d", &day);
    switch (day) {
    case 0:
        printf("Sunday\n");
        break;
    case 1:
        printf("Monday");
        break;
    case 2:
        printf("Tuesday");
        break;
    case 3:
        printf("Wednesday");
        break;
    case 4:
        printf("Thursday");
        break;
    case 5:
        printf("Friday");
        break;
    case 6:
        printf("Saturday");
        break;
    default:
        printf("超出范围");
    }

    return 0;
```

} //example4-12. cpp

思考题：如何改造为函数？

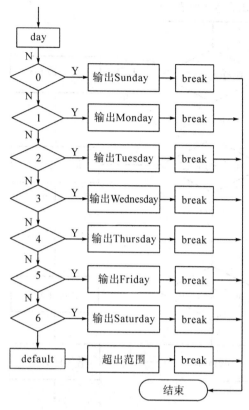

图 4-18 算法的流程图

4.3.2.2 switch 语句（不带 break）

switch 语句（不带 break）的一般形式：

switch （表达式）

{

    case 常量表达式 1:语句 1

    case 常量表达式 2:语句 2

    ⋮

    case 常量表达式 n:语句 n

    default :语句 n+1

}

执行顺序：以 case 中的常量表达式值为入口标号，由此开始顺序执行。因此，每个 case 分支最后应该加 break 语句。不带 break 的 switch 结构执行流程图如图 4-19 所示。

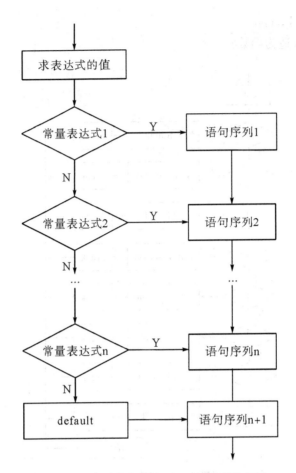

图 4-19　不带 break 的 switch 结构执行流程图

4.3.2.3　switch 语句(带 break)

switch 语句(带 break)一般形式:

switch　(表达式)

{

　　case 常量表达式 1:语句 1;break;

　　case 常量表达式 2:语句 2;break;

　　　⋮

　　case 常量表达式 n:语句 n;break;

　　default :语句 n+1;break;

}

执行顺序:以 case 中的常量表达式值为入口标号,由此开始顺序执行。因此,每个 case 分支最后应该加 break 语句。带 break 的 switch 结构流程图如图 4-20 所示。

有时,在 switch 语句的某些语句段的末尾使用 break,以实现更多功能。另外,多个 case 子句可共用同一语句段。例如:

switch（grade）

　　{

```
case  ´A´:
case  ´B´:
case  ´C´:
case  ´D´:
    printf("＞60\n");
    break;
default:
    printf("＜60\n");
}
```

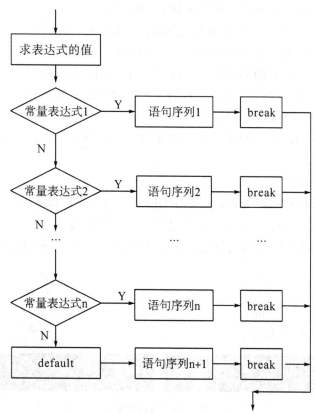

图 4-20 带 break 的 switch 结构流程图

【案例 4-13】输入某个日期(格式为××××年××月××日),计算该日期是该年的第几天。

方法一:用 break。

```
#include <stdio.h>
int main(){
    int year = 0;//年
    int month = 0;//月
    int day = 0;//日
    int t = 0; //天数
```

```
printf("输入一个日期:\n");
scanf("%d%d%d",&year,&month,&day);
switch（month）
{
case 1：t=day；   break；
case 2：t=31+day；   break；
case 3：t=31+28+day；   break；
case 4：t=31+28+31+day；   break；
case 5：t=31+28+31+30+day；   break；
case 6：t=31+28+31+30+31+day；   break；
case 7：t=31+28+31+30+31+30+day；   break；
case 8：t=31+28+31+30+31+30+31+day；   break；
case 9：t=31+28+31+30+31+30+31+31+day；   break；
case 10：t=31+28+31+30+31+30+31+31+30+day；   break；
case 11：t=31+28+31+30+31+30+31+31+30+31+day；   break；
default：t=31+28+31+30+31+30+31+31+30+31+30+day；
}
if（month>2）
    if（（year%4==0 && year%100!=0）‖（year%400==0））
        t=t+1;/* 2月份平年是28天,闰年是29天 */
printf("%d年%d月%d日是该年的第%d天。", year, month,day,t);


    return 0;
}//example4-13-1.cpp
```

运行结果如图 4-21 所示。

图 4-21　运行结果

思考题:如何改造为函数?

方法二:不用 break。

```
#include <stdio.h>
int main（）{
    int year = 0;//年
    int month = 0;//月
    int day = 0;//日
    int t = 0; //天数
    printf("输入一个日期:\n");
    scanf("%d%d%d",&year,&month,&day);
```

```
switch（month）
{
case 12：   t=t+30；
case 11：   t=t+31；
case 10：   t=t+30；
case 9：    t=t+31；
case 8：    t=t+31；
case 7：    t=t+30；
case 6：    t=t+31；
case 5：    t=t+30；
case 4：    t=t+31；
case 3：    t=t+28；
case 2：    t=t+31；
default：   t=t+day；
}
if（month>2）
    if（（year%4==0 && year%100!=0）|| （year%400==0））
        t=t+1；
printf("%d 年%d 月%d 日是该年的第%d 天。",year，month，day,t)；
} //example4-13-2.cpp
```

运行结果如图 4-21 所示。

温馨提示:方法二中 case 的排列顺序不能随意变换,否则影响问题的正确求解。

思考题:(1)如何改造为函数?

(2)方法二是如何实现问题求解的?

4.4 程序质量保证

本节主要内容为:程序测试方法、常见选择结构错误及其排除方法。

4.4.1 程序测试方法

本节内容主要针对计算机专业的学生设计。因此,初学者可以了解本节内容,但不必掌握。

4.4.1.1 测试用例的作用

根据软件测试理论,我们通常从合法值、非法值、边界值、特殊值 4 个角度测试程序的错误,从而保证程序的质量。

合法值是指符合取值范围的值。合法的取值范围内的值,既不是边界值,也不是特殊值。程序在这些值处通常不容易出错,是验证程序正确性时容易想到的取值,至少取 2 个值。如【案例 4-4】中 x>5,x<-5 和 5>x>-5,每个区间的值都是合法值。每个区间至少要取 2 组值。

非法值就是不合法的值,就是超出规定取值范围的值。程序在处理这部分值时也容易出错,容易产生严重的后果,甚至是终止运行。【案例 4-12】中要求输入 0~6 中的任意一个整数,那么 0 和 6 是边界值,-1 和 7 就是非法值,2~5 是合法值。

边界值就是判断边界位置的值,如【案例 4-4】中的 x=-5 和 x=5 就是边界值。程序在这些值处通常容易出错。

特殊值就是一些会造成特殊效果的值。例如,除数为 0 会造成错误,0 就是特殊值;【案例 4-4】中的 x=-5 和 x=5 也是边界值,0 是特殊值。程序取这些值时通常容易出错。特殊值有时就是边界值。

测试用例中值的选取非常考验学生的逻辑思维,不同类型程序的合法值、非法值、边界值和特殊值可能有很大差异,我们需要根据问题选定合适的测试用例的值。测试之前我们可以根据问题设计合适的测试用例,逐一进行软件测试。如果测试得到的结果与期望结果一致,则测试成功;如果测试得到的结果与期望结果不一致,则测试失败。一旦测试失败,我们就要用输出法或者 debug 方法等方式找到程序的逻辑错误并更正,更正后再测试一组测试用例。我们也可以在完成所有测试用例后统一找错误原因并纠错,还要再次进行测试。建议实验作业选定合适测试用例(合法值、非法值、边界值或特殊值)并提供相应的运行结果截图。

4.4.1.2 简单的测试用例

【案例 4-12】输入 0~6 中的任意一个整数,转换成日期(格式为英文星期)输出。

测试用例:

合法值:6>day>0;

非法值:day < 0 或 day > 6;

边界值:0 和 6;

特殊值:0 和 6;

【案例 4-4】计算二分段函数。

$$f(x)=\begin{cases} 0 & -5\leqslant x\leqslant 5 \\ 1/x & 其他 \end{cases}$$

测试用例:

合法值:x >5 或 x< -5 或 5>x>-5;

非法值:无;

边界值:-5 和 5;

特殊值:-5 和 5;

【案例 4-9】计算三分段函数

$$y=f(x)=\begin{cases} 0 & x<0 \\ 4x/3 & 0\leqslant x\leqslant 15 \\ 2.5x-10.5 & x>15 \end{cases}$$

语句如下:

```
if (x < 0)        y = 0;
else if (x <= 15)  y = 4 * x / 3;
else              y = 2.5 * x - 10.5;
```

图4-23给出了的区间划分,有助于我们设计测试用例。

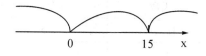

区间划分

图4-23 区间划分

测试用例:

合法值:x >15 或 x< 0 或 15>x>0;

非法值:无;

边界值:0 和 15;

特殊值:0 和 15;

现有以下 if 语句:

if（x < 1）   y = x + 1;

else if（x < 2）   y = x + 2;

else   y = x + 3。

图4-24给出了区间划分,有助于我们设计测试用例。

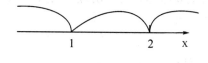

区间划分

图4-24 区间划分

测试用例:

合法值:x >2 或 x< 1 或 2>x>1;

非法值:无;

边界值:1 和 2;

特殊值:1 和 2。

4.4.1.3 复杂程序的测试用例

测试复杂程序需要用复杂的验证方法,因此测试用例会非常复杂。例如,【案例4-13】要分别从年、月、日三个角度分别考虑,如表4-3所示的程序运行结果验证方法的变量变化表中,变量更加复杂,最好采用 WPS 或 Excel 等电子表格工具进行辅助计算。【案例4-13】的计算过程非常复杂,采用手工计算很困难,我们可以借助这些工具,采用数学公式进行计算,提供如表4-3所示的表格。

表4-3 变量变化表

月份（month）	该月天数	日期（day）	天数（t）
1	31	5	5
2	28	5	36

表4-3(续)

月份(month)	该月天数	日期(day)	天数(t)
3	31	5	64
4	30	5	95
5	31	5	125
6	30	5	156
7	31	5	186
8	31	5	217
9	30	5	248
10	31	5	278
11	30	5	309
12	31	5	339

说明:年份(year)是否为闰年不需要用在变量表中显示。

【案例4-13】要分别从年、月、日三个角度分别考虑程序的运算内容。其中年份要分是否为闰年,能否被4、100、400整除,年份不能为负数;月份要区分是2月前还是2月后,月份不能在1~12月之外;日期要考虑是否超出该月天数,日期不能为负数。

(1)日期测试用例。

合法值:31>day>1;

非法值:day < 1 或 day >31;

边界值:1 和 31;

特殊值:1、28、29、30、31。

(2)月份测试用例。

合法值:12>month>1;

非法值:month < 1 或 day >12;

边界值:1 和 12;

特殊值:2。

(3)年份测试用例。

合法值:3000>year>1 或 3000>year>1900;

非法值:year < 1 或 year >3000;

边界值:1 和 3000;

特殊值:闰年和非闰年(能被4、100、400整除年的处理)。

4.4.1.4 一般的测试用例表

一般测试用例如表4-4所示。

表 4-4　一般测试用例

用例类型	用例选取范围	选取用例 （至少 1~2 组）	期望结果	实际结果	测试结论
合法值	x>5	6	0.16	0.16	测试成功
		10	0.1	0	测试失败
	x<-5	-6	-0.16	0	测试失败
		-10	-0.1	-0.1	测试成功
	5>x>-5	2	0	0	测试成功
		-2	0	0	测试成功
非法值	无	无	—	—	—
边界值	5	5	0	0	测试成功
边界值	-5	-5	0	-0.2	测试失败
特殊值	0	0	0	出现异常 1/0	测试失败

4.4.2　常见选择结构错误及其排除方法

4.4.2.1　常见选择结构错误

这里提供一些常见选择结构错误。

（1）关系运算符用错。例如：

x==5 错写成 x=5；

>=错写成>,<=错写成<；

x >-5 && x < 5 错写成　5>x>-5。

（2）逻辑运算错误或者组合的配对括号错误。

（3）if-else 多分支结构中 if 与 else 配对错误。

（4）switch 多分支中的 case 分支缺乏 break 语句。

下面给出一些改错题案例。

4.4.2.2　简单程序的改错

【案例 4-14】错误程序举例,计算分段函数 $f(x) = \begin{cases} 1/x & x = 10 \\ 0 & 其他 \end{cases}$。

```
#include<stdio.h>
void main( )
{
    double x,y;
    printf("enter x:");
    scanf("%lf",x);
    if( x = 10)  y = 1/x;
    else y = x;
    printf("f( %.2f) = %.2f\n",x,y);
}//example4-14-error.cpp
```

【案例 4-15】错误程序举例,输出 3 个数中间的数。

```c
#include <stdio.h>
void main( )
{
    int x,y;
    printf("enter the numbers:\n");
    scanf("%d%d%d",x,y,z);
    if(x<y<z) printf("middle is %d\n",y);
    else if (y<x<z)   printf("middle is %d\n",x);
    else    printf("middle is %d\n",z);
} //example4-15-error.cpp
```

4.4.2.3 复杂程序的改错

【案例 4-16】通过键盘输入 a、b、c,求如下一元二次方程的解。

$$ax^2 + bx + c = 0$$

结构化程序设计的基本思想:自顶向下、逐步求精和模块化。

第一步,确定解决问题的基本思路和步骤,如图 4-25 所示。

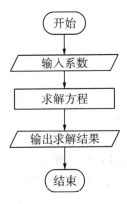

图 4-25　解决问题的基本思路和步骤

第二步,确定系数的输入方式,即确定输入的函数、变量个数、数据类型和名称。

(1)scanf( )。优点:能完成多种数据类型输入;缺点:需要在变量前加取地址符。

(2)getchar( )。优点:专门输入单字符。缺点:不能输入多种数据类型。

(3)常用浮点型变量名:x,y,z 或 a,b,c。

第三步,确定求解的处理方式,即确定分支结构和求解过程。

采用 if-else 结构。优点:易于表达单分支结构;缺点:难于表达多分支结构,逻辑结构复杂,容易出现逻辑错误(这一步已经得到整个算法的流程图)。

第四步,确定求解结果的输出方式,即确定输出函数。

(1)printf( )。优点:能完成多种数据类型输出;缺点:输出格式复杂。

(2)putchar( )。优点:专门输出单字符,格式简单;缺点:不能输出多种数据类型。

这里的输出在第三步就已经完成,不用单独处理输出。

第五步,整合以上的分析结果,得到整个算法的处理流程图(省略,第三步已完成)。

第六步,根据上一步得到的算法流程图,对其中需要处理的文字采用类似代码进行符号化,得到类代码的算法流程图,如图 4-26 所示。

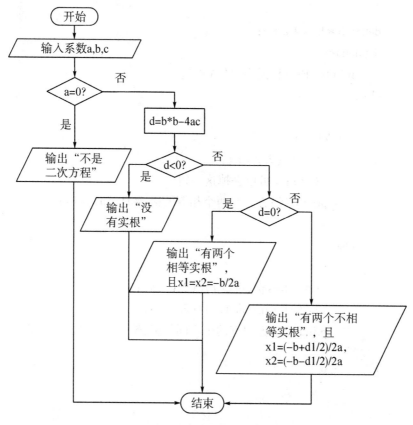

图 4-26　算法流程图

第七步,根据算法流程图写出程序代码,则程序如下:

```
/* 错误程序 example4-16-error.cpp 实现一元二次方程求解,采用{}实现 if else 匹配 */
#include <stdio.h>
#include <math.h>
int main( )
{
    float a,b,c;//a,b,c 表示方程的三个系数
    float delta;//delta 表示计算方程的 b*b-4ac
    float x1,x2;//表示方程的两个实根
    /* 输入模块部分 */
    printf("请输入一元二次方程的 3 个系数:");
    scanf("%f%f%f",&a,&b,&c);
    printf("输入的 3 个系数是: %f %f %f\n",a,b,c); //验证输入数据是否成功
    /* 求解方程模块部分,同时完成输出 */
    if ( a=0)
```

```
            printf("该方程不是二次方程! \n");//输出求解结果
    else
    {
        delta=b*b-4*a*c;
        if (delta<0)
            printf("该方程无实根! \n");
        else
        {
            if (delta=0)    {
                x1=-b/(2.0*a);
                x2=x1;//可以去掉这一句
                printf("该方程有两个相等的根:%f! \n",x1);
            }
            else
            {
                x1=(-b+sqrt(delta))/(2.0*a);
                x2=(-b-sqrt(delta))/(2.0*a);
                printf("该方程有两个不同的根:%f  %f! \n",x1,x2);
            }
        }
    }

    return 0;
}
```

测试用例:

0 2 2 不是二次方程

1 2 2 无实根

1 2 1 只有一个根 1

不同根系数 2 -3 1 或 1 -3 2

思考题:如何改正这个程序?

复杂程序的排错重点是找逻辑错误。我们要全面测试,找出典型逻辑错误,往往需要几小时才能完全排除错误。改正报告见文件"example4-16-改错题校正报告.doc"和改正程序见"example4-16-correct.cpp"。

4.5 变量的存储属性和作用域

本节主要内容为:局部变量和全局变量、变量的存储类别、常见变量作用域的使用错误及排除方法。本节重点理解局部变量的作用和全局变量的局限,学会使用静态变量。

4.5.1 局部变量和全局变量

4.5.1.1 局部变量

局部变量是指在一定范围内有效的变量。C 语言中,在以下各位置定义的变量均属于局部变量:在函数体内定义的变量,在本函数范围内有效,作用域局限于函数体内;在复合语句内定义的变量,在本复合语句范围内有效,作用域局限于复合语句内;有参函数的形式参数也是局部变量,只在其所在的函数范围内有效。因此,我们允许不同的函数使用同名的局部变量,代表不同的对象,分配不同的单元时互不干扰,也不会发生混淆。

【案例 4-17】局部变量应用。

```
int main( )
{
    int fun( int a ) ;
    int i,j;              //局部变量 i,j 的作用域起点
    ……
}             //局部变量 i,j 的作用域终点
int   fun( int a )         //形参 a 的作用域起点
{
    int b,c;             //局部变量 b,c 的作用域起点
    if ( b>c )
    {
        int x,y;            //局部变量 x,y 的作用域起点
        x = 2;
        ……
    }                 //局部变量 x,y 的作用域终点
    ……
}            //形参 a 以及局部变量 b,c 的作用域终点
//example4-17. cpp
```

4.5.1.2 全局变量

【案例 4-18】全局变量应用。

```
#include<stdio.h>
float result = 20;            //定义全局变量 result
void plus( float x,float y ) //形参为实型变量 x,y
{     result = x+y; }
int main( )
{
    /* 定义局部变量 x,y */
    float x = 0;
    float y = 0;
    printf( "Enter x and y:" ) ;
    scanf( "%f%f", &x,&y ) ;
```

```
        plus(x,y);
        printf("x+y=%f\n",result);
        return 0;
}    //example4-18. cpp
```

运行结果如下：

Enter x and y:3.4 5.6

x+y=9.000000

全局变量是在函数之外定义的变量(所有函数前,各个函数之间,所有函数后)。全局变量作用域:起于定义全局变量的位置,止于本源程序结束。

4.5.1.3 外部变量

在引用全局变量时如果使用"extern"声明全局变量即外部变量,可以扩大全局变量的作用域。例如,扩大到整个源文件(模块),对于多源文件(模块)可以扩大到其他源文件(模块)。

extern 类型 变量名表;

【案例 4-19】用 extern 说明全局变量。

```
#include<stdio.h>
int max(int x, int y)
{   return (x>y? x:y);}
int main()
{
        /*不定义新的变量,只告诉系统 a、b 是全局变量*/
        extern int a;
        extern int b;
        printf("%d",max(a,b));

        return 0;
}  //example4-19. cpp
/*定义两个全局变量*/
int a = 33;
int b = 30;
```

程序运行结果为 33。

4.5.1.4 全局变量和局部变量重名的"覆盖"

【案例 4-20】全局变量和局部变量重名。

```
#include<stdio.h>
/*定义两个全局变量*/
int a = 3;
int b = 5;
int max(int a, int b)
{
```

```
        return (a>b? a:b);
} //局部变量 a,b 起作用
int main( )
{
        int a = 8;        //局部变量 a 起作用
        printf("%d",max(a,b));//全局变量 b 起作用

        return 0;
} //example4-20.cpp
```
运行结果为:8。

4.5.1.5 全局变量的作用与局限

C 语言提供四种方式在函数间进行数据传输:全局变量、函数调用时形参与实参结合、函数返回值、文件。

全局变量可以增加各个函数之间的数据传输通道,在一个函数中改变全局变量的,在另外的函数中可以被利用。全局变量使函数的通用性降低,因为函数执行时要依赖于其所在的外部变量。全局变量降低了程序可靠性,使得程序的模块化、结构化变差,所以要慎用、少用。

全局变量的方法简单、方便,但使函数的通用性降低,因为函数执行时要依赖于其所在的外部变量;同时,也增加了程序模块对全局变量的依赖性,降低了模块的独立性,为程序的调试、维护和移植带来一定的困难。因此要慎用全局变量,尽可能采用其他方式进行数据传输。

4.5.2 变量的存储类别

4.5.2.1 静态存储变量与动态存储变量

变量从空间上分为局部变量、全局变量。从变量存在时间的长短(变量生存期)来划分,变量还可以分为动态存储变量、静态存储变量。变量的存储方式决定了变量的生存期,变量的存储类别如图 4-28 所示。

$$存储方式\begin{cases} 动态存储方式 \begin{cases} 自动(局部变量)(auto) \\ 寄存器(局部变量)(register) \end{cases} \\ 静态存储方式 \begin{cases} 静态(局部变量)(static) \\ 静态全局变量(全局变量全部是静态的,不必用 static 修饰) \end{cases} \end{cases}$$

图 4-28 变量的存储类别

【案例 4-21】变量动态存储与静态存储的区别。
```
#include<stdio.h>
int f(int c)                    //形参 c 为动态存储类整型变量
{
        static int b=9; //定义变量 b 为静态存储类整型变量
        b=b+c;

        return b;
```

```
        }
    int main( )
    {
        int a=9;        //定义变量 a 为动态存储类整型变量
        printf("%d\n",f(a));
        printf("%d\n",f(a));
        printf("%d\n",f(a));

        return 0;
    } //example4-21.cpp
```

运行结果如下:

18

27

36

静态局部变量的定义格式:

static 类型说明　变量名[=初始化值];

static 是静态存储方式关键词,不能省略。

静态局部变量的存储空间是在程序编译时由系统分配的,且在程序运行的整个期间都固定不变。该类变量在其函数调用结束后仍然可以保留变量值。下次调用该函数,静态局部变量中仍保留上次调用结束时的值。

静态局部变量的初值是在程序编译时一次性赋予的,在程序运行期间不再赋初值;以后若改变了值,保留最后一次改变后的值(可以起保值功能),直到程序运行结束。

4.5.2.2　用 static 声明全局变量

(1)全局变量全部是静态存储的。因为全局变量全部是静态存储,所以没有必要为说明全局变量是静态存储而使用关键词 static。

(2)全局变量的 static 定义。全局变量的 static 定义不是说明"此全局变量要用静态方式存储",而是说明这个全局变量只在本源程序模块有效(文件作用域)。如果全局变量用 static 修饰,并不是说是静态的,而是说只对本模块有效。

4.5.2.3　auto 变量

auto 型存储方式是 C 语言默认的局部变量的存储方式,也是局部变量最常使用的存储方式。自动变量属于局部变量的范畴,作用域限于定义它的函数或复合语句内。

定义格式:　[auto]　类型说明　变量名;

auto 为自动存储类别关键词,通常省略,缺省时系统默认 auto。自动变量所在的函数或复合语句执行时,系统动态为相应的自动变量分配存储单元;当自动变量所在的函数或复合语句执行结束后,自动变量失效,它所在的存储单元被系统释放,所以原来的自动变量的值不能被保留下来。若对同一函数再次调用时,系统会对相应的自动变量重新分配存储单元。

4.5.2.4　外部变量

一个 C 语言程序可能是由多个源文件构成,在某个源文件中定义的全局变量可以使用"extern"声明(外部变量)扩大到其他源文件,也可以使用 static 声明只在本源程序模块使用。全局变量作用域从定义全局变量的位置起,到本源程序结束为止。在引用全局变量时如果使用"extern"声明全局变量,可以扩大全局变量的作用域。

【案例 4-22】用 extern 将外部变量的作用域扩展到其他文件。

程序作用:给定 b 的值,输入 A 和 m,求 A×b 和 A^m。

```cpp
//power.cpp
extern int A;  //声明 A 为一个已经定义的外部变量
int power (int n)
{
    int i = 0;//循环控制变量
    int y = 1;//乘积
    for (i=1;i<=n;i++)
        y *= A;
    return y;
}
//example4-22. cpp
#include <stdio.h>
#include "power.cpp"
int A;       //定义外部变量
int main()
{
    extern int power(int);  //函数声明,可以不用 extern
    int b = 3;
    int c = 0;
    int d = 0;
    int m = 0;
    printf("请输入一个数和它的幂:\n");
    scanf("%d,%d",&A,&m);
    c = A * b;
    printf("%d * %d=%d\n",A,b,c);
    d =power(m);
    printf("%d * %d=%d\n",A,m,d);

    return 0;
}
```

4.5.2.5 register 变量

register 变量一般分配 register 给相应变量。寄存器比内存操作要快很多,所以可以将一些需要反复操作的局部变量,比如循环控制变量,存放在寄存器中。

定义格式:register 类型说明 变量名;

程序加载到内存后整个程序的内存模型如图 4-29 所示。

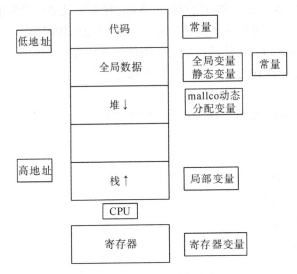

图 4-29　内存模型

4.5.3　常见变量作用域的使用错误及排除方法

【案例 4-23】全局变量和局部变量（演示错误代码编译出错）。

```c
#include <stdio.h>
int x = 20;  //任何函数之外定义变量为全局变量,作用域为定义处到文件结束
void test(int n)//形式参数也是局部变量,作用域为该函数内部
{
    int y = 30;  //在函数内定义变量为局部变量,作用域为定义函数内部
    printf("x=%d, n=%d, y=%d", x, n, y);
}
int main(){
    int z = 20;  //在函数内定义变量为局部变量,作用域为定义函数内部
    test(z);
    printf("x=%d, z=%d", x, z);  //此处的 x 为全局变量,main 函数内仍可访问
    //变量 y 为函数 test 内定义的局部变量,main 函数内不能访问
    printf("y=%d", y);  //此处编译出错,将此行删除或注释掉即可正常编译

    return 0;

}
```

4.6　指针作为函数参数

本节主要内容为:指针作为函数参数、函数中常见指针错误及排除方法。

4.6.1　指针作为函数参数

4.6.1.1　指针变量作为函数参数

【案例 4-3-1】输入两个实数,然后按由小到大的顺序输出这两个实数。

```c
# include <stdio.h>
int main( )
{
    float a = 0; //实数
    float b = 0; //实数
    float temp = 0;  //临时变量
    scanf("%f%f",&a,&b);
    if ( a > b )
    {
        temp = a;
        a = b;
        b = temp;
    }
    printf("%f  %f\n",a,b);

    return 0;
}   //example4-3-1.cpp
```
思考题:如何改造为函数?

【案例4-3-2】输入两个实数,升序排序,用函数实现。

```c
# include <stdio.h>
void swap(float x,float y);//交换函数的声明
int main( )
{
    float a = 0; //实数
    float b = 0; //实数
    scanf("%f%f",&a,&b);
    if ( a > b )
        swap(a,b);
    printf("%f  %f\n",a,b);

    return 0;
}   //example4-3-2.cpp
/ * 交换函数的实现(x 与 y 值互换) * /
void swap(float x,float y)
{
    float temp = 0;//临时变量
    temp = x;
    x = y;
    y = temp;
```

```
        printf("%.2f   %.2f\n",x,y);
    }
```

运行结果如图 4-30 所示。

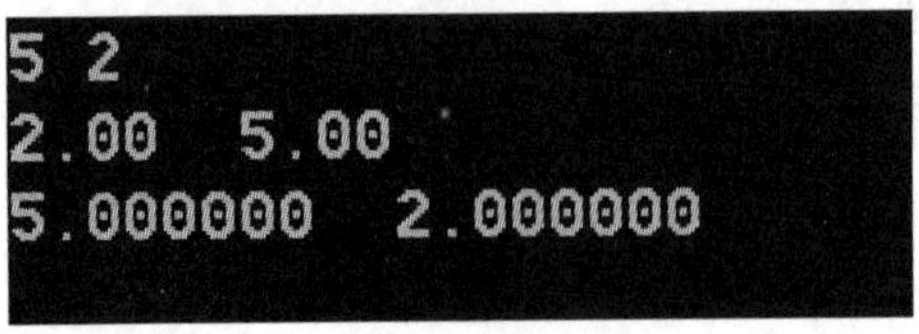

图 4-30   运行结果

思考题:如何通过修改实现形参传递实参?

【案例 4-3-3】输入两个实数,升序排序,函数参数为指针。

```
# include <stdio.h>
void swap(float *x,float *y);//交换函数的声明
int main()
{
    float a = 0;  //实数
    float b = 0;  //实数
    scanf("%f%f",&a,&b);
    if (a > b)
        swap(&a,&b);//float *x = &a;float *y=&b;
    printf("%f   %f\n",a,b);
    return 0;
}   //example4-3-3. cpp
/ *交换函数的实现(x 与 y 值互换) */
void swap(float *x,float *y){
    float temp = 0;//临时变量
    temp = *x;
    *x = *y;
    *y = temp;
    printf("%.2f   %.2f\n", *x, *y);
}
```

运行结果如图 4-31 所示。

图 4-31   运行结果

指针变量既可以作为函数的形参,也可以作函数的实参。指针变量作实参时,与普通变量一样,也是"值传递",即将指针变量的值(一个地址)传递给被调用函数的形参

（必须是一个指针变量）。

注意：被调用函数不能改变实参指针变量的值，但可以改变实参指针变量所指向的变量的值。

4.6.1.2 函数参数的传递方式

形参是普遍变量时是传值，即实参向形参传值，是单向传递。形参改变不会引起实参改变。

传地址是指形参是指针时是传地址，函数将实参地址传给形参，形参作为指针指向实参。因此，对形参指针指向内容的修改就是对实参进行修改，即改变形参时可以改变实参，实参和形参做相同的变化。

注意：用函数时如果不用指针，则无法实现形参向实参传递值，从而无法实现双向传递，只能实现单向传递。因为指针可以实现实参和形参之间的双向传递。

函数参数传递中传值和传地址的区别（实参：a,b；形参：x,y）如图 4-32 所示。

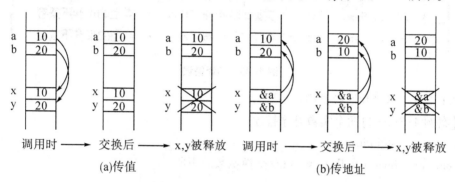

图 4-32 传值与传地址的区别

4.6.2 函数中常见指针错误及排除方法

指针作为函数参数时常见错误有：①指向变量的指针作为函数参数时，实参是变量不是变量地址；②指向变量的指针作为函数参数时，实参和形参类型不一致；③指针是悬空指针。

4.6.2.1 实参是变量不是地址

【案例4-3-3-1】两个实数升序排序。

```cpp
# include <stdio.h>
void swap(float * x,float * y);//交换函数的声明
int main(){
    float a = 0; //实数
    float b = 0; //实数
    scanf("%f%f",&a,&b);
    if(a > b)
        swap(a,b);
    printf("%f  %f\n",a,b);
    return 0;
} //改错题 example4-3-3-1.cpp
```

```
void swap(float *x,float *y){
    float temp = 0;//临时变量
    temp = *x;
    *x = *y;
    *y = temp;
    printf("%.2f  %.2f\n", *x, *y);
}
```

程序会得到如图 4-33 所示的编译错误。

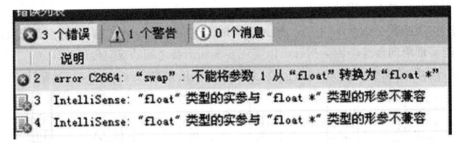

图 4-33　编译错误

4.6.2.2　实参和形参类型不一致

【案例 4-3-3-2】两个实数升序排序。

```
# include <stdio.h>
void swap(float *x,float *y);//交换函数的声明
int main()
{
    int a = 0; //实数
    int b = 0; //实数
    scanf("%f%f",&a,&b);
    if (a > b)
        swap(&a,&b);
    printf("%f  %f\n",a,b);

    return 0;
}   //改错题 example4-3-3-2. cpp
void swap(float *x,float *y)
{
    float temp = 0;//临时变量
    temp = *x;
    *x = *y;
    *y = temp;
    printf("%.2f  %.2f\n", *x, *y);
}
```

程序会得到如图 4-34 所示的编译错误。

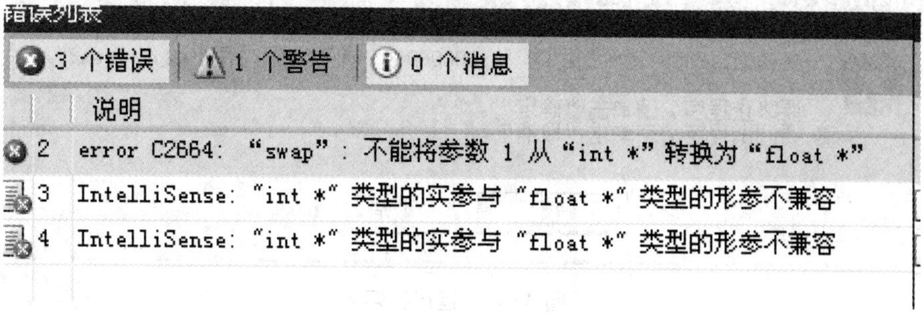

图 4-34　编译错误

4.6.2.3　指针指向悬空指针

【案例 4-3-3-3】两个实数升序排序。

```c
# include <stdio.h>
void swap(float  * x,float  * y);//交换函数的声明
int main( )
{
    int a  =  0; //实数
    int b  =  0; //实数
    float  * pa  =  NULL;
    float  * pb  =  NULL;
    scanf("%f%f",&a,&b);
    if (a > b)
        swap(pa,pb);
    printf("%f   %f\n",a,b);

    return 0;
} //改错题 example4-3-3-3. cpp
void swap(float  * x,float  * y)
{
    float temp  =  0;//临时变量
    temp  =  * x;
    * x  =  * y;
    * y  =  temp;
    printf("%.2f   %.2f\n", * x, * y);
}
```

程序会得到如图 4-35 所示的运行错误。

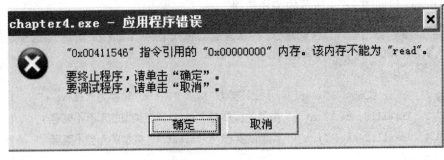

图 4-35　运行错误

下面利用指针解决简单的排序问题。

【案例 4-24-1】输入 3 个整数,要求按从小到大的顺序输出。

分析解决问题的思路和方法。

结构化程序设计的基本思想:自顶向下、逐步求精和模块化。

第一步,确定解决问题的总体思路,如图 4-36(a)所示。

第二步,确定数据的输入方式,即确定输入函数、变量的个数、数据类型和名称。

(1)scanf( )。优点:能完成多种数据类型输入;缺点:需要在变量前加取地址符。

(2)getchar( )。优点:专门输入单字符;缺点:不能输入多种数据类型。

(3)常用整数或浮点数变量名:x,y,z 或 a,b,c。

第三步,确定排序的处理方式,即确定分支结构和排序过程。

采用 if-else 结构。优点:易于表达单分支结构;缺点:不易于表达多分支结构,逻辑结构复杂,容易出现逻辑错误,需要分析逆序数据。

我们得到如图 4-36(b)所示的排序模块流程。

第四步,确定排序结果的输出方式,确定输出函数。

(1)printf( )。优点:能完成多种数据类型输出;缺点:输出格式更复杂。

(2)putchar( )。优点:专门输出单字符,格式简单;缺点:不能输出多种数据类型。

第五步,整合以上的分析结果,得到整个算法的完整流程图,如图 4-36(c)所示。

第六步,根据上一步得到的算法流程,我们将其中的处理文字采用类似代码进行符号化,得到类代码的最终流程,如图 4-36(d)所示。

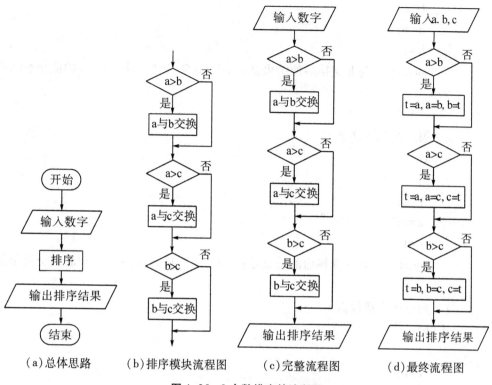

(a)总体思路　　　(b)排序模块流程图　　　(c)完整流程图　　　(d)最终流程图

图 4-36　3 个数排序的流程图

第七步,根据最终流程图写出程序代码,则程序如下:

```c
/* 实现 3 个整数的排序 */
#include <stdio.h>
int main( )
{
    /* a,b,c 表示要排序的三个整数,t 是临时数据 temporary */
    int a = 0;
    int b = 0;
    int c = 0;
    int t = 0;

    /* 输入模块部分 */
    printf("请输入要排序的 3 个整数: ");
    scanf("%d%d%d", &a, &b, &c);
    printf("输入的 3 个整数是: %d %d %d\n", a, b, c);  //验证输入数据是否成功

    /* 排序处理模块部分 */
    /* 第一次交换数据 */
    if (a>b)
    {
```

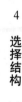

```
            t=a;
            a=b;
            b=t;
            printf("a 与 b 交换后的结果是：%d %d %d\n",a,b,c); //验证交换结果
        }

        /*第二次交换数据*/
        if (a>c)
        {
            t=a;
            a=c;
            c=t;
            printf("a 与 c 交换后的结果是：%d %d %d\n",a,b,c); //验证交换结果
        }
        /*第三次交换数据*/
        if (b>c)
        {
            t=b;
            b=c;
            c=t;
            printf("b 与 c 交换后的结果是：%d %d %d\n",a,b,c); //验证交换结果
        }

        /*输出模块部分*/
        printf("排序后的结果是：%d %d %d\n",a,b,c);//验证排序是否成功

    return 0;
}
```

简化程序代码,则程序如下：

```
#include <stdio.h>
int main()
{
    int a = 0; //整数
    int b = 0; //整数
    int c = 0; //整数
    int t = 0; //t 存储临时数据
    printf("请输入要排序的 3 个整数：");
    scanf("%d%d%d",&a,&b,&c);
    if (a > b)
```

```
            {
                t = a;
                a = b;
                b = t;
            }
        if ( a > c )
            {
                t = a;
                a = c;
                c = t;
            }
        if ( b > c )
            {
                t = b;
                b = c;
                c = t;
            }
        printf( "排序后: %d %d %d\n" ,a,b,c );

        return 0;
    }   //example4-24-1. cpp
```

思考题: 如何改造为函数?

【案例 4-24-2】输入 3 个整数, 升序排列, 用二元交换函数实现。

```
/ * 交换函数的实现( 交换指针 pa 和 pb 指向变量的存储内容) * /
void swap( int * pa,int * pb)
{
    int temp = 0;//临时变量
    temp = * pa;
    * pa = * pb;
    * pb = temp;
}
#include <stdio.h>
void swap( int * pa,int * pb);//交换函数的声明
int main( )
{
    int a = 0; //整数
    int b = 0; //整数
    int c = 0; //整数
    printf( "请输入要排序的 3 个整数: ");
```

```
    scanf("%d%d%d",&a,&b,&c);
    if (a > b)
        swap(&a,&b);
    if (a > c)
        swap(&a,&c);
    if (b > c)
        swap(&b,&c);
    printf("排序后：%d %d %d\n",a,b,c);

    return 0;
}
```

//example4-24-2.cpp

排序测试用例：

合法值:乱序,3 1 2,或 2 1 3,或 2 3 1,或 3 2 1;

特殊值:升序 1 2 3 和降序 3 2 1;

非法值:无;

边界值:无。

【案例 4-24-3】输入 3 个整数,升序排列,用三元交换函数实现。

```
/*三元交换函数的实现(实现 3 个指针指向元素升序排列)*/
void swap(int *pa,int *pb,int *pc){
    int temp = 0;//临时变量

    /*若 a<b,则交换*
    if (*pa < *pb) /
    {
        temp = *pa;
        *pa = *pb;
        *pb = temp;
    }

    /*若 a<c,则交换*/
    if (*pa< *pc)
    {
        temp = *pa;
        *pa = *pc;
        *pc = temp;
    }

    /*若 b<c,则交换*/
```

```
    if ( * pb< * pc)
    {
        temp = * pb;
        * pb = * pc;
        * pc = temp;
    }
    printf(" 排序后:%d,%d,%d\n", * pa, * pb, * pc); //输出排序后数
}
#include<stdio.h>
int main( )
{
    int a =0; //整数
    int b = 0; //整数
    int c = 0; //整数;
    void swap( int  * pa,int  * pb,int  * pc) ; //函数声明
    scanf(" %d%d%d" ,&a,&b,&c) ;
    printf(" 排序前:%d,%d,%d\n" ,a,b,c) ;
    swap( &a,&b,&c) ;        //调用函数
    printf(" 排序后:%d,%d,%d\n" ,a,b,c) ;

    return 0;
}  //example4-24-3. cpp
```

总结:为了利用被调用函数改变的变量值,我们应该使用指针(或指针变量)作函数实参。其机制为:在执行被调用函数时,形参指针变量所指向的变量的值发生变化;函数调用结束后,通过不变的实参指针变量将变化的值保留下来。

4.7 综合应用案例分析

本节主要内容为:大小写转换、计算四则运算表达式、猜数游戏1.0。

第一步,复习一下 C 语言程序开发的步骤和结构化程序设计的基本步骤。

C 语言程序开发的步骤:

(1)明确任务,即要解决什么问题;

(2)分析问题,设计问题的解决方案,即确定算法(最好给出算法的流程图);

(3)编写程序代码,用 C 语言描述算法;

(4)编译,连接,排除程序中的语法错误,

(5)运行程序并用数据进行测试,检查程序是否能够完成预定任务。

确定结构化程序设计的基本步骤,即确定解决问题的基本思路和步骤,如图 4-37所示。

第二步,确定输入方式,即确定输入函数、变量的个数、数据类型和名称。

(1)scanf( )。优点:能完成多种数据类型输入。缺点:需要在变量前加取地址符。

（2）getchar（）。优点：专门输入单字符。缺点：不能输入多种数据类型。

特别提醒：建议输入后马上输出，验证输入是否成功。

第三步，确定处理模块的结构和处理方式：

（1）确定处理模块的结构：顺序结构、选择结构或循环结构。

（2）顺序结构需要确定模块个数及顺序关系。

（3）选择结构需要确定采用 if-else 还是 switch。

（4）循环结构需要确定是采用当型还是直到型，采用 for，while 还是 do…while。

（5）最终要得到处理模块部分算法的流程图。

第四步，确定处理结果的输出方式，即确定输出函数。

（1）printf（）。优点：能完成多种数据类型输出。缺点：输出格式更复杂。

（2）putchar（）。优点：专门输出单字符，格式简单。缺点：不能输出多种数据类型。

有的输出在第三步就已经完成，不用单独处理输出。

第五步，整合以上的分析结果，得到整个算法的处理流程图。

第六步，根据上一步得到的算法流程图，将其中的处理文字采用类似代码进行符号化，得到类代码的算法流程图。

第七步，根据算法流程图写出程序代码，在机器上进行调试、编译、连接和执行，最后得到正确的运行结果。

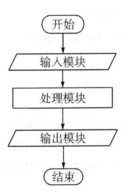

图 4-37　解决问题的基本思路和步骤

4.7.1　大小写转换

【案例 4-25】输入一个英文字母，如果它是大写字母，将它转换为小写字母；否则转换为大写字母。然后输出转换以后的字母。

分析解决问题的思路和方法。

结构化程序设计的基本思想：自顶向下、逐步求精和模块化。

第一步，确定解决问题的基本思路和步骤，如图 4-38（a）所示，确定总体思路的流程。

第二步，确定字母的输入方式，即确定输入函数、变量个数、数据类型和名称。

（1）scanf（）。优点：能完成多种数据类型输入。缺点：需要在变量前加取地址符。

（2）getchar（）。优点：专门输入单字符。缺点：不能输入多种数据类型。

（3）常用字符变量名：ch、c。

第三步，确定转换的处理方式，即确定分支结构和所用变量。

采用 if-else 结构。优点:易于表达单分支结构(含二分支结构)。缺点:不易于表达多分支结构,逻辑结构复杂,容易出现逻辑错误。我们得到如图 4-38(b)所示的转换模块的流程图。

第四步,确定字母的输出方式,即确定输出函数。

(1)printf( )。优点:能完成多种数据类型输出。缺点:输出格式更复杂。

(2)putchar( )。优点:专门输出单字符,格式简单。缺点:不能输出多种数据类型。

第五步,整合以上的分析结果,得到完整的流程图,如图 4-38(c)所示。

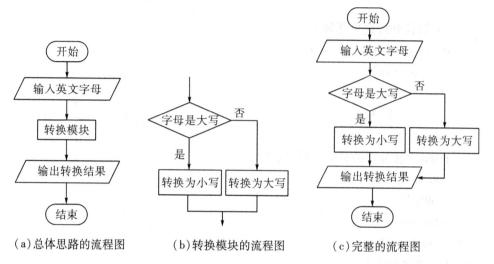

(a)总体思路的流程图　　　(b)转换模块的流程图　　　(c)完整的流程图

图 4-38　算法的流程图

第六步,根据上一步得到的完整流程图,将其中的处理文字采用类似代码符号化,得到细化的算法流程图,如图 4-39(a)和图 4-39(b)所示。其实,这里的图 4-39 可以省略。

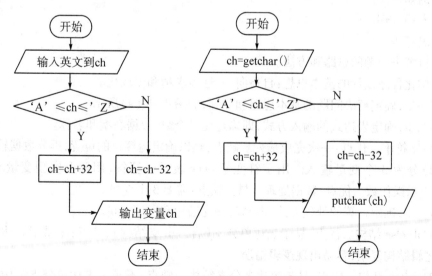

(a) 确定输入输出变量的完整流程图　　　(b)确定输入输出语句的完整流程图

图 4-39　细化的算法流程图

第七步,根据图 4-39 (b)所示的完整流程图写出程序代码,则程序如下:

```
#include <stdio.h>
int main(){
    char ch = 'A';//输入字符
    /* 输入模块部分 */
    printf("请输入要转换的英文字母: ");
    ch = getchar();
    printf("输入的英文字母是: %c\n", ch);

    /* 转换处理模块部分 */
    if (ch>='A'&&ch<='Z')
        ch = ch+32;
    else
        ch = ch-32;
    /* 输出模块部分 */
    printf("转换后的英文字母是: ");
    putchar(ch);
    printf("\n");
    return 0;
} //example4-25.cpp
```

思考题:如何改造为函数?

4.7.2 计算四则运算表达式

【案例4-26】输入一个形式如"操作数 运算符 操作数"的四则运算表达式,输出运算结果。例如:

输入:3.1+4.8

输出:7.9

分析解决问题的思路和方法。

结构化程序设计的基本思想:自顶向下、逐步求精和模块化。

第一步,确定解决问题的基本思路和步骤,如图4-40(a)所示。

第二步,确定表达式的输入方式,即确定变量个数、数据类型和名称。

(1)字符串。优点:一次完成输入。缺点:难以确定运算符的位置,拆分数据较难。

(2)分为3个变量输入。用字符变量oper表示运算符,用两个实型变量value1、value2表示操作数。优点:数据处理容易。缺点:需要3个变量。

第三步,确定计算的处理方式,即确定分支结构和所用变量。

(1)if-else结构。优点:易于表达单分支(含二分支结构);缺点:不易于表达多分支结构,逻辑结构复杂,容易出现逻辑错误。

(2)switch结构。优点:易于表达多分支结构。缺点:不易于表达单分支结构和二分支结构。

我们用字符变量oper表示运算符,用两个实型变量value1、value2表示操作数,则得到如图4-40(b)所示的计算模块的流程图,进一步细化得到如图4-41所示的计算模块

的流程。由于将输出语句放在各分支结构中,程序与如图 4-41 所示的流程图不一致,则程序如下:

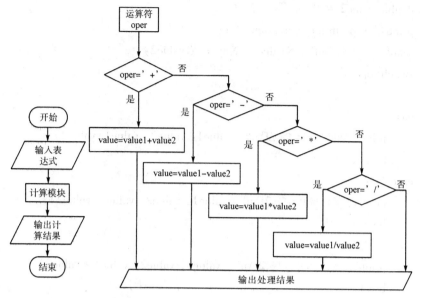

（a）解决问题的基本思路和步骤　　　　　　（b）计算模块的流程图

图 4-40　算法的流程图

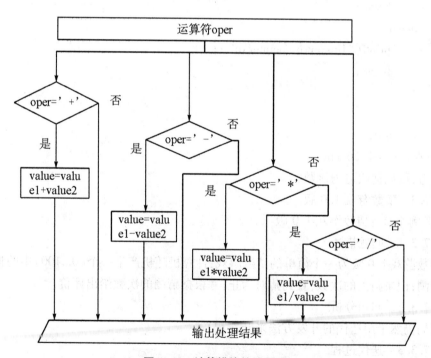

图 4-41　计算模块的流程图

```
#include <stdio.h>
int main( )
{
```

```
    char oper = '+';  //运算符
    double value1 = 0;  //第一个数
    double value2 = 0;  //第二个数
    printf("Type in an expression: ");
    scanf("%lf%c%lf", &value1, &oper, &value2);
    switch(oper)
    {
    case '+':
        printf("%f+%f=%.2f\n", value1, value2, value1+value2);
        break;
    case '-':
        printf("%f-%f =%.2f\n", value1, value2, value1-value2);
        break;
    case '*':
        printf("%f * %f =%.2f\n", value1, value2, value1 * value2);
        break;
    case '/':
        printf("%f/%f =%.2f\n", value1, value2, value1/value2);
        break;
    default:
        printf("Unknown operator\n");
        break;
    }


    return 0;
}  //example4-26. cpp
```

思考题:如何改造为函数?

4.7.3　猜数游戏 1.0 版

【案例 4-27】猜数游戏 1.0 版

4.7.3.1　问题描述

猜数游戏 1.0 版为一个简单的猜数游戏:计算机随机产生一个[0..100)中的整数,让玩家猜测;记录猜测的次数,直到猜对为止,并根据猜测的次数给出评价。

4.7.3.2　问题分析

我们仍然采用迭代的开发方法来开发它。

4.7.3.3　迭代过程

第一次迭代:确定设计思路。

```
/ * 猜数游戏 1.0 版第一次迭代:设计思路 * /
#include <stdio.h>
int main()
```

```
            }
        printf("猜数游戏 1.0 版\n");
        /* 1. 计算机随机产生待猜的数 */
        /* 2. 玩家猜数,直到猜对为止,记录猜测次数 */
        /* 3. 根据猜测次数进行评价 */
        return 0;
    }
```

根据设计思路,我们将一个复杂的任务分解为 3 个子任务,其中前 2 个子任务对初学者来说都比较复杂,那我们就先实现最为简单的第 3 个子任务:根据猜测次数进行评价。

第二次迭代:完成任务 3。

```
/* 猜数游戏 1.0 版第二次迭代:实现子任务 3 根据猜测次数进行评价功能 */
#include <stdio.h>
int main()
{
    int pcount = 0;    //猜测次数
    printf("猜数游戏 1.0 版\n");
    /* 1. 计算机随机产生待猜的数 */
    /* 2. 玩家猜数,直到猜对为止,记录猜测次数 */
    /* 3. 根据猜测次数进行评价 */
    pcount = 3;    //此为测试语句,用于测试子任务 3 的完成情况
    if (pcount <= 2)
    {
        printf("厉害了,你猜了%d 次就猜出来了!", pcount);
    }
    else if (pcount <= 5)
    {
        printf("太有才了,你猜了%d 次就猜出来了!", pcount);
    }
    else if (pcount <= 8)
    {
        printf("不错不错,你猜了%d 次就猜出来了!", pcount);
    }
    else
    {
        printf("笨笨,你猜了%d 次才猜出来!", pcount);
    }

    return 0;
```

}

运行结果如图 4-42 所示。

图 4-42　运行结果

我们将测试语句 pcount = 3;改为 pcount = 9;运行结果如图 4-43 所示。

图 4-43　运行结果

第三次迭代:完成任务 2。

```c
/* 猜数游戏 1.0 版第三次迭代:实现子任务 2 模拟玩家猜数过程 */
#include <stdio.h>
int main( )
{
    int pcount = 0; //玩家猜测总次数
    int cnum = 0;    //计算机随机产生玩家待猜的数
    int pnum = 0;    //玩家某次猜测的数
    printf("猜数游戏 1.0 版\n");
    /* 1. 计算机随机产生待猜的数 */
    /* 2. 玩家猜数,直到猜对为止,记录猜测次数 */
    cnum = 78; //测试语句,现在还没有解决如何随机产生,先赋予固定值
    printf("请输入你猜的数[0..100):\n");
    scanf("%d", &pnum);
    pcount = pcount + 1;
    while (pnum != cnum)
    {
        if (pnum > cnum)
        {
            printf("你猜的数%d 大了,请重新猜[0..100):\n", pnum);
        }
        if (pnum < cnum)
        {
            printf("你猜的数%d 小了,请重新猜[0..100):\n", pnum);
        }
        scanf("%d", &pnum);
        pcount = pcount + 1;
```

```
        }
        return 0;
    }
```

我们下面进行测试。由于子任务 1 中计算机随机产生待猜的数 cnum 的功能并未实现,为了测试运行,先简化命题,给 cnum 赋予固定的值"cnum = 78;"。该条语句为测试语句,最后我们实现了子任务 1 后可以删除该语句。运行结果如图 4-44 所示。

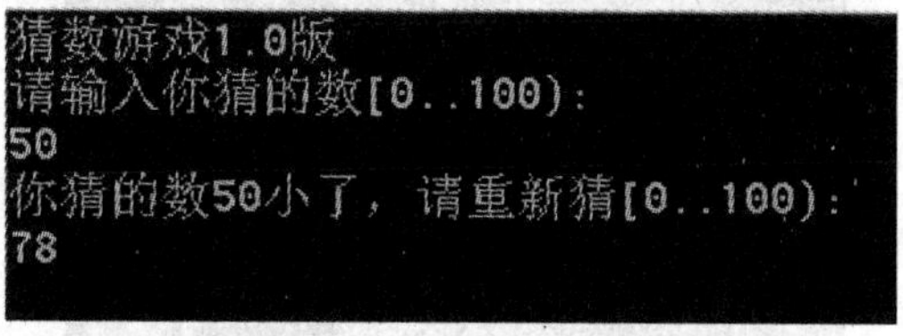

图 4-44　运行结果

第四次迭代:完成任务 1。

最后,我们将实现子任务 1,让计算机随机产生待猜的数 cnum,这是整个程序的难点。如何解决这个难点呢? 初学者可使用的办法有两个:①利用百度之类的搜索引擎,搜索关键词可以为"C 语言中如何产生随机数";②寻找相应的涉及随机数产生和使用的程序示例,借鉴相应的实例代码。

产生随机数这个问题,我们在程序设计实践中会经常遇到,C 语言的函数库提供了相应的库函数来产生随机数,其中主要涉及 srand( ) 和 rand( ) 两个库函数,前者对随机数的产生进行初始化,后者会随机产生一个 0 到最大值之间的一个整数。

为了使它落在[0..100)之间,我们将它除以 100 求余,我们使用 srand( ) 和 rand( ) 时需要采用相应的头文件 stdlib.h。

srand( ) 库函数要求一个整数作为随机数的初始化种子,我们用到另外一个库函数 time( ),语句为"time(NULL);",它返回当前的系统时间是一个长整数,代表当前距离 1970 年 1 月 1 日 0 时 0 分 0 秒的毫秒数。这样,我们每次运行该程序时,产生的随机数是不一样的,这样游戏更有趣。

```
/* 猜数游戏 1.0 版第四次迭代:实现子任务 1 随机产生[0..100)中的待猜的数 */
#include <stdio.h>
#include <stdlib.h>
#include <time.h>
int main( )
{
    int pcount = 0;  //玩家猜测总次数
    int cnum = 0;    //计算机随机产生玩家待猜的数
    int pnum = 0;    //玩家猜测的数
    printf("猜数游戏 1.0 版\n");
    /* 1. 计算机随机产生待猜的数 */
    srand(time(NULL));
    cnum = rand( ) % 100;
```

```
        //代码略
}
```

运行结果如图 4-45 所示。

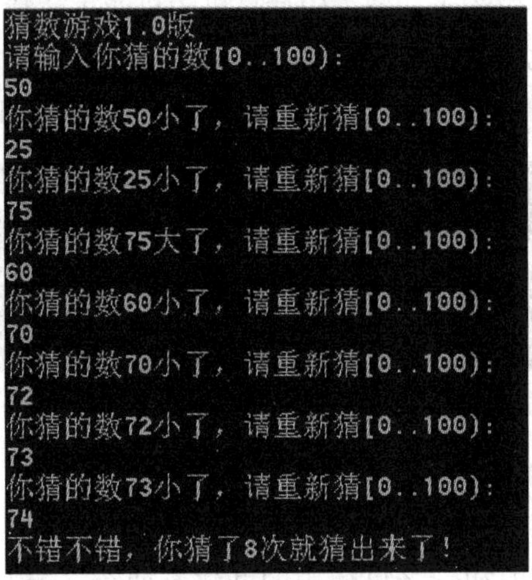

图 4-45　运行结果

第五次迭代:优化代码。

我们删除测试语句,适当加上注释,得到 1.0 的最终版本。

```c
/* *
* 项目名称:猜数游戏 1.0 版
* 作    者:ABC
* 开发日期:2020 年 3 月 22 日
*/
#include <stdio.h>
#include <stdlib.h>
#include <time.h>
#include <stdio.h>
int main()
{
    int pcount = 0; //玩家猜测总次数
    int cnum = 0;    //计算机随机产生玩家待猜的数
    int pnum = 0;    //玩家某次猜测的数
    printf("猜数游戏 1.0 版\n");

    /* 1. 计算机随机产生待猜的数*/
    srand(time(NULL));
    cnum = rand() % 100;

    /* 2. 玩家猜数,直到猜对为止,记录猜测次数*/
```

```
        pcount = 0;
        printf("请输入你猜的数[0..100):\n");
        scanf("%d", &pnum);
        pcount = pcount + 1;
        while (pnum != cnum)
        {
            if (pnum > cnum)
            {
                printf("你猜的数%d 大了,请重新猜[0..100):\n", pnum);
            }
            if (pnum < cnum)
            {
                printf("你猜的数%d 小了,请重新猜[0..100):\n", pnum);
            }
            scanf("%d", &pnum);
            pcount = pcount + 1;
        }


    /*3. 根据猜测次数进行评价*/
    if (pcount <= 2)
    {
        printf("厉害了,你猜了%d 次就猜出来了!", pcount);
    }
    else if (pcount <= 5)
    {
        printf("太有才了,你猜了%d 次就猜出来了!", pcount);
    }
    else if (pcount <= 8)
    {
        printf("不错不错,你猜了%d 次就猜出来了!", pcount);
    }
    else
    {
        printf("笨笨,你猜了%d 次才猜出来!", pcount);
    }

    return 0;
}
```

思考题:如何改造为函数?

第三部分　学习任务

5 循环结构

第一部分 学习导引

【课前思考】编程解决这样的一个问题:通过键盘输入一百个成绩,求总成绩的值。根据前面所学,该问题有两种解决方法。

(1)设一百个变量,分别输入学生成绩,然后求和。这种方法浪费内存空间,显然不实际。

(2)设一个变量,每次输入一个成绩,累加后再输入下一个成绩,如下:

```
scanf("%f",&a);
s=s+a;
scanf("%f",&a);
s=s+a;
......
```

这样重复一百次,然后输出 s 的值。

【学习目标】了解循环结构程序设计,掌握各种循环语句应用的特点及异同点,掌握循环嵌套及复合结构。

【重点和难点】重点:各种循环语句应用的特点及异同点,文件读写。难点:循环的嵌套应用,文件读写。

【知识点】while 语句、do-while 语句、for 语句、break 语句、continue 语句、循环语句的嵌套、文件读写。

【学习指南】熟悉并掌握 while 语句的结构及其应用,熟悉并掌握 do-while 语句的结构及其应用,熟悉并掌握 for 语句的结构及其应用,熟悉 break 语句与 continue 语句的作用及其使用方法,了解并掌握循环语句的嵌套应用,根据实际问题选择合适的循环结构,掌握文件的基本使用。

【章节内容】基本循环结构、循环终止和嵌套、文件的基本使用、综合应用案例分析。

【本章概要】

循环结构在结构化程序设计中占有重要地位。在进行程序设计的过程中,我们必须明确以下四点:①确定哪些操作需要反复执行,即确定循环体;②确定这些操作在什么情况下重复执行,即确定循环的条件;③确定循环控制变量、初值及步长,还要保证循环变量起始值正确和步长设置得当。④接下来,就是选用合适的循环语句:for、while 和 do-while。

关于循环语句的比较:①一般情况下,如果事先明确循环次数,则使用 for;若需要通过其他条件控制循环,则可以考虑 while 或 do-while。②在 while 和 do-while 语句中,我们只在 while 后面的括号内指定循环条件。因此,为了使循环能正常结束,我们应在循环体中设计趋于结束的语句(循环控制变量的修改,如 i++或 i--)。而在 for 语句中我们通常在表达式 3 中设计使循环趋向结束的操作。③用 while 和 do-while 语句实现循环,循环变量的初始化操作应在 while 和 do-while 语句之前完成。而 for 语句通常在表达式 1 中为循环变量赋值。

在循环语句中,我们可以用 break 语句跳出循环,用 continue 语句结束本次循环。一个循环体又包含另一个完整的循环结构,称为循环的嵌套。它包括双重循环和多重循环。

文件打开采用 fopen( )函数,读写文件分别用参数 r 和 w;文件格式读写采用 fscanf( )和 fprintf( )函数,它们与 scanf( )和 printf( )函数类似,只是多了一个文件指针参数。

第二部分　学习材料

在程序设计中,我们如果需要重复执行某些操作,就要用到循环结构。循环结构的特点是:在给定条件成立时,反复执行某程序段,直到条件不成立为止。其中,给定的条件称为循环控制条件(简称循环条件),反复执行的操作称为循环体。我们使用循环结构编程时,一定要首先明确循环条件和循环体,即这些操作在什么情况下重复执行和哪些操作需要反复执行。循环结构的流程图如图 5-1 所示。

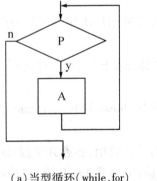
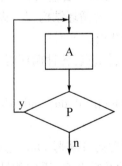

(a)当型循环(while,for)　　　(b)直到型循环(do while)

图 5-1　循环结构的流程图

5.1 基本循环结构

本节主要内容为:while 语句、do-while 语句、for 语句。

5.1.1 while 语句

【案例 5-1】输出 1~100 中的所有整数。

由于要输出的数在不断变化,所以不妨用一个变量 i 表示要输出的数,且 i 的初值为 1。算法的流程图如图 5-2 所示,算法步骤表示如下:

① 设变量 i=1;//循环控制变量的初值

② 输出 i 的值;

③ i 的值自增 1;//循环控制变量的修改

④ 判断 i 的值是否小于或等于 100(循环条件),若是,返回,继续执行;否则,输出结束。

```c
#include <stdio.h>
int main( )
{
    int i = 0; //循环控制变量
    i = 1;
    while (i <= 100)
    {
        printf("%5d", i);
        i = i + 1;
    }

    return 0;
} //example5-1.cpp
```

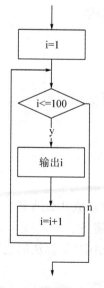

图 5-2 算法的流程图

while 语句用来实现循环结构的一般形式如下：

while（表达式）

循环体语句

其中，while 后面的表达式可以是关系表达式或逻辑表达式；也可以是特殊表达式，如一个常量或一个变量等。while 循环的流程图如图 5-3 所示。

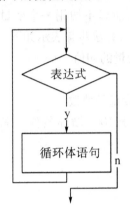

图 5-3　while 循环的流程图

温馨提示：①循环控制变量；②在循环体中应有使循环趋向于结束的语句；③因为 while 语句是先进行条件判断，在条件成立的情况下才执行循环体。所以循环体有可能一次也不执行。

循环的基本要素：①循环控制变量的初值 i=1；②循环条件 i<=100；③循环控制变量的修改 i=i+1；④重复执行的操作。

```
#include <stdio.h>
int main( )
{
    int i = 0; //循环控制变量
    i = 1;//循环控制变量的初值
    while (i <= 100)//循环条件
    {
        printf("%5d", i);
        i = i + 1;//循环控制变量的修改
    }

    return 0;
}
```

思考题：不修改循环控制变量会造成什么结果？

答：会造成死循环，我们要尽量避免。

【案例 5-2】输出 21 世纪所有的闰年。算法的流程图如图 5-4 所示。

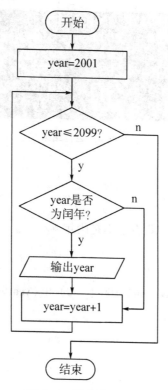

图 5-4 算法的流程图

```c
#include <stdio.h>
int main( )
{
    int  year = 0; //年
    year=2001;//循环控制变量的初值
    while（year<=2099)//循环条件
    {
        if ((year%4==0&&year%100!=0) || (year%400==0))
            printf ("%d  ", year);
        year=year+1;//循环控制变量的修改
    }

    return 0;
} //example5-2-1. cpp
```

运行结果如图 5-5 所示。

```
2004    2008    2012    2016    2020    2024    2028    2032    2036    2040    2044    204
8   2052    2056    2060    2064    2068    2072    2076    2080    2004    2088    2092
2096
```

图 5-5 运行结果

思考题：如果想得到如图 5-6 所示的运行结果,如何修改代码？用函数怎样实现？

```
2001年--2099年之间的闰年有:
2004    2008    2012    2016    2020
2024    2028    2032    2036    2040
2044    2048    2052    2056    2060
2064    2068    2072    2076    2080
2084    2088    2092    2096
```

图 5-6　运行结果

程序修改如下:

```
#include <stdio.h>
/ * 找闰年函数的实现
返回值:1 表示 year 是闰年,0 表示不是闰年 * /
int isLeapYear(int year)
{
    if ((year%4 == 0 && year%100 != 0) || (year%400 == 0))
        return 1;

    return 0;
}
void findLeapYear(int beginYear, int endYear);//找闰年函数的声明
int main()
{
    findLeapYear(2001,2099);

    return 0;
} //example5-2-2. cpp
/ * 找闰年函数的实现(找 beginYear 和 endYear 之间所有的闰年) * /
void findLeapYear(int beginYear, int endYear)
{
    int year = 0;//循环控制变量,表示年
    int count = 0;//表示数据个数,计数器
    printf("%d 年--%d 年之间的闰年有:\n",beginYear,endYear);
    year = beginYear;
    while (year <= endYear)
    {
        if (isLeapYear(year)) //相当于 isLeapYear(year) == 1
        {
            printf ( "%d    ", year);
            count++;
            if (count % 5 == 0)//指定每行输出数
```

```
                            printf( " \n" ) ;
                }
            year = year + 1;
        }
}
```

【案例 5-3-1】输入一行字符,并在屏幕输出。

一行字符如何输入?

```
ch = getchar( ) ;
while ( ch! = ´\n´ )
{
    ch = getchar( ) ;
}
```

也可以采用如下的代码实现:

```
while ( ( ch = getchar( ) ) ! = ´\n´ ) ;
```

请注意,通过终端键盘输入数据时,是在按 Enter 键以后才将一批数据一起送到内存缓冲区。例如:

```
while ( ( ch = getchar( ) ) ! = ´\n´ )
    printf( "%c" , ch) ;//或用 putchar( ch) ;
```

运行情况是:

computer(输入)

computer(输出)

注意:输出结果不是"ccoommppuutteerr",即不是从终端输入一个字符马上输出一个字符,而是按 Enter 键后才将数据送入内存缓冲区;然后每次从缓冲区读一个字符,再输出该字符。

【案例 5-3-2】输入若干个整数,求和,直到文件结束为止。

程序用于解决输入数据个数不确定的问题。

```
#include <stdio.h>
int main( )
{
    / * 定义变量 * /
    int x = 0;//待输入的整数变量,也是循环控制变量
    int sum = 0;//求和

    printf( "输入若干个整数( Ctrl+Z 结束) :" ) ;
    while ( scanf( "%d" , &x) ! = EOF) //end of file 文件的末尾
    {
        sum = sum + x;
    }
    printf( " \n%8d   \n" , sum) ;
```

```
        return 0;
}    //example5-3-2. cpp
```

【案例5-4】输入一行字符,统计其中英文字母、数字字符和其他类型字符的个数。

```
#include <stdio.h>
int main( ){
        char ch = ' '; //输入的字符
        int letter = 0;//统计字母个数
        int digit = 0; //统计数字字符个数
        int other = 0; //统计其他类型字符个数
        printf("Enter 10 characters:\n");
        while ((ch = getchar( ))!='\n')    //输入一行字符
        {
                if((ch>='a' && ch<='z') || ( ch>='A' && ch<='Z'))
                        letter++;
                else if(ch >= '0' && ch <= '9')
                        digit++;
                else
                        other++;
        }
        printf("letter=%d,digit=%d,other=%d\n",letter,digit,other);

        return 0;
}  //example5-4-1. cpp
```

思考题:如何改写为函数?

函数实现见 example5-4-2. cpp。

5.1.1   do-while 语句

【案例5-5】通过键盘输入若干个正数,直到输入负数或零为止。

分析:在该问题的求解过程中可能要多次输入数据,因此,我们可以将输入数据的操作看作循环体。如果将当前输入的数据用变量 x 保存,则循环的条件就是 x>0。

方法一:用 while 循环实现。

```
#include <stdio.h>
int main( )
{
        int   x =0;//正整数
        scanf("%d",&x); //循环控制变量的初值
        while (x>0) //循环条件
        {
                printf("%d   ", x);
```

```cpp
            scanf("%d",&x);//循环控制变量的修改
        }
}//example5-5-1.cpp
```

方法二:用 do-while 循环实现。

```cpp
#include <stdio.h>
int main()
{
    int  x =0 ;//循环控制变量的初值
    do{
        scanf("%d",&x);//循环控制变量的修改
        printf("%d   ", x);
    } while (x>0);//循环条件
} // example5-5-2.cpp
```

用 do-while 语句可以实现循环结构。其一般形式如下:

```cpp
    do {
        循环体语句
    } while (表达式);
```

while 和 do while 两种循环结构的流程图如图 5-7(a)和图 5-7(b)所示,while 语句和 do while 语句的具体区别如下:

① while 是先判别条件,再决定是否循环。while 也称为当型循环,即当条件满足时,才执行循环体。因此,while 语句的循环体有可能一次也不执行。

② do-while(表达式)的后面以分号";"结束。do-while 是先执行循环体,然后再根据循环的结果决定是否继续循环。do-while 也称为直到型循环,即执行循环体,直到条件不满足。do while 语句的循环体至少执行一次。

③ 两种语句都适用于循环次数不确定的循环。

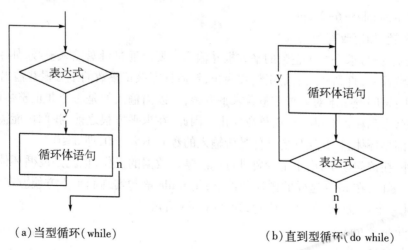

(a)当型循环(while)   (b)直到型循环(do while)

图 5-7　循环结构的流程图

【案例 5-6】比较 while 和 do while 的异同。

方法一:用 while 循环实现。

```c
#include <stdio.h>
int main( ) {
    int i = 0;//循环控制变量
    int sum = 0;//求和
    scanf("%d",&i ); //循环控制变量的初值
    while (i <= 10){   //循环条件
        sum = sum + i;
        i = i + 1;   //循环控制变量的修改
    }
    printf("sum=%d\n", sum);
} //example5-6-1.cpp
```

方法二:用 do-while 循环实现。

```c
#include <stdio.h>
int main( )
{
    int i = 0;//循环控制变量
    int sum = 0;//求和
    scanf("%d",&i ); //循环控制变量的初值
    do{
        sum = sum + i;
        i = i + 1; //循环控制变量的修改
    } while (i <= 10); //循环条件
    printf("sum=%d\n", sum);
} //example5-6-2.cpp
```

思考题:如何改写为函数?

【案例 5-7】求一个正整数的平方根并输出。要求通过键盘输入整数,如果是非正整数,则继续输入;直到输入的是正整数为止,然后计算该正整数的平方根并输出。

分析:该问题要求对一个正整数求平方根,所以当输入的是一个非正整数时,要继续输入数据,直到输入的是一个正整数为止。因此,在求平方根之前,我们可能需要多次输入数据,即循环体,且其循环的条件是所输入的数 n 不大于 0,即 n≤0。

另外,在该问题中,由于至少要进行一次输入数据的操作,也就是说循环体至少要执行一次。因此,在 n<0 这样的循环条件下,用 while 语句实现起来不方便。在此,我们可以用另外一个可以实现循环的语句,即 do while 语句。

```c
#include <stdio.h>
#include <math.h>
int main( ){
    int  n = 0; //整数,循环控制变量的初值
```

```
do{
    printf("input a number:\n");
    scanf ("%d", &n);//循环控制变量的修改
} while (n <= 0);   //循环条件
printf("%d 的平方根为:%f\n", n, sqrt((double)n));


return 0;
}   //example5-7. cpp
```

温馨提醒:该方法可以用于保证输入有效数据。数学函数 sqrt( )是求平方根函数,使用时需要包含头文件 math.h,(double)n 将整型变量 n 转换为 double 型数据,更多细节和常用函数请参考附录 D。

【案例5-8】通过键盘输入一个整数,统计该数的位数。例如,输入 1234,输出 4;输入 -23,输出 2;输入 0,输出 1。

分析:一个整数由至少 1 位数字组成,统计过程需要输出每一位数字,因此这是一个循环过程,循环次数由整数本身的位数决定。由于需要处理的数据有待输入,所以无法事先确定循环次数。另外,求整数的位数,可以借助于"/"运算符实现。我们将输入的整数不断地整除 10,直到该数最后变成 0。例如,123/10 商为 12,12/10 商为 1,1/10 商为 0。以上操作重复 3 次,所以 123 的位数就是 3。对于负数位数的统计,我们可将负数转换为正数后再处理。

```
#include <stdio.h>
int main( ){
    int n = 0; //整数
    int count = 0;//位数
    printf("输入一个整数: ");
    scanf("%d", &n);//循环控制变量的初值
    if (n < 0)    n = -n;
    do {
        n = n/10;   //循环控制变量的修改
        count = count + 1;
    } while (n != 0);   //循环条件
    printf("该整数有%d 位数.\n", count);
} //example5-8. cpp
```

思考题:如何改写为函数?

5.1.3 for 语句

【案例5-9】求 $\sum_{n=1}^{100} n$ 之和。求和算法的流程图如图 5-8 所示。

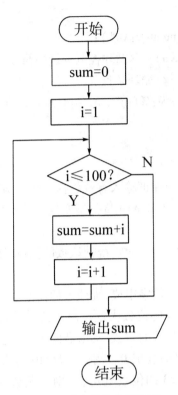

图 5-8　求和算法的流程图

```
#include <stdio.h>
int main( ) {
    int i = 0; //循环控制变量
    int sum = 0;//求和
    i = 1;     //循环控制变量的初值
    while (i <= 100) {   //循环条件
        sum = sum + i;
        i = i + 1; //循环控制变量的修改,可以写成 i++;
    }
    printf("1+2+…+100= %d\n",sum);
}//example5-9-1. cpp
```

复习知识点:自增运算符++和自减运算符--。

++i, --i;　//在使用 i 之前,先使 i 的值加(减)1 */

i++, i--;　//在使用 i 之后,再使 i 的值加(减)1 */

如果 i 的值为 3,则:

j=++i;　　// * i 的值先变成 4,再赋给 j,j 的值为 4 */

j=i++;　　// * 先将 i 的值赋给 j,j 的值为 3,然后 i 变为 4 */

printf("%d",++i);　// * 输出 4 */

printf("%d",i++);　// * 输出 3 */

温馨提示:

①++、--是单目运算符,只能用于变量,不能用于常量或表达式,如 5++或(a+b)++都是不合法的。

②++和--的结合方向是自右向左。

③++、--运算符常用于循环语句,使循环变量自动加 1。

for 语句是通过改变或判断某个变量的值来控制循环的执行。

for (i=1; i<=100; i=i+1)

{ sum=sum+i; }

for 语句一般形式:

for(表达式 1;表达式 2;表达式 3)

　　循环体语句

其中,表达式 1 一般为循环控制变量赋初值,表达式 2 为循环条件,表达式 3 常为增量表达式。for 循环的流程图如图 5-9 所示。

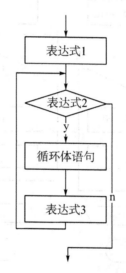

图 5-9　for 循环的流程图

①表达式 1 通常用来给循环变量赋初值,指定循环的起点。该表达式只执行一次。

②表达式 2 用来给出循环的条件,决定循环的继续或结束。该表达式根据情况执行 1 次或多次。

③表达式 3 用来设置循环的步长,改变循环变量的值。

④3 个表达式之间以分号隔开,不能在 for 语句中随意加分号。

⑤3 个表达式可以缺省某一个,也可以全部缺省,如 for(;;)是合法的,相当于 while (1)。表达式 1 缺省时,循环变量赋初值可以放在 for 前面;表达式 3 缺省时,可以将增量表达式放在循环体中。表达式 2 缺省时,相当于循环条件永远为真。此时,我们应在循环体内使用控制语句结束循环。

⑥循环体语句是被反复执行的语句,可以是一条语句,也可以是多条语句。当是多条语句时,我们要用{}括起来。建议只有一条语句时也用{}括起来。

⑦while 语句和 for 语句都是在循环前先判断条件。while 主要用于循环次数不确定

的循环。for 语句的应用比较灵活,在 C 语言中,for 语句主要用来实现循环次数确定的循环结构,也可以实现循环次数不确定的循环,完全可以替代 while 循环。因此,两种语句可以相互转换。for 与 while 循环的相互转换如图 5-10 所示。

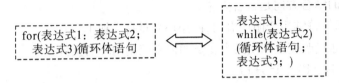

图 5-10   for 与 while 循环的相互转换

【案例 5-10】计算 1~100 中的所有偶数之和。偶数求和的流程图如图 5-11 所示,分别用文字和符号表示。

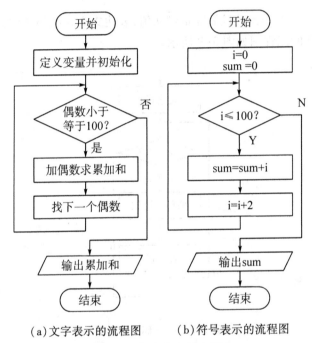

(a)文字表示的流程图   (b)符号表示的流程图

图 5-11   偶数求和的流程图

方法一:用 while 循环实现。

```c
#include <stdio.h>
int main( )
{
    int i = 0;//循环控制变量的初值
    int sum = 0; //求和
    while (i<=100) //循环条件
    {
        sum=sum+i;
        i=i+2;   //循环控制变量的修改
    }
```

```
        printf("偶数和%5d", sum);
}
```
方法二:用 do-while 循环实现。
```
#include <stdio.h>
int main( )
{
    int i = 0;//循环控制变量的初值
    int sum = 0; //求和
    do
    {
        sum=sum+i;
        i=i+2; //循环控制变量的修改
    }    while (i<=100); //循环条件
    printf("偶数和%5d", sum);
}//example5-10. cpp
```
方法三:用 for 循环实现。
```
#include <stdio.h>
int main( )
{
    int i = 0;//循环控制变量
    int sum = 0; //求和
    for (i =0;i<=100;i=i+2)
    {
        sum = sum + i;
    }
    printf("偶数和%5d", sum);
}
```
思考题:如何改写为函数?

【案例5-11】计算1~100 中的所有奇数之和。奇数求和的流程如图5-12所示,分别用文字和符号表示。

方法一:用 while 循环实现。
```
#include <stdio.h>
int main( )
{
    int i = 1;//循环控制变量
    int sum = 0; //求和
    while (i <= 100)
    {
        sum = sum + i;
```

```
            i = i + 2;
        }
    printf("奇数和%5d", sum);
} example5-11. cpp
```

方法二:用 for 循环实现。

```
#include <stdio.h>
int main()
{
    int i = 1;//循环控制变量
    int sum = 0; //求和
    for (i=1;i<=100;i=i+2)
    {
        sum = sum + i;
    }
    printf("奇数和%5d", sum);
}
```

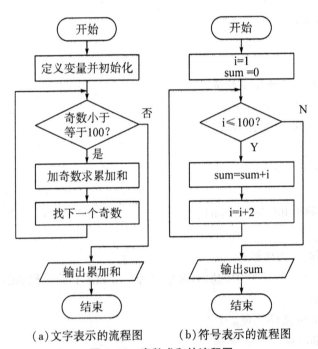

(a)文字表示的流程图   (b)符号表示的流程图

图 5-12　奇数求和的流程图

思考题:如何改写为函数?

【案例5-12】求 Fibonacci 数列的前 20 个数。这个数列有如下特点:第 1 个数为 1,第 2 个数为 1。从第 3 个数开始,该数是其前面两个数之和。要求每行输出 10 个数。

$$\begin{cases} F_1 = 1(n=1) \\ F_2 = 1(n=2) \\ F_n = F_{n-1} + F_{n-2}(n \geqslant 3) \end{cases}$$

求 Fibonacci 数列的算法流程图如图 5-13 所示，表 5-1 给出了算法流程图和代码中变量变化的过程，有助于理解流程图和代码。

表 5-1　变量变化表

i	f1	f2	f	count
1	1	—	—	—
2	1	1	—	2
3	1	2	2	3
4	2	3	3	4
5	3	5	5	5

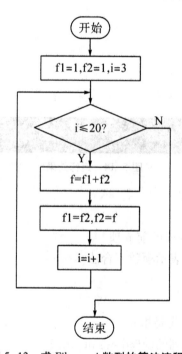

图 5-13　求 Fibonacci 数列的算法流程图

```c
#include <stdio.h>
int main( ){
    int i = 0;//循环控制变量,表示数列的第几个数
    int count = 0;//表示数据个数,计数器
    int f1 = 0;//数列的前一项
    int f2 = 0;//数列的前二项
    int f = 0;//数列的下一项
    f1 = 1;
    f2 = 1;
    printf ("%6d%6d", f1, f2);        //输出前两项
    count = 2;
```

```
    for (i = 3; i <=20; i++)   //循环输出后 18 项
    {
        f = f1 + f2;   //计算下一项
        printf("%6d", f);
        count++;

        /*每输出 10 个数据换一行*/
        if (count%10==0)
            printf("\n");

        /*更新 f1 和 f2*/
        f1 = f2;
        f2 = f;
    }
} //example5-12-1.cpp
```

运行结果如图 5-14 所示。

```
     1     1     2     3     5     8    13    21    34    55
    89   144   233   377   610   987  1597  2584  4181  6765
```

图 5-14　运行结果

思考题:如何改写为函数?

```
/*Fibonacci 函数的实现
功能:计算并显示 Fibonacci 的前 n 项
返回值:第 n 项的值,-1 表示项数不合法*/
int fibonacci(int n)
{
    ……//省略,与前面代码相同
    printf("Fibonacci 数列的前%d 项:\n",n);
    if (n < 1)
    {
        printf("输入项数不合法! \n");

        return -1;
    }
    if (n == 1)
    {
        printf("%6d\n", f1);   //输出第 1 项

        return f1;
    }
```

```c
        if (n == 2)
        {
            printf("%6d%6d\n", f1, f2);  //输出前两项

            return f2;
        }
        printf("%6d%6d", f1, f2);  //输出前两项
        count = 2;

        /* 循环输出后 18 项 */
        for (i = 3; i <= n; i++)
        {
            f = f1 + f2;  //计算下一项
            printf("%6d", f);
            count++;
            /* 每输出 10 个数据换一行 */
            if (count % 10 == 0)
                printf("\n");
            /* 更新 f1 和 f2 */
            f1 = f2;
            f2 = f;
        }
        return f;
}
```

得到主函数调用如下:

```c
#include <stdio.h>
int fibonacci(int n);//Fibonacci 函数的声明
int main() {
    int m = 0; //项数
    int n = 0; //第 m 项数列值
    printf("确定 Fibonacci 数列的项数:");
    scanf("%d", &m);
    n = fibonacci(m);
    if (n != -1)
        printf("Fibonacci 数列的第%d 项是%d", m, n);
    else
        printf("输入项数不合法!\n");
    return 0;
} //example5-12-2.cpp 和 example5-12-3.cpp
```

测试用例如下：

①合法值:3<n<20；

②非法值:n<1；

③特殊值:n=1 或 2；

④边界值:n=3,n=20。

【案例5-13】使用格里高利公式求 π 的近似值,要求精确到最后一项的绝对值小于 10^{-4}。

$$\frac{\pi}{4} = 1 - \frac{1}{3} + \frac{1}{5} - \frac{1}{7} + \cdots$$

方法一:分母用 2n-1。

程序运行结果为 3.141397。

求解的算法流程图如图 5-15(a)所示,表 5-2 给出了算法流程图和代码中变量变化的过程,有助于理解流程图和代码。

```
#include <stdio.h>
#include <math.h>
int main( ){
    int n = 1; //数列项数,循环控制变量
    int flag = 1;//表示正负
    float an = 1;//表示数列的第 n 项值
    float total = 0; //表示总和
    while (fabs(an)>=0.0001)
    {
        total=total+an;
        n=n+1;
        flag=-flag;
        an=1.0*flag/(2*n-1);
    }
    printf("pi=%f\n",4*total);
} //example5-13-1.cpp
```

表 5-2 变量变化表

n	flag	total	an
1	1	0	1
1	-1	1	-1/3
3	1	1-1/3	1/5
5	-1	1-1/3+1/5	-1/7
7	1	1-1/3+1/5-1/7	1/9
9	-1	1-1/3+1/5-1/7+1/9	-1/11
11	—	1-1/3+1/5-1/7+1/9-1/11	—

方法二:分母用 n+2。

求解的算法流程图如图 5-15(b)所示,表 5-2 给出了算法流程图和代码中变量变化的过程,有助于理解流程图和代码。

```c
#include <stdio.h>
#include <math.h>
int main( ) {
    int n = 1; //数列项数,循环控制变量
    int flag = 1;//表示正负
    float an = 1;//表示数列的第 n 项值
    float total = 0; //表示总和
    while (fabs(an)>=1e-4)
    {
        total = total+an;
        n = n+2;
        flag = -flag;
        an = 1.0 * flag/n;
    }
    printf("pi = %f\n",4 * total);
}
```

思考题:如何改写为函数?

```c
/ * 计算 PI 函数的实现
功能:m 是正整数,求 PI 的近似值,最后一项的绝对值小于 10^-m */
float PI(int m)
{
    / * 定义变量 */
    int n = 1; //表示数列的项数,循环控制变量
    int flag = 1;//表示正负
    float an = 1;//表示数列的第 n 项值
    float total = 0; //表示总和
    while (fabs(an) >= pow((float)10,-m) )
    {
        total = total + an;
        n = n + 2; //n = n + 1;
        flag = -flag;
        an = 1.0 * flag / n; //an = 1.0 * flag / (2 * n - 1);
    }
    return 4 * total;
} //example5-13-2. cpp
```

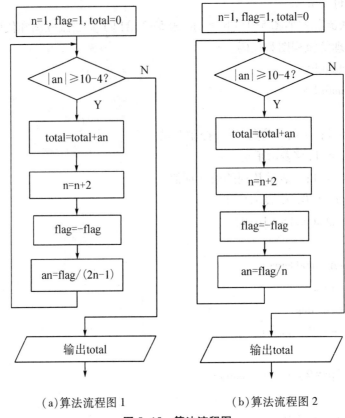

（a）算法流程图 1　　　　（b）算法流程图 2

图 5-15　算法流程图

5.2　循环终止和嵌套

本节主要内容为：break 语句和 continue 语句、循环的嵌套、常见循环结构错误及其排除方法。

5.2.1　break 语句和 continue 语句

【案例 5-14】求 s=1+1/2+1/3+1/4+…+1/n，直到 s 大于 3 为止，求此时 s 与 n 的值。

```c
#include <stdio.h>
int main( )
{
    int n = 1; //项数
    double s = 0; //求和
    while (s <= 3){
        s = s + 1.0 / n;
        n++;
    }
    printf("s=%f n=%d\n", s,n);
} //example5-14. cpp
```

程序运行结果为 s = 3.019877 和 n=12。

```
#include <stdio.h>
int main( ) {
    int n = 1; //项数
    double s = 0; //求和
    while (1) {
        s = s + 1.0 / n;
        if (s > 3)
            break;
        n++;
    }
    printf("s=%f  n=%d\n", s,n);
}
```

程序运行结果为 s = 3.019 877 和 n=11。

在 C 语言中,continue 语句也有结束循环的作用,但它结束的是本次循环。

continue 语句的一般形式如下:

continue;

continue 语句的作用是结束本次循环,即跳过循环体中尚未执行的语句,接着进行下一次是否执行循环的判定。

【案例 5-15】输入 10 个数,输出所有的负数。

```
#include <stdio.h>
int main( )
{
    int i = 0;//整数个数
    int x = 0;//整数
    printf("input 10 datas:\n");
    for (i =1; i <=10; i++)
    {
        scanf("%d",&x);
        if (x < 0)
            printf("%d   ", x);
    }
} //example5-15. cpp
#include <stdio.h>
int main( )
{
    int i = 0;//整数个数
    int x = 0;//整数
    printf("input 10 datas:\n");
    for (i =1; i <=10; i++)
```

```
        {
            scanf("%d",&x);
            if (x>=0)
                continue;
            printf("%d   ", x);
        }
    }
```

温馨提示:①break 语句和 continue 语句的区别是:continue 语句只结束本次循环,而不是结束整个循环。而 break 语句是结束整个循环,不再判断循环条件是否成立。②break语句和 continue 语句一般都与 if 语句配套使用,从而控制循环。

【案例 5-16】比较 break 和 continue 的异同,程序参见 example5-16. cpp。

①break 语句。

```
#include <stdio.h>
int main( )
{
    int   i=0;//整数
    for (i=1;i<=10;i++){
        if (i%2==0)
            break;
        printf("%5d   ", i);
    }
    printf(" \n ");
}
```

②continue 语句。

```
#include <stdio.h>
int main( )
{
    int   i=0;//整数
    for (i=1; i<=10; i++){
        if (i%2==0)
            continue;
        printf("%5d   ", i);
    }
    printf(" \n ");
}
```

【案例 5-17】输入一个正整数 m,判断它是否为素数。

分析:除了 1 和 m,不能被其他数整除。设 i 取值[2, m-1],如果 m 不能被该区间上的任何一个数整除,即对每个 i 值,m%i 都不为 0,则 m 是素数。m-1 可以改为 sqrt(m)即 m 的平方根。实际上,我们只需要判断[2,m/2]中有无能整除 m 的数即可判断 m 是否为素数。如果找到一个 i,且 2≤i≤m/2,则 m 肯定不是素数。

对于比较复杂的问题,我们可以采用结构化程序设计的思想"自顶向下、逐步求精、模块化",实现对流程图的分层设计,如图 5-16 所示。我们首先得到总体思路,从而确定求解问题的基本思路,如图 5-16(a)所示。然后设计判断素数模块的流程图,可以得到 2 种流程图,如图 5-16(b)和图 5-16(c)所示。接下来设计输出模块的流程图,如图 5-16(d)所示。在分层设计的基础上,我们可以将图 5-16 的 4 个流程图整合为一个完整的流程图,如图 5-17 所示。

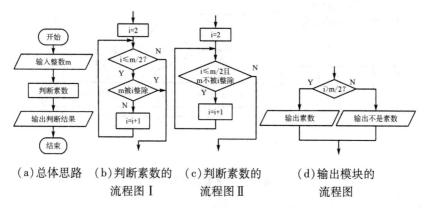

(a)总体思路　(b)判断素数的　(c)判断素数的　　　　(d)输出模块的
　　　　　　　流程图 I　　　流程图 II　　　　　　流程图

图 5-16　流程图的分层设计

```
#include <stdio.h>
int main()
{
    int i = 0;//因素,循环控制变量
    int m = 0;//整数
    printf("输入一正整数: ");
    scanf("%d", &m);
    for (i = 2; i <= m/2; i++) //m/2 可以改为 m-1 或 m 的平方根
        if (m%i == 0)  break;
    if (i > m/2)    //m/2 可以改为 m-1 或 m 的平方根
        printf("%d 是素数! \n", m);
    else
        printf("%d 不是素数! \n", m);
    return 0;
} //example5-17-1.cpp
```

测试用例如下:

①合法值:m>3 的素数和合数;

②非法值:1;

③特殊值:m=2,3;

④边界值:m=3,4,5。

思考题:如何改写为函数?

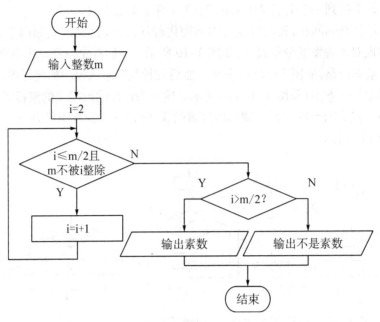

图 5-17　完整的流程图

break 语句的一般形式如下：

　　break；

break 语句只能用于循环语句和 switch 语句，作用是跳出（或结束）循环语句或 switch 语句。

【案例 5-17】判断素数的函数。

/ * 素数判断函数的实现

功能：判断 n 是否为素数

返回值：n 是素数返回 1，不是素数返回 0 * /

写法一：用 n/2 作为边界。

```
int isPrime(int n)
{
    int i = 0;//循环控制变量,表示除数

    / * 除因数模块 * /
    for (i = 2; i <= n/2; i++) //n/2 可以改为 n-1 或 sqrt(n)
        if (n % i == 0)
            break; //return 0;

    / * 判断结果模块 * /
    if (i > n / 2)   //n/2 可以改为 n-1 或 sqrt(n)
        return 1;

    return 0;
```

```
}   //example5-17-2.cpp
```

写法二:用 n-1 作为边界。

```
int isPrime(int n)
{
    int i = 0;//循环控制变量,表示除数

    /*判断模块*/
    for (i = 2; i <= n - 1; i++)
        if (n % i == 0)
            return 0;

    return 1;
}
```

写法三:用 n 的平方根作为边界。

```
int isPrime(int n)
{
    int i = 0;//循环控制变量,表示除数

    /*除因数模块*/
    for (i = 2; i <= sqrt((float)n); i++)
        if (n % i == 0)
            break;

    /*判断结果模块*/
    if (i > sqrt((float)n))
        return 1;
    else
        return 0;
}
```

注意需要头文件 math.h。

5.2.2 循环的嵌套

循环嵌套就是一个循环体之中包含了另一个循环。C 语言对循环嵌套没有任何限制,只是每个内部循环必须完全位于外部循环体中,且不能相互交叠。

【案例 5-18】求 1~200 中的全部素数,每行输出 10 个。

分析:由【案例 5-17】可知,判断一个数是否为素数就是一个循环操作,而要判断 1~200 中的每一个数是否为素数,就是一个嵌套循环。以上分析过程可以描述如下:

```
for (m = 2; m <= 200; m++)
```

```
      if (m 是素数)
          printf( "%d", m);
```

根据结构化设计思想,我们对复杂问题的流程图进行分层设计。首先,得到解决问题基本思路图的总体流程图,如图 5-18(a)所示。进一步得到判断并输出素数模块的流程图,如图 5-18(b)所示。最后,整合为一个完整的流程图,如图 5-19 所示。

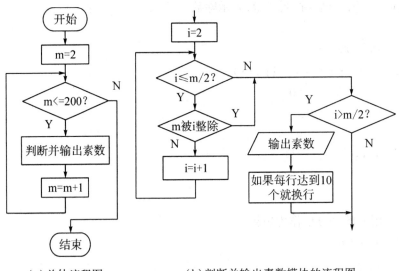

　　　(a)总体流程图　　　　　　　　(b)判断并输出素数模块的流程图

图 5-18　求所有素数的流程图

```c
#include <stdio.h>
int main()
{
    int count = 0;//计算器
    int i = 0; //除数
    int m = 0; //整数
    for (m = 2; m <= 200; m++)
    {
        for (i = 2; i <= m/2; i++)
            if (m%i==0)
                break;

        /* 如果 m 是素数 */
        if(i > m/2)
        {
            printf("%6d", m);
            count++;
            if (count %10 == 0)
                printf(" \n");
```

```
        }
    }

    return 0;
}  //example5-18-1.cpp
```

运行结果如图 5-20 所示。

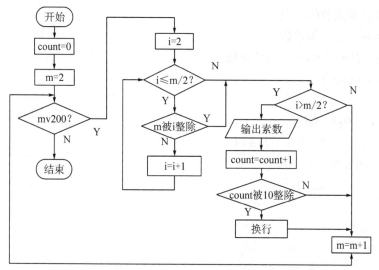

图 5-19　完整的流程图

```
   2     3     5     7    11    13    17    19    23    29
  31    37    41    43    47    53    59    61    67    71
  73    79    83    89    97   101   103   107   109   113
 127   131   137   139   149   151   157   163   167   173
 179   181   191   193   197   199
```

图 5-20　运行结果

思考题：如何改写为函数？

```
/* 找素数函数的实现
功能：找出并显示 beginNumber 与 endNumber 之间的素数 */
void findPrime(int beginNumber, int endNumber) {
    int m = 0; //外循环控制变量, 正整数
    int i = 0; //内循环控制变量, 除数
    int count = 0;//计数器, 素数个数
    printf("%d 与%d 之间的素数: \n", beginNumber, endNumber);
    for (m = beginNumber; m <= endNumber; m++) {
        /* 如果 m 是素数 */
        if( isPrime(m) )
        {
            printf("%6d", m);
            count++;
```

```
                if (count % 10 == 0)
                    printf("\n");
            }
        }
        printf("\n");
}
/* 素数判断函数的实现
功能:判断 n 是否为素数
返回值:1 表示是素数,0 不是素数 */
int isPrime(int n)
{
    int i = 0;//除数
    for (i = 2; i <= n / 2; i++)
        if(n % i == 0)
            return 0;

    return 1;
}


#include <stdio.h>
int isPrime(int n);//素数判断函数的声明
void findPrime(int beginNumber,int endNumber);//找素数函数的声明
int main()
{
    int m = 0;//起始数
    int n = 0;//终止数
    printf("请输入素数范围(起始数 终止数):");
    scanf("%d%d",&m,&n);
    findPrime(m,n);

    return 0;
} //example5-18-2.cpp
```

【案例 5-19】求 1! + 2! + … + 10!。

分析:该问题也是一个求累加和的循环,但它与求 1+2+…+10 的不同之处在于:该问题在求累加和的过程中先要计算一个阶乘。由于计算阶乘本身又是一个循环,所以以上分析过程可以表示如下:

```
for (i = 1; i <= 10; i++){
    item = i!           //求阶乘
    sum = sum + item;
```

}

根据结构化设计思想,我们对复杂问题的流程图进行分层设计。首先,得到解决问题基本思路图的总体流程图,如图5-21(a)所示。进一步得到求i阶乘子模块的流程图,如图5-21(b)所示。最后,整合为一个完整的流程图,如图5-22所示。

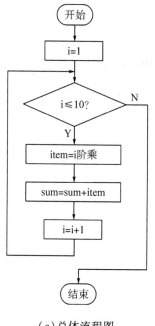

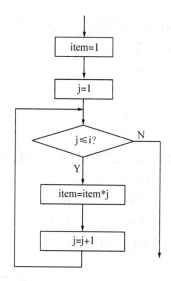

（a）总体流程图　　　　　　　　　（b）求i阶乘子模块的流程图

图5-21　分层设计的流程图

在求解该问题的过程中,循环中又包含一个循环,即循环嵌套。

```c
#include <stdio.h>
int main( ){
    int i = 0; //外循环控制变量
    int j = 0; //内循环控制变量
    double sum = 0; //求和
    double item = 0; //乘积
    for (i = 1; i <= 10; i++ )
    {
        item = 1;   //阶乘从1开始进行累乘
        for (j = 1;j <= i;j++)   //该for语句用来求i!
            item = item * j;
        sum = sum + item;   //求累加和
    }
    printf(" 1! + 2! + 3! + … + 10! = %e\n", sum);
} //example5-19. cpp
```

循环嵌套,就是外层循环还有内层循环。

```
for(i=1;i<=100;i++){
    item=1;
    for(j=1;j<=i;j++)
        item=item*j;
    sum=sum+item;
}
```

【案例 5-20】编写一个程序,输出如下图形的上三角形星号图。

```
* * * * *
  * * * *
    * * *
      * *
        *
```

分析:该问题要输出 5 行信息,即循环 5 次。

```
for(i=0;i<5;i++){
    /* 输出一行空格 */
    /* 输出一行星号 */
    printf("\n");
}
```

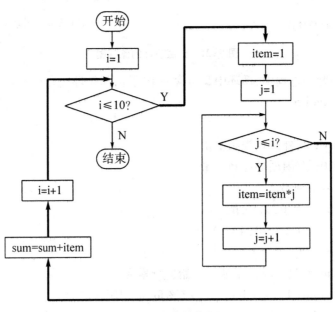

图 5-22　完整的流程图

　　根据结构化设计思想,我们对复杂问题的流程图进行分层设计。首先,得到解决问题基本思路图的总体流程图,如图 5-23(a)所示。进一步得到输出一行空格的流程图和输出一行星号的流程图,如图 5-23(b)和图 5-23(c)所示。最后得到完整的流程图,如图 5-24 所示。

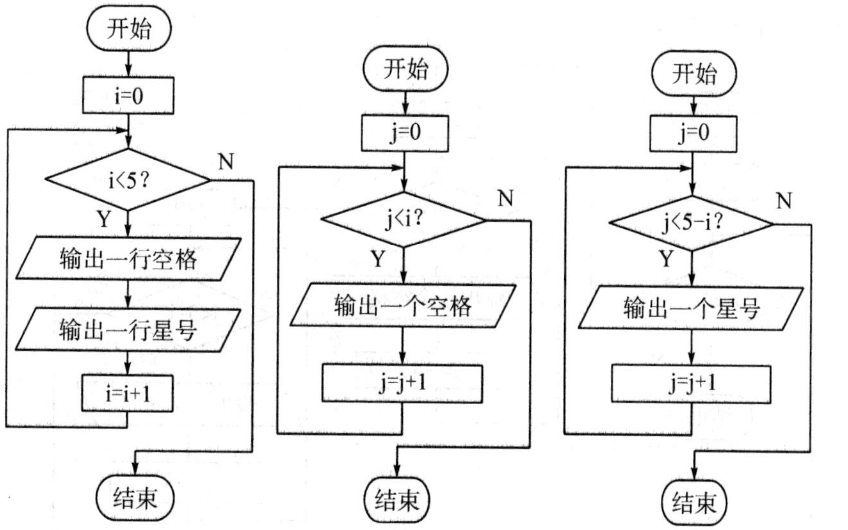

(a)总体流程图　　(b)输出一行空格的流程图　　(c)输出一行星号的流程图

图5-23　分层设计的流程图

　　每行输出的信息主要包括空格和"＊"两种。其中,每行空格的输出实质上是多次输出一个空格的循环操作过程。由于每行输出的空格数 j 与对应的行数 i 相等,即第 j 行有 i 个空格。因此,对应的循环语句如下:

```
for(j=0;j<i;j++)
    printf(" ");
```

　　每行"＊"的输出实质上是多次输出一个"＊"的循环操作过程。其中,第 k 行需要输出 5-i 个"＊"。因此,对应的循环语句如下:

```
for(k=0;k<5-i;k++)
    printf(" * ");
#include <stdio.h>
int main()
{
    int i = 0; //外循环控制变量,行数
    int j = 0; //内循环控制变量,列数
    for(i=0;i<5;i++)
    {
        /*输出空格*/
        for(j=0;j<i;j++)
            printf(" ");
        /*输出" * "*/
        for(j=0;j<5-i;j++)
            printf(" * ");
        printf(" \n");
    }
```

} //example5-20.cpp

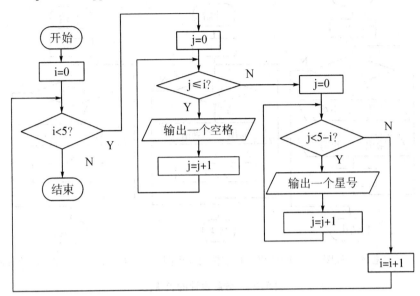

图 5-24　完整的流程图

5.2.3　常见循环结构错误及其排除方法

本部分错误最容易出现逻辑错误,编译可以通过,无错误信息。因此,需要借助软件测试的方法,采用合法值、非法值、边界值和特殊值进行测试发现错误。采用输出法或 debug 方法定位错误位置,确定错误原因。

(1)关系运算符用错。例如:x==5 错写成 x=5,>= 错写成>,<= 错写成<,x >-5 &&
x < 5 错写成 5>x>-5;

(2)逻辑运算错误或者组合的配对括号不对;

(3)循环控制变量无初始值或者初始条件错误;

(4)循环条件错误;

(5)循环控制变量修改错误;

(6)死循环;

(7)双重循环的内循环控制变量初始值赋值位置错误;

(8)break 和 continue 使用错误;

(9)for 控制语句后打分号。

【案例 5-21】改错题。

```
void main( )
{
    int i,sum;
    for (i=1,i<99,i=i+1);
    {   sum=sum+i;
    }
    printf("奇数和%5d", sum);
}//example5-21-1.cpp
```

```
#include <stdio.h>
void main( ){
    int i,sum;
    while（i<99）;
    {    sum＝sum+i;
    }
    printf("奇数和%5d", sum）;
}//example5-21-2.cpp
#include <stdio.h>
void main( )
{
    int i,sum;
    do
    {
        sum＝sum+i;
    }
    while（i<99）
    printf("奇数和%5d", sum）;
}//example5-21-3.cpp
```

5.3 文件的基本使用

本节主要内容为：文件的作用和特点、文件的打开、文件的关闭、文件的格式读写函数。

5.3.1 文件作用和特点

5.3.1.1 文件

在实际应用中，我们经常需要将一些数据暂时或永久性地保存到存储介质上，在需要时再将这些数据调入内存中使用，那么数据是以什么形式存在的呢？通常是以数据文件的形式存在的。

文件是指存储在外部介质(如磁盘、光盘等)上的一组相关数据的有序集合。这个集合有一个名称，叫文件名。操作系统就是通过文件名找到相应的文件并对其进行管理操作的。其实，我们在运用 C 语言进行编程时就接触到很多的文件，如 C 源程序文件(.c/.cpp)、目标文件(.obj)、可执行文件(.exe)、头文件(.h)等。

在 C 语言中，我们采用缓冲文件系统处理方式，即对于每个正在使用的文件，系统会自动在内存中为其开辟一个文件缓冲区，以便对文件进行操作。

5.3.1.2 文件分类

C 语言中，从文件数据的组织形式来看，文件分为文本文件和二进制文件，其中文本文件也叫 ASCII 文件，或者叫字符文件。C 语言默认的文件类型是文本文件。

文本文件和二进制文件中保存的数据有不同的存储形式，其中文本文件是把数据看作字符序列，每个字符按其对应的 ASCII 码值进行存储，每个 ASCII 字符占一个字节。二进制文件则把数据按其内部形式(二进制存储格式)直接存储。

文本文件占用的存储空间大,每个字符以 ASCII 码形式存储,我们便于对字符逐个操作;二进制文件占用的存储空间小,不需要进行转换,方便数据存储,但输出的数据为内存格式,不能直接识别。

5.3.1.3　文件指针

在缓冲文件系统中,当对一个具体的文件进行操作时,我们需要先定义一个 FILE 类型的指针变量来指向该文件,然后利用它实现对文件的读写操作,这个指针变量称为文件指针。

FILE 类型是在标准输入输出头文件 stdio.h 中定义的一个结构体类型,该结构中含有文件名、文件状态和文件当前位置等信息。在编写程序时,我们不必关心 FILE 结构的具体细节,只需通过文件指针指向要操作的文件,然后进行访问即可。说明:结构体就是包含若干属性的自定义类型,这里可以不去理解结构体,有需要了解结构体的读者请参见第 9 章。

定义文件指针的一般形式如下:

FILE ＊指针变量;

例如,FILE ＊fp。

C 系统为了处理文件,为每个文件在内存中开辟一个区域,用来存放文件的有关信息,如文件名、文件状态以及文件当前位置等。这个区域被作成一个称为 FILE 类型的结构体。FILE 的类型由系统定义,保存在头文件 stdio.h 中,它的具体结构我们暂时不用关心。C 程序中用指向 FILE 类型变量的指针变量(简称文件指针)来标识具体文件。变量声明如下:

FILE 　　＊fp ;//filepoint 声明了一个文件指针变量 fp,以后 fp 可以用来指向具体文件

C 系统引进几个常量标志文件处理状态。最常用的是 EOF 和 NULL,它们是 stdio.h 中预定义的常量。EOF(end of file)的值为-1,习惯上表示文件结束或文件操作出错; NULL 的值为 0,习惯上表示打开文件失败等。

在程序设计中,我们使用文件的步骤一般是:①打开文件就是将文件指针指向文件,为其开辟文件缓冲区;②操作文件就是对文件进行读、写、追加和定位操作;③关闭文件就是断开文件指针和文件间的关联,释放文件缓冲区。

我们通过 stdio.h 中提供的标准 I/O 库函数就可实现这些操作。

5.3.2　文件的打开

在对文件进行操作之前,我们需要先定义一个文件指针,用它来指向要打开的文件,以后文件的引用就用这个文件指针来指示。打开文件需要调用文件打开函数 fopen( )来实现,打开文件的同时,需要指明文件的具体使用方式,表明对文件进行何种操作(读、写或追加)。

文件打开函数调用的一般形式如下:

文件指针名＝fopen(文件名, 文件使用方式);

fopen( )函数功能是按指定的文件使用方式(读、写或追加打开文件)打开文件,其中文件路径是要打开的文件名,通常是字符串常量或字符串数组。文件使用方式要指明打开文件的类型和读写方式。

用 fopen()函数打开数据文件,fopen()函数的调用方式如下:

    FILE *fp;

    fp=fopen(文件名,打开文件方式);

文件名是一个字符串,表示要打开的文件名;fp 是文件指针变量,我们将打开文件的首地址赋给 fp,以后在程序中即可使用 fp 指向该文件。函数返回值:若文件打开成功,返回非 NULL 的指针;若文件打开失败,返回 NULL。文件使用方式的含义如表 5-3 所示,文件打开方式就是使用方式,文件使用方式如表 5-4 所示。

若要打开 D 盘根目录下的二进制文件 filename2,只允许对其进行读操作,可写成:

FILE *fp;

fp=("D:\filename2","rb"); //以只读方式打开二进制文件

若要打开当前目录下 filename1. txt 文件,只允许进行读操作,可写成:

FILE *fp;

fp=("filename1","r"); //以只读方式打开文本文件

表 5-3   文件使用方式的含义

字符	含义
r	读(read)
w	写(write)
a	追加(append)
t	文本文件(text),可省略不写
b	二进制文件(binary)
+	读和写

提示:C 语言中,默认的文件类型为文本文件,当未指明文件类型,C 编译系统按文本文件进行处理。

fopen()根据指定方式打开指定的文件。

$$返回值=\begin{cases}指向文件的指针 & 操作成功\\ NULL & 出错\end{cases}$$

例如:

fp = fopen("file.txt","r");

以只读方式打开 file.txt 文件。如果成功,则 fp 值就是文件 file.txt 的首地址,并且只允许对文件进行读操作;否则,fp 的值是 NULL,即 0。以下代码用于处理异常情况,即文件打开不成功时终止程序的继续执行。

if((fp=fopen("file1","r"))==NULL)

{

    printf("cannot open this file\n");

    exit(0);   //终止程序的执行

}

表 5-4　文件使用方式

文件使用方式	意义
rt/rb	以只读方式打开一个文本(或二进制)文件,若文件不存在,则返回 NULL
wt/wb	以只写方式打开一个文本(或二进制)文件。若打开的文件不存在,则建立一个新文件,若文件已经存在,则将原有文件内容清空
at/ab	以追加方式打开一个文本文件(或二进制),并在文件末尾写数据。若文件不存在,则新建一个文件,并添加数据
rt+/rb+	以读写方式打开一个文本文件(或二进制)
wt+/wb+	以读写方式打开或建立一个文本文件(或二进制)
at+/ab+	以读写方式打开一个文本文件(或二进制),允许读,或在文件末尾追加数据

【案例 5-22】以只读方式打开一个文件,并判断文件是否被成功打开,操作结束后关闭文件。

```
#include<stdio.h>
#include<stdlib.h>   //支持 exit(0)函数
int main( ){
    FILE   * fp；  /* 定义 FILE 类型的指针变量 fp */
    fp = fopen("file1. txt","r")；
    //fp = fopen("file1. txt","w")；
    if(! fp)
    {
        printf("文件打开失败! \n")；
        exit(0)；//终止程序的执行
    }
    printf("文件打开成功! \n")；
    fclose(fp)；
} //example5-22. cpp
```

说明:① +表示既可读也可写。②带 a 的表示追加,带 b 的表示二进制文件。③"r+"和"w+"的区别。若文件不存在,"w+"会建立一个新文件,"r+"则不会。如果文件已经存在,用"w+"方式打开会删除它的内容,用"r+"方式打开则不会。④文件既可以用文本方式打开,也可以用二进制方式打开,其操作速度有差别,二进制方式速度更快。

【案例 5-23】输入一个文件名,以可读写方式打开该文件,并输出是否打开成功。

```
#include <stdio.h>
#include <stdlib.h>
int main( ){
    FILE  * fp；//文件指针
    char inputfile[20] ；//字符串存储文件名
    printf("请输入文件名: ")；
    scanf("%s",inputfile)；            //输入要打开的文件名
```

```
    fp = fopen(inputfile, "w+");    //以读写方式打开文件
    if (fp == NULL)                 //文件不存在,打开失败
    {
        printf("%s 打开失败! \n", inputfile);
        exit(0);
    }
    else                //文件存在,打开成功
        printf("%s 打开成功! \n", inputfile);

    return 0;
}  //example5-23. cpp
```

5.3.3 文件的关闭

当使用完文件后,我们需要将文件关闭,释放相应的文件缓冲区,这实质上就是将文件指针与文件之间的联系断开,不能再通过该文件指针对文件进行操作。在编写程序时应该养成及时关闭文件的习惯,如果不及时关闭文件,文件数据有可能丢失。文件关闭需要调用文件关闭函数 fclose( )来实现。

文件关闭函数调用的一般形式如下:

    fclose(文件指针);

其中文件指针是接收 fopen( )函数返回值的 FILE 类型的指针变量。函数功能是关闭文件指针所指向的文件。

用 fclose 函数关闭文件的调用形式如下:

    fclose(fp);

其中 fp 是打开文件时指向文件首地址的指针变量。

$$返回值 = \begin{cases} 0 & \text{操作成功} \\ EOF & \text{出错} \end{cases}$$

函数返回值:若文件关闭成功,返回值为0;若文件关闭失败,则返回非0值。

例如:fclose(fp);//关闭 fp 所指向的文件

5.3.4 文件的格式读写函数

读/写多个含格式的数据时选用 fscanf( )和 fprintf( )函数。函数 fscanf( )和 fprintf( )与函数 scanf( )和 printf( )的功能相似。区别在于函数 fscanf( )和 fprintf( )的操作对象是一般文件,而 scanf( )和 printf( )的操作对象是标准输入输出设备。格式化读写是把数据按fscanf( )和 fprintf( )函数的格式控制字符串中控制字符的要求进行转换,然后再进行读/写。函数调用的一般格式如下:

    fprintf(文件指针 ,格式字符串 ,输出表列);
    fscanf(文件指针 ,格式字符串 ,地址表列);

例如:

    fprintf(fp ,"%d,%6.2f" , i,f);

其作用是将整型变量 i 和实型变量 f 的值按照%d 和%6.2f 的格式输出到 fp 所指文件中。

例如：

fscanf(fp ,"%d,%6.2f", &i,&f);

其作用是从 fp 所指向的文件中,按%d,%6.2f 的格式读取数据并送入相应变量的内存中。

特别注意:文件的读写格式应保持一致,格式读写函数通常用于文本文件。

【案例 5-24】将 1~1 000 中满足下列给定条件的整数写入文件中,并显示输出结果。给定的条件是:除以 3 余 1,除以 5 余 3,除以 7 余 5,除以 9 余 7。

```c
#include<stdio.h>
#include<stdlib.h>
int main( )
{
    int number = 0;      //存储从文件读取的数据
    int i = 0;           //循环控制变量
    int count = 0;       //计数器,记录符合条件数的个数
    FILE  * fd;          //文件指针
    if( ( fd=fopen( "file4. txt" ,"w+" ) )==NULL)
    {
        printf( "Cannot Open File" );
        exit(0);
    }
    for (i=1;i<1000;i++)
        if(i%3==1&&i%5==3&&i%7==5&&i%9==7)
        {
            fprintf(fd,"%d ",i);//将满足条件的数据写入文件
            count++;             //写入数据计数
        }
    rewind(fd);            //将文件位置指针移动到文件开始
    do
    {
        fscanf(fd,"%d" ,&number);//从文件中读出数据并放到 number 中
        printf( "%d " ,number);
    } while(--count);
    printf( "\n" );
    fclose(fd);
} //example5-24. c
```

运行结果如下:

313   628   943

5.4 综合应用案例分析

本节主要内容为:计算平均成绩、超市计费系统 2.0 版、猜数游戏 2.0 版。

5.4.1 计算平均成绩

【案例 5-25】输入一批成绩,计算平均分。

分析解决问题的思路和方法。

结构化程序设计的基本思想:自顶向下、逐步求精和模块化。

第一步,确定解决问题的基本思路和步骤。我们得到总体的流程图,解决问题的总体思路如图 5-25(a)所示。

第二步,确定数据的输入方式,即确定输入函数、变量个数、数据类型和名称。

(1)scanf()。优点:能完成多种数据类型输入。缺点:需要在变量前加取地址符。

(2)getchar()。优点:专门输入单字符。缺点:不能输入多种数据类型。

(3)常用整数或浮点数变量名:x,y,z 或 grade/score,total/sum,average,n/m/num。

第三步,确定计算平均分模块的处理方式,即确定模块结构和计算过程。

(1)确定处理模块的结构:顺序结构、选择结构或循环结构。

(2)循环结构需要确定是采用当型还是直到型,采用 for,while 还是 do…while。for 是当型循环结构,循环次数是确定的;while 是当型循环,循环次数是确定或不确定的;do…while 是直到型循环,循环次数是确定或不确定的。

(3)确定循环控制变量、循环条件和循环次数。

分析:该问题也是一个求累加和。由于不知道输入数据的个数,我们无法事先确定循环次数。因此,我们可以用一个特殊的数据作为正常输入数据的结束标志,如选用一个负数作为结束标志。也就是说,循环条件可以确定输入成绩 grade 为非负数,即 grade ≥0。使用 while 和 do-while 都可以实现,可以得到如图 5-25(b)和图 5-25(c)所示的两种流程图。

①使用 while 实现。

```
scanf("%f", &grade);
while (grade>= 0)
{
    total   = total + grade;
    num++;
    scanf ("%f", &grade);
}
```

②使用 do-while 实现。

```
do
{
        scanf ("%f", &grade);
        total   = total + grade;
        num++;
} while (grade>= 0);
```

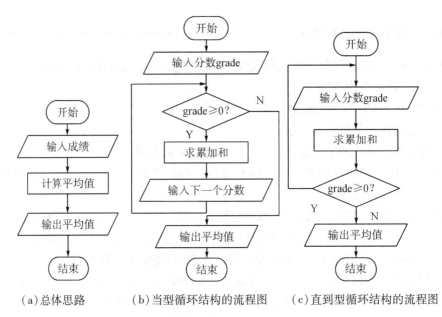

（a）总体思路　　　（b）当型循环结构的流程图　　　（c）直到型循环结构的流程图

图 5-25　流程图

第四步,确定处理结果的输出方式,即确定输出函数。

（1）printf( )。优点:能完成多种数据类型输出。缺点:输出格式更复杂。

（2）putchar( )。优点:专门输出单字符,格式简单。缺点:不能输出多种数据类型。

输出数据是平均值,因此采用 printf( )函数完成。

第五步,整合以上的分析结果,得到整个算法的处理流程图。

第六步,根据上一步得到的算法流程图,将其中处理文字采用类似代码进行符号化,得到类代码的算法流程图,可以得到如图 5-26（a）和图 5-26（b）所示的两种流程图。

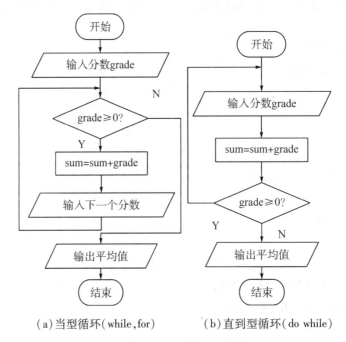

（a）当型循环（while,for）　　　（b）直到型循环（do while）

图 5-26　细化得到的流程图

第七步,根据算法流程图写出程序代码,在机器上进行调试、编译、连接和执行,最后得到正确的运行结果。

方法一:使用 while 实现。

```c
#include <stdio.h>
int main( )
{
    int num = 0;          //表示学生数
    float grade = 0;      //表示分数
    float total = 0;      //表示总成绩
    printf("Enter grades：\n");
    scanf("%f", &grade);              //输入第 1 个数
    while (grade>= 0)                 //输入负数,循环结束
    {
        total = total + grade;        //求累加和
        num++;                        //计算学生数
        scanf ("%f", &grade);
    }
    if (num! = 0)
        printf("Grade average is %.2f\n", total/num);
    else
        printf(" Grade average is 0\n");
} //example5-25. cpp
```

思考题:使用 do-while 和 for 能否实现?

方法二:使用 do-while 实现。

```c
#include <stdio.h>
int main( )
{
    int num = 0;          //表示学生数
    float grade = 0;      //表示分数
    float total = 0;      //表示总成绩
    printf("Enter grades：\n");
    //scanf("%f", &grade);
    do
    {
        scanf ("%f", &grade);     //输入成绩
        total = total + grade;    //求累加和
        num++;                    //计算学生数
    } while (grade>= 0);          //输入负数,循环结束
    if (num>1)
```

```
        printf("Grade average is %.2f\n", (total-grade)/(num-1));//多计算一次
    else
        printf("Grade average is 0\n");
}
```

方法三:使用 for 实现。

```
#include <stdio.h>
int main(){
    int num = 0;     //表示学生数
    float grade = 0;  //表示分数
    float total = 0;  //表示总成绩
    printf("Enter grades:\n");
    scanf("%f", &grade);          //输入第 1 个数
    for(;grade>= 0;){             //输入负数,循环结束
        total = total + grade;    //求累加和
        num++;                    //计算学生数
        scanf("%f", &grade);     //输入成绩
    }
    if(num>1)
        printf("Grade average is %.2f\n", total/num);
    else
        printf("Grade average is 0\n");
}
```

5.4.2 超市计费系统 2.0 版

5.4.2.1 问题描述

前面我们已经完成了只对一件商品进行计费的超市计费系统的开发。接下来考虑更为贴近实际的需求:对某个顾客某次购物的多种商品进行计费。

5.4.2.2 问题分析与设计

程序如何设计呢? 其实计算机什么都不会,都是人在告诉计算机如何做,即计算机程序模拟我们的工作过程。

那我们是如何对多种商品计费呢? 逻辑很简单:处理第 1 件商品的应付总额,处理第 2 件商品的应付总额……直到处理完最后一件商品,然后将总的应付额加起来输出即可。

此时程序需要循环地做某些事。在具体的操作过程中我们面临一个问题"什么时候计费结束?",即如何表达某种商品是最后一种商品了。我们有多种解决办法。在此给出一种简单的方法,当用户输入商品数量为 0 时即宣告计费结束。

5.4.2.3 迭代实现过程

(1)第 1 次迭代,确定程序设计思路。

```
/* 超市计费系统 2.0 版:处理多件商品,设计思路 */
#include <stdio.h>
```

```c
int main( )
{
    /* 1. 处理一件商品的计费 */
    /* 2. 重复步骤1,直到最后一种商品计费完毕 */
    /* 3. 输出本次购物总的应付金额 */
}
```

(2)第2次迭代。

在 C 语言中表达重复做某件事需要引入程序流程控制中的循环控制语句。我们先用简单的 do while 语句来表达。

```c
/* 超市计费系统2.1版:处理多种商品,设计思路、程序总体结构 */
#include <stdio.h>
int main( )
{
    /* do
        {
            将该种商品的应付额加至应付总额中
        } while(该商品不是最后一种); */
    /* 输出本次购物总的应付金额 */
}
```

(3)第3次迭代。

本次迭代的难点:①判断该商品是否为最后一种;②对一种商品进行订费。

显然,难点②已经在前面的开发中被解决。对于难点①前面也提供了一种解决方法,当输入该种商品数量为0时,即表示再也没有商品需要计费了。从而程序演化如下:

```c
/* 超市计费系统2.2版:处理多件商品,实现设计思路 */
#include <stdio.h>
int main( )
{
    int num = 0;      //商品的数量
    double price = 0;     //商品的价格
    double discount = 0;//商品的折扣
    double total = 0;     //应付总额
    total = 0.0; //计费求和前先清0
    do
    {
        printf("请输入商品的数量:");
        scanf("%d", &num);
        if (num == 0)
        {
            break; //退出 do while 语句,执行它后面的语句
        }
```

```
        printf("请输入商品的价格:");
        scanf("%lf", &price);
        printf("请输入商品的折扣:");
        scanf("%lf", &discount);
        total = total + num * price * discount;
    } while (num != 0);
    printf("您本次购物应付的金额为%.2f 元。", total);  //输出本次购物应付金额
}
```

（4）第 4 次迭代，优化软件，得到最终版本。

程序运行结果无误后，优化界面设计，增加标题和分隔线，然后适当增加注释，等等，我们得到最后的版本。

```
/ * 功    能:简单的超市计费系统 2.0 版 * /
#include <stdio.h>
int main()
{
        ……/ * 见源代码 * /
    printf("\t 欢迎使用简单超市购物计费系统！\n");
    printf("===========================\n");
        ……/ * 见源代码 * /
    / * 输出本次购物总的应付金额 * /
    printf("\n===========================\n");
    printf("您本次购物应付的金额为%.2f 元。\n", total);
    printf("欢迎您下次再次惠顾本超市，再见！\n");
    printf("===========================\n");
}
```

5.4.3 猜数游戏 2.0 版

5.4.3.1 问题描述

我们面临的项目任务为实现猜数游戏。细化的具体任务为计算机随机产生[0..100)中的一个整数，看玩家猜测几次能猜对，然后根据玩家猜的总次数做出评价。

我们利用函数和模块化程序设计的方法重写前面章节已经实现过的猜数游戏 1.0 版，将它升级为 2.0 版。由于之前我们已经展示了如何进行迭代开发，这里不再展示迭代开发过程，但展示了项目的开发过程（需求分析、系统设计和系统实现）。

5.4.3.2 需求分析

系统需要完成 3 项任务，实现如下功能：①计算机随机产生[0..100)中的一个整数；②玩家进行猜测，猜对为止；③根据猜测次数进行评价。

5.4.3.3 系统设计阶段

该阶段应该完成的任务如下：①确定系统包含的模块、每个模块的功能、输入输出内容；②确定模块间的接口和模块间如何传递数据；③确定系统工作流程。

步骤一:划分模块，确定各模块的功能及输入输出内容。

（1）初始化模块 init。

功能：计算机随机产生[0..100)中的一个整数。

输入：无。

返回：返回随机产生的[0..100)中的的整数。

（2）玩家玩游戏模块 play。

功能：玩家进行猜测，猜对为止，并返回猜的总次数。

输入：init 模块产生的待猜[0..100)中的随机数。

返回：玩家猜对时的总次数。

（3）评价模块 getScore。

功能：根据用户猜的次数做出评价。

输入：玩家猜对时的总次数。

返回：无。

步骤二：确定各模块的接口及系统整体工作流程如下：

计算机随机产生[0..100)中的数。

while（玩家猜的数 != 计算机产生的数）

{

让玩家猜一次；

次数加 1；

根据猜测结果进行大了或小了的提示；

}

根据猜测的总次数进行评价，并提示玩家是否继续游戏。

5.4.3.4 系统实现阶段

根据前面章节已经实现的猜数游戏 1.0 版的基础，我们可以很容易地利用函数实现系统的开发。

```
/ * *
* 项目名称:猜数游戏 2.0 版
* 作    者:ABC
* 开发日期:2011 年 6 月 22 日
* /
#include <stdio.h>
#include <stdlib.h>
int init( );//初始化函数的声明
int play(int);//玩家玩游戏函数的声明
void getScore(int);//评价函数的声明
int main( )
{
    int cnum = init( );   //随机产生[0..100)中待猜的一个整数。
    int pcount = play(cnum);//玩家猜对时的总次数。
    getScore(pcount);//根据玩家猜对时的总次数进行评价。
```

```
    }
/ * *
 * 名称:初始化函数
 * 功能:随机产生[0..100)中的一个整数。
 * 输入:无
 * 输出:返回随机产生[0..100)中的一个整数。
 */
int init()
{
    srand(time(NULL));
    return (rand() % 100);
}
/ * *
 * 名称:玩家玩游戏函数
 * 功能:玩家猜测,直到猜对为止。
 * 输入:随机产生[0..100)中的一个整数。
 * 输出:返回玩家猜对时的总次数。
 */
int play(int cnum)
{
    int gnum = 0; //玩家猜的数
    int gcount = 0; //记录玩家猜对时的总次数
    printf("=====猜数游戏2.0版=====\n");
    printf("请输入你猜的数[0..100):\n");
    scanf("%d", &gnum);
    gcount = gcount + 1;
    while (gnum != cnum)
    {
        if (gnum > cnum)
        {
            printf("你猜的数%d 大了,请重新猜[0..100):\n", gnum);
        }
        if (gnum < cnum)
        {
            printf("你猜的数%d 小了,请重新猜[0..100):\n", gnum);
        }
        scanf("%d", &gnum);
        gcount = gcount + 1;
    }
```

```
        return gcount;
}
/ * *
* 名称:评价函数
* 功能:根据玩家猜对时的总次数进行评价。
* 输入:玩家猜对时的总次数。
* 输出:无返回值。
*/
void getScore(int pcount)
{
    if (pcount <= 2)
    {
        printf("厉害了,你猜了%d 次就猜出来了!", pcount);
    }
    else if (pcount <= 5)
    {
        printf("太有才了,你猜了%d 次就猜出来了!", pcount);
    }
    else if (pcount <= 8)
    {
        printf("不错不错,你猜了%d 次就猜出来了!", pcount);
    }
    else
    {
        printf("笨笨,你猜了%d 次才猜出来!", pcount);
    }
}
```

第三部分　学习任务

5

循环结构

6 一维数组

第一部分 学习导引

【课前思考】在【案例5-4】中,输入一行字符,统计其中英文字符、数字字符和其他字符的个数。如果现在要求统计输入信息或一个文本文件中各个数字(0~9)、空白符(空格符、制表符及换行符)以及所有其他字符出现的次数,怎么处理?

所有字符可以分成12类,使用12个统计变量可以完成,但显然不方便。如果使用一个数组存放各个数字出现的次数,则很好处理。

在这一章中将介绍C语言程序的数组,数组是一段连续的内存变量,每个变量都有一个具体的下标,把一组变量连续存放在内存中,具有很实用的价值,如可以存放字符串等。

【学习目标】理解一维数组及其下标,掌握初始化数组的方法,掌握指向一维数组的指针和一维数组作为函数参数的使用,掌握简单的栈、队列和函数的嵌套调用,掌握简单查找和排序算法。

【重点和难点】重点:一维数组的声明、初始化及其在函数和指针中的应用;难点:递归、冒泡排序算法、直接选择排序算法和二分查找算法。

【知识点】数组、一维数组、指针与函数、队列与栈、函数嵌套和递归、查找和排序。

【学习指南】熟悉并掌握数组的数据组织形式,熟悉并掌握一维数组的定义、初始化及其应用,熟悉并掌握一维数组在函数和指针中的应用,理解并掌握队列、栈和函数嵌套调用及其应用,理解并掌握常用排序和查找算法。

【章节内容】一维数组的基本使用,一维数组与函数和指针,队列、栈和函数的嵌套调用,排序专题,查找专题,综合应用案例分析。

【本章概要】一维数组是有序数据的集合,数组中的元素在内存中连续存放,每个元素都属于同一种数据类型。数组是一段连续的内存变量,每个变量都有一个具体的下标。把一组变量连续存放在内存中,具有很实用的价值。

一维数组通过常量来定义数组长度。与变量相同,数组可以先定义再初始化,也可以在定义时同时进行初始化,但是初始化数据不能超过数组长度。用数组名和下标可以唯一地确定数组元素,数组下标是范围是 0 到 n-1,不能越界。

指针变量是一种特殊的变量,只能存放地址,可以存放变量的地址、数组的地址或函数的入口地址。数组名本身又是地址,指针可以指向一维数组即指向内存中的起始地址,直接将数组赋值给指针。指针指向数组后,关于数组元素的引用,既可用下标法(a[i]和 p[i]),也可用指针法[*(a+i)和*(p+i)]。指向一维数组后指针可以进行算术运算和关系运算。算术运算包括指针变量可以加/减一个整数运算(px±n、px++/++px、px--/--px),而且两个指向同一类型的指针(px-py)可以做减法运算,其差为两个指针之间的距离。关系运算反映两个指针变量之间的关系,可以进行六种比较运算(>、<、==、!=、>=、<=),要求两个指针要指向同一类型数据,如同一数组。

一维数组和指向一维数组的指针还可以作为函数参数,通常需要将数组长度也作为函数参数,数组名可以不带长度。当一个函数调用另一个函数时,实参和形参之间传递数据,相互之间可能会产生影响。用变量、数组名或指针变量分别作为参数时,实参与形参的关系表如表 6-1 所示。

表 6-1　实参与形参的关系表

实参类型	形参类型	形参对实参的影响
变量	变量	形参变化,实参不变
变量地址	指针	形参变化,实参做相同变化
数组名	数组名	形参变化,实参做相同变化
数组元素	变量	形参变化,实参不变
数组名	指针	形参变化,实参做相同变化
指针	数组名	形参变化,实参做相同变化
指针	指针	形参变化,实参做相同变化

因为定义的数组长度固定,无法被改变,动态内存分配技术可以保证在程序运行过程中,按照实际需要申请适量的内存形成动态数组,使用结束后还可以释放内存空间。C语言提供了 malloc()函数分配空间,需要用指针指向分配的内存空间。为了避免内存空间丢失,使用完后我们需要调用 free()函数释放内存空间。

队列是先进先出的数据结构,栈是后进先出的数据结构,采用数组很容易实现队列和栈。函数嵌套调用实际上会在内存中形成栈的调用结构,函数的递归调用是一种自己调用自己的函数嵌套调用。递归函数的优点是程序简单,缺点的是运行效率低。

查找和排序是数组中使用最频繁的操作,这里排序方法主要有冒泡排序、直接选择排序、直接插入排序等。查找主要有顺序查找、二分查找等方法。直接选择排序法是从待排序的数中选出其中的最小数,将该最小数放在已排好序的数据的最后,直到全部的数据排序完毕。冒泡排序法(可以分为上浮法和下沉法,这里讲的是上浮法)的思路是将相邻的两个数比较,将小的调到前面。顺序查找就是按顺序一个一个地查找数据,看是否与要查找的数据相等。二分查找又称为折半查找,使用二分查找的前提为数据是有顺序的,基本的思想是每次从中间位置开始比较,然后再分别在高半区间或者低半区间继续查找。

第二部分 学习材料

6.1 一维数组的基本使用

本节主要内容为：一维数组的定义和初始化、一维数组元素的引用形式、文件的格式读写函数。

6.1.1 一维数组的定义和初始化

6.1.1.1 一维数组的定义

数组(array)的最简单形式是用来表示数列,如某班学生的考试成绩表、某公司的职员名单列表、每天最高和最低温度数据表、每周产品的销售数量表、每个城市某种汽车使用情况调查表等。

数组是有序数据的集合,数组中的元素在内存中连续存放,每个元素都属于同一种数据类型。用数组名和下标可以唯一地确定数组元素,下标是数组名后面位于方括号中的数字,可用于指定数组中各个元素的编号。

这些描述都可以用数组来表示:

某班 61 个学生的考试成绩 ------------float score[61];

某公司 80 个职员的工号列表 ----------int No[80];

每天最高温度数据表 -----------float highTemp[365];

每周产品的销售数量表 --------int produce[25];

每个城市某种汽车使用情况调查表 ----------int car[31];

这一章将介绍 C 语言的数组,数组是一段连续的内存变量,每个变量都有一个具体的下标。把一组变量连续存放在内存中,具有很实用的价值,如可以存放字符串等。

【案例 6-1】求数组 a[10]的所有元素之和。

算法分析:假设数组 a 中有 10 个 int 型数据,求它们的和,我们应从第 1 个数据开始,逐个累加,直至第 10 个数据。因此,我们需要定义数组,指明数组的名称为 a,类型为 int/float,数组的元素个数为 10,并给每个元素赋值。此外,我们还需要声明一个变量 sum/total,用来计算累加和,初始值为 0,在 0 的基础上逐个累加数组的元素值。因为数组元素个数较多,适合用循环来计算累加和,我们需声明一个循环控制变量 i,由 i 控制循环次数。

按照 C 语言的规则,数组的下标从 0 开始,到 9 结束。

```
#include<stdio.h>
int main()
{
    int a[10] = {1,2,4,5,6,7,7,4,36,5};    //数组定义并初始化
    int i = 0; //数组下标,循环控制变量
    int sum=0;                //求和
    for (i = 0;i < 10;i++)      //在循环中计算元素累加和
```

```
            sum += a[i];
        printf("数组元素累加和是:%d\n",sum);   //输出计算结果
        printf("数组占用的存储空间长度:%d 字节\n",sizeof(a));
        return 0;
    }   //example6-1.cpp
```

输出结果：

数组元素累加和是:77

一维数组的定义方法一般为：

类型标识符　数组名[常量表达式];

其中类型标识符指定数组的类型,如 int、float、char 等,数组名应为合法的标识符;而常量表达式表明了数组所能存储的元素个数,也称为数组长度。

例如：

float a[10];

把 a 定义为一个含有 10 个实数的数组,其中数组的下标是 0~9。

温馨提示:在定义数组时,数组的长度必须是一个常量,或符号常量,或常量表达式,不可以是一个变量或变量表达式。也就是说,C 语言不允许对数组的大小做动态定义。

例如,下面这样定义数组是错误的：

int n = 0; //数组长度

scanf("%d",&n);//在程序中临时输入数组的大小

int b[n];//定义数组

在 C 语言中,当定义了一个数组后,编译器将留出一块足够容纳整个数组的内存。各个数组元素在内存中被顺序存储。例如,如果要用数组 number 表示含有 5 个数字的集合(35,22,40,56,11),可以这样定义 number：

    int number[5];

编译系统将按顺序为 number 保留 5 个元素的连续存储空间,每个元素占据一定的字节单元。在 TurboC 编译系统中一个 int 型数据占据 2 个字节,5 个元素共占用 10 个字节,在 Visual C++6.0、Dev-C++和 VS2010 编译系统中一个 int 型数据占据 4 个字节,5 个元素共占用 20 个字节。

6.1.1.2　一维数组的初始化

程序可以为数组中每个元素赋值:number[0]=35;number[1]=22;number[2]=40;number[3]=56;number[4]=11;从而使数组 number 保存这些数值,一维数组的初始化如图 6-1 所示。

number[0]	number[1]	number[2]	number[3]	number[4]
35	22	40	56	11

图 6-1　一维数组的初始化

我们在定义数组时还可以为各个单元设置初始化的值。一维数组的初始化有 4 种方式。

(1)定义时给所有元素赋值,例如：

int number[5] = {35,22,40,56,11};

定义数组 number[5],并且设置 number[0] = 35,number[1] = 22,number[2] = 40,number[3] = 56,number[4] = 11。

（2）定义时给部分元素赋值,例如：

int number[5] = {35,22};

定义数组 number[5],并且设置 number[0] = 35,number[1] = 22,number[2] = 0,number[3] = 0,number[4] = 0,即后面没有赋值的元素全部设置为 0。

（3）定义时给所有元素赋值,则可以不设置数组的大小,例如：

int number[] = {35,22,40,56,11}与 int number[5] = {35,22,40,56,11}等价。

（4）可以先定义,后对数组元素逐项初始化,例如：

int number[5];

number[0] = 35; number[1] = 22; number[2] = 40; number[3] = 56; number[4] = 11;

【案例 6-2】通过键盘输入若干字符,并在屏幕上输出。

算法分析：首先定义一个数组 str,该数组包含 60 个元素。因为元素个数和元素的值未知,需要从键盘输入,输入过程采用 do…while 循环。然后,我们可以通过循环进行输出。

```cpp
#include <stdio.h>
int main() {
    int i = 0; //数组下标,循环控制变量
    char str[60]; //字符串
    printf("请输入一串字符:");
    //scanf("%s",str);
    do
    {
        scanf("%c",&str[i]);
    } while (str[i++] != '\n');
    str[i-1]='\0'; //思考题:不加这条语句会出现什么后果?
    printf("输入的字符串是:%s\n",str);
    i = 0;
    while (str[i] != '\0')
    {
        printf("%c",str[i]);
        i++;
    }
    printf("输入的字符串是:%s\n",str);
    printf("\n");
    return 0;
} //example6-2.cpp
```

运行结果如图 6-2 所示。

图 6-2　运行结果

在 C 语言中,我们把字符串当作字符的数组来处理。字符串的大小表示字符数组的长度或字符串中所含字符的个数。例如,如果要用数组 name 表示字符数组,最多可以保存 10 个字符,可以这样定义 name:

char name[10] = "Well Done";

编译系统遇到一个字符串时,存储器将自动在串尾给它添加'\0'作为字符串结束标志。当定义字符数组时,我们必须留出一个额外的元素空间来保存结束标志。"Well Done"在内存中的存储情况如图 6-3 所示。

name[0]	name[1]	name[2]	name[3]	name[4]	name[5]	name[6]	name[7]	name[8]	name[9]
'W'	'e'	'l'	'l'	' '	'D'	'o'	'n'	'e'	'\0'

图 6-3　字符数组的存储情况

6.1.2　一维数组元素的引用形式与随机数生成函数

6.1.2.1　一维数组元素的引用形式

【案例 6-3】使用一维数组计算如下表达式:

$$Total = \sum_{i=1}^{10} x_i^2$$

其中,x_1,x_2,$\cdots$,x_{10}的值分别等于 1.1、2.2、3.3、4.4、5.5、6.6、7.7、8.8、9.9、10.1。

算法分析:首先定义一个数组 x,其中有 10 个元素。因为每个元素的值已知,直接进行初始化。然后通过循环进行累加计算,最后通过循环输出结果。

```
#include<stdio.h>
int main()
{
    int i = 0;   //数组下标,循环控制变量
    float total = 0;    //累加和
    float x[10] = {1.1,2.2,3.3,4.4,5.5,6.6,7.7,8.8,9.9,10.1};
    for (i = 0;i <= 9;i++)          //输出每个元素的值
        printf("x[%2d]=%5.2f\n",i+1,x[i]);
    total = 0;

    for (i = 0;i < 10;i++)        //根据要求计算累加和
        total = total + x[i] * x[i];
    printf("\ntotal=%.2f\n",total);     //输出结果
}   //example6-3.cpp
```

运行结果如图 6-4 所示。

```
x[ 1]= 1.10
x[ 2]= 2.20
x[ 3]= 3.30
x[ 4]= 4.40
x[ 5]= 5.50
x[ 6]= 6.60
x[ 7]= 7.70
x[ 8]= 8.80
x[ 9]= 9.90
x[10]=10.10

total=446.86
```

图 6-4　运行结果

在 C 语言中,数组不能整体被引用,我们只能通过数组元素来访问数组。数组元素是组成数组的基本单元,每个数组元素相当于同类型的变量。数组元素的访问方式即为引用,用数组名和下标表明引用的是哪个元素。引用数组元素的一般格式如下:

数组名[下标]

引用与定义数组时不同,下标可以是常量或常量表达式,也可以是已赋值的变量或变量表达式。下标值的含义也不同,代表着数组元素在数组中的排列顺序号。例如,【案例 6-3】中 a[i] 随着 i 值从 0 到 9 变化,那么 a[i] 也随之变成了 a[0],a[1],a[2],…,a[9],逐个引用了这些元素。

数组的下标从 0 开始排列,第 i 个元素表示为“数组名[i-1]”。例如,“int a[5];”中数组 a 的第 3 个元素表示为 a[2]。上述引用数组元素的方法称为“下标法”。C 语言规定,以下标法引用数组元素时,下标可以越界,即下标可以不在长度的范围之内。例如,“int a[3];”能合法使用的数组元素是 a[0],a[1],a[2];而 a[3],a[4] 虽然也能使用,但由于下标越界,超出数组元素的范围,可能使程序产生不可预料的错误运行结果。

特别提醒:数组下标不要越界,否则结果不可知。在程序中要我们避免出现下标越界情况。

输出有 10 个元素的数组的程序中必须使用循环语句逐个输出各个元素:

```
for (j=0;j<10;j++)
    printf("%d",a[j]);
```

我们不能用一个语句输出整个数组。下面写法是错误的:

```
printf("%d",a);    /*a 是数组名*/
```

事实上,a 表示数组的地址,a[i] 表示数组 a 的第 i+1 项值。

【案例 6-4】通过键盘输入若干整数,求其最大值和最小值。

算法分析:首先定义一个数组 a,其中有 100 个元素。因为元素个数和元素的值未知,我们需要通过键盘输入,然后通过循环求最大值和最小值。

```
#include <stdio.h>

int main(){
```

```c
/* 定义变量 */
int a[100]; //整型数组
int i = 0;      //数组下标,循环控制变量
int n = 0; //数组元素个数
int max = 0; //最大值
int min = 0; //最小值
/* 数据输入 */
puts("输入序列中的整数个数:");
scanf("%d",&n);      //输入序列的数据个数
printf("input %d elements:",n);

/* 输入 n 个数存放在数组里 */
for (i = 0;i < n;i++)
    scanf("%d",&a[i]);
//scanf("%d",a);//不合法输入

/* 求最大值模块 */
max = a[0];
for (i = 1;i < n;i++)
{
    if (max < a[i])
        max = a[i];
}

/* 求最小值模块 */
min = a[0];
for (i = 1;i < n;i++)
{
    if (min > a[i])
        min = a[i];
}

/* 输出结果 */
printf("整数数据:");
i = 0;
while (i < n) {
    printf("%d",a[i]);
    i++;
}
```

6
维
数
组

·219·

```
//printf("%d",a);//不合法输出
printf("\n");
printf("最大值是%4d\n",max);
printf("最小值是%4d\n",min);

return 0;
} //example6-4.cpp
```
运行结果如图6-5所示。

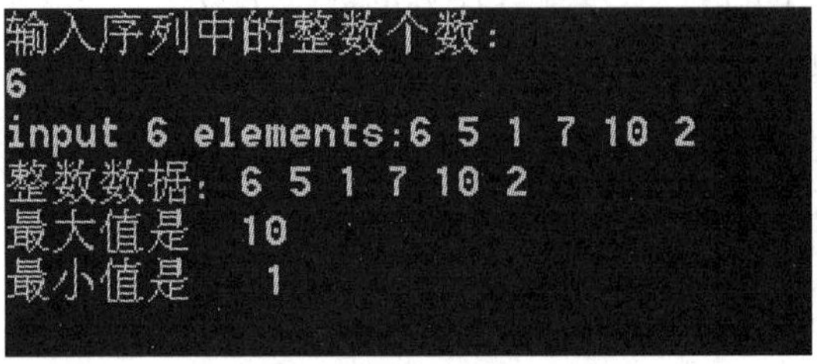

图6-5 运行结果

另一组数据测试结果如下:

请输入序列中的数据个数:10↙

输入的10个数:23 42 13 39 81 84 95 52 29 69

最大值:95

最小值:13

测试用例:

(1)合法值:乱序 3 1 2 10 7 6

(2)非法值:无

(3)边界值:升序 1 2 3 4 5 6,降序 6 5 4 3 2 1

(4)特殊值:个数 n = 1 时

6.1.2.2 随机数生成函数

【案例6-5】产生若干个0~100中的随机整数,存入数组。

算法分析:首先定义一个数组a,其中有100个元素。我们需要通过键盘输入元素个数,然后通过循环,由随机种子产生若干个0~100中的随机整数。

```
#include<stdio.h>
#include<stdlib.h>
#include<time.h>
int main(){
    int n = 0; //随机数的个数
    int i = 0; //数组下标,循环控制变量
    int a[60]; //整型数组
    puts("请输入产生随机数的个数:");
    scanf("%d",&n);                //输入产生的随机整数个数
```

```
        srand((unsigned)time(NULL));          //初始化种子
        printf("产生的%d 个随机数:",n);
        for (i=0;i<n;i++)
        {
            a[i]=rand()%100;//利用随机数函数生成随机数
            printf("%4d",a[i]);
        }


        return 0;
}  //example6-5.cpp
```

输出结果如下所示:

请输入产生的数据个数:10↙

利用随机数生成函数生成 10 个数:

23 42 13 39 81 84 52 29 69 95

随机数生成函数 rand() 和 srand() 是编译系统提供的标准库函数,包含在头文件 stdlib.h 中。rand() 用来随机生成 0 ~ RAND_MAX 中的一个无符号整数,RAND_MAX 是头文件 stdlib.h 中定义的符号常量,其值为 0x7fff 或 32767。rand() 是随机数生成器,没有参数,直接调用即可,每次调用生成一个随机数。srand() 初始化随机数种子,常用当前时间 time(0) 作为随机种子,常用形式如下:

```
srand((unsigned)time(0)); //srand(time(0));
srand((unsigned)time(NULL));
srand(0); //错误用法
```

例如,利用随机数函数产生 10 个整数:

```
#include<stdio.h>
#include<stdlib.h>
int main(){
    int i = 0;
    /*循环 10 次,产生 10 个随机数*/
    for (i=0;i<10;i++)
        printf("%6d",rand());
}
```

运行结果:

41 18467 6334 26500 19169 15724 11478 29358 26962 24464

运行程序后可以产生 10 个随机数,但是每次运行产生的随机数都一样。也就是说,函数 rand() 产生的是伪随机数,因为每次执行该函数时种子都是固定值。

程序修改:

```
#include<stdio.h>
#include<stdlib.h>
#include <time.h>                  //当前系统时间作种子
```

```
int main( ) {
    int i = 0;
    srand( (unsigned)time(0) );        //初始化随机数
    for (i=0;i<10;i++)
        printf("%6d",rand( ));
}
```

该程序每次运行产生的随机数都是不同的,数据在 0~32767。当需要产生某个范围内的随机数时,如 100 以内的整数,则利用表达式 rand( )%100 或 100 * rand( )/(double) RAND_MAX 可以达到要求。

6.1.3　文件的格式读写函数

读/写多个含格式的数据时选用 fscanf( ) 和 fprintf( ) 函数。函数 fscanf( ) 和 fprintf( ) 与函数 scanf( ) 和 printf( ) 的功能相似。区别在于函数 fscanf( ) 和 fprintf( ) 的操作对象是一般文件,而 scanf( ) 和 printf( ) 的操作对象是标准输入输出文件(标准输入输出设备)。格式化读写是把数据按 fscanf( ) 和 fprintf( ) 函数中格式控制字符串中控制字符的要求进行转换,然后再进行读/写。

函数调用的一般格式如下:

　　　fprintf(文件指针 ,格式字符串 , 输出表列);
　　　fscanf(文件指针 ,格式字符串 , 地址表列);

例如:

fprintf(fp ,"%d,%6.2f" , i,f);

其作用是将整型变量 i 和实型变量 f 的值按照%d 和%6.2f 的格式输出到 fp 所指文件中。

例如:

fscanf(fp ,"%d,%6.2f" , &i,&f);

其作用是从 fp 所指向的文件中,按%d 和%6.2f 的格式读取数据送入相应变量的内存中,失败则返回 EOF。

特别注意:文件的读写格式应保持一致,格式读写函数通常用于文本文件。

【案例 6-6-1】找出 500~800 中的全部素数,写入文件,并把素数的个数也写入文件,然后再读出,并显示输出。

说明:本案例参考了【案例 5-18】和源程序 example5-18-1. cpp。

分析:①找出 500~800 中的全部素数并保存在数组 a 中,统计素数的个数 k;②打开文件,将全部数组元素写入文件,把素数的个数 k 也写入;③将文件位置指针移动到文件头,从文件中读出 k 个数据并存放到另一个数组 b 中,将最后一个数据读出并放到 k 中;④将数组 b 中的数据和 k 值输出。

```
//example6-6-1. cpp 读写文件和 example6-6-2. cpp 读取文件
#include <stdio.h>
#include <math.h>
#include <stdlib.h>
int main( ) {
```

```c
    int i = 0;              //外循环控制变量
    int j = 0;              //内循环控制变量
    int s = 0;              //i 的平方根
    int k = 0;              //计数器,记录素数的个数
    int a[50];              //存储找到的素数
    int b[50];              //存储从文件读取的素数
    FILE  * fp;             //定义文件类型指针
    for(i = 500;i <= 800;i++)  {
        s = (int)sqrt((float)i);
        for(j = 2;j <= s;j++)
            if(i % j == 0)
                    break;
        if(j > s)  {
            a[k] = i;
            k++;
        }
    }


    /* 将数组 a 中的数据显示输出 */
    for (i = 0;i < k;i++)
        printf("%d ",a[i]);
    printf(" \n 素数的个数为:%d\n",k);


    fp = fopen("prime.txt","w+");
    if(fp == NULL)
    {
        printf("Connot open file");
        exit(1);
    }
    /* 将素数写入到文件 */
    i = 0;
    while (i < k)
    {
        fprintf(fp,"%4d",a[i]);
        i++;
    }
    rewind(fp);        //将文件位置指针移动到文件开始处
    i = 0;
    /* 读取文件 */
```

6

维
数
组

·223·

```
while (fscanf(fp,"%4d",&b[i])! = EOF)
{
    //fscanf(fp,"%4d",&b[i]);
    i++;
}
k = i;
fclose(fp);           //文件关闭

/ * 将数组 b 中的数据显示输出 */
for (i = 0;i < k;i++)
printf("%d ",b[i]);
printf("\n 素数的个数为:%d\n",k);//显示素数个数

return 0;
}
```

思考题:如何改写为函数?

6.2　一维数组与函数和指针

本节主要内容为:一维数组与指针、一维数组作为函数参数、动态内存分配和动态数组、一维数组常见错误及其排除方法。

6.2.1　一维数组与指针

数组名本身又是地址,与普通变量不同。数组的指针是数组在内存中的起始地址,数组元素的指针是数组元素在内存中的起始地址。

6.2.1.1　指向数组的指针变量的定义

指向数组的指针变量的定义与指向普通变量的指针变量的定义方法一样。例如:

```
int   array[10], * pointer = array(或 &array[0]);
```

或者

```
int   array[10], * pointer;
pointer = array;//ponter = &array[0]
```

【案例 6-7】利用指针变量实现数组元素的输入与输出。

```
#include <stdio.h>
#include <stdlib.h>
#define M 6
int main( ){
    / * 定义数组、变量和指针 */
    int a[M] = {1,2,3,4,5,6};//整型数组
    int i = 0;//数组下标,循环控制变量
    int * p = NULL;//指向数组元素的指针,循环控制变量
    int * p_tail = NULL; //指向数组尾部即最后一个元素的指针
```

```
/*指针加法运算*/
printf("\n 指针加法运算");
printf("输出%d 个整数:\n",M);
p = a;    //指针赋值
for (i = 0;i < M;i++)
    printf("%d %d %d %d \n",p[i],*(p + i),a[i],*(a+i)); //输出元素


printf("\n 指针加法运算");
printf("输出%d 个整数:\n",M);
p = &a[0];    //指针赋值(思考题:这条语句可以删掉吗? 为什么?)
for (i = 0;i < M;i++,p++)
    printf("%d %d \n",*p,a[i]); //指针使用,输出各数组元素值


/*采用指针输入*/
p = a; //指针初始化:使指针变量指向数组首地址(这条语句可以删掉吗?)
printf("\n 输入%d 个整数:",M);
for (i = 0;i < M;i++)
    scanf("%d",p++);    //指针运算:输入各数组元素值


/*指针加法运算*/
printf("\n 指针关系运算");
printf("输出%d 个整数:",M);
p = &a[0];
p_tail = &a[M-1];    //指针赋值
for (i = 0;p < p_tail;i++)
    printf("%d =%d\n ",*p++,a[i]); //指针使用:输出各数组元素值
printf("\n");


printf("\n 指针减法运算");
printf("输出%d 个整数:",M);
p = &a[M-1];    //指针赋值
for (i = M - 1;i >= 0;i--)
    printf("%d =%d\n ",*p--,a[i]);
system("pause");
return 0;
}//example6-7. cpp
```
数组与指针的关系如图 6-6 所示。

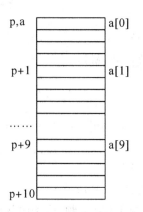

p,a   a[0]

p+1   a[1]

……

p+9   a[9]

p+10

图 6-6　数组与指针的关系

pointer＝array;//还可以表示成 pointer ＝ &array[0]

注意:数组名代表数组在内存中的起始地址(与第 1 个元素的地址相同),因此,我们可以用数组名给指针变量赋值。

数组元素的引用,既可用下标法,如 a[i]和 p[i],也可用指针法如 ＊(a+i)和 ＊(p+i)。使用下标法,显示比较直观;而使用指针法,能使目标程序占用内存少、运行速度快。

6.2.1.2　通过指针引用数组元素

例如,int a[10], ＊p＝a;,则:

(1)p+i 和 a+i 都是数组元素 a[i]的地址,地址是 a+i ＊ size(size 为一个元素占用的字节数)。

(2)＊(p+i)和 ＊(a+i)就是数组元素 a[i]。

(3)指向数组的指针变量,也可将其看作是数组名,因而可按下标法来使用。例如,p[i]等价于 ＊(p+i)。

说明:p+1 指向数组的下一个元素,而不是简单地使指针变量 p 的值加 1。其实际变化为 p+1 ＊ size。运算符 sizeof(int)可以计算一个元素所占的字节数。

特别注意:

(1)指针变量的值是可以改变的,因此,必须注意其当前值,否则容易出错。

(2)指向数组的指针变量,可以指向数组以后的内存单元。但是没有实际意义,而且容易出错,因此最好不要这样。

6.2.1.3　指针运算

对指向数组的指针变量(px 和 py)进行算术运算和关系运算。

(1)指针的算术运算。

可以进行的算术运算有以下几种:px±n,px++/++px,px--/--px,px-py。

①px±n 是将指针从当前位置向前(+n)或回退(-n)n 个数据单位,而不是 n 个字节。

例如,如果有语句"int ＊p, ＊q, ＊r,a[100]; p＝&(a[10]);",则 p+3 指向的实际地址是 &(a[10])+3 ＊ sizeof(int),即 a[13]的地址;若有 q＝p+3;,将使得 q 指向 a[13]。

//example6-7.cpp

/＊指针加法运算＊/

printf("输出%d 个整数:",M);

```
    p = &a[0];    //指针赋值
    for (i = 0;i < M;i++)
        printf("%d = %d ", *(p + i),a[i]);
/* 指针减法运算 */
    p = &a[M-1];    //指针赋值
    for (i = M - 1;i >= 0;i--)
        printf("%d =%d\n ", *p--,a[i]);
```

②与前文一样,"p++"表示"p=p+1","p--"表示"p=p-1"。显然,px++/++px 和 px--/--px 是 px±n 的特例(n=1)。++、--运算符常用于循环语句,使循环变量自动加 1;也用于指针变量,使指针指向数组的下一个地址。

③指针的减法运算包括指针值减去一个整数表达式和两个相容的指针值相减。

C 语言允许对相应指针值减去一个整数表达式。例如,若有"int * p, * q, * r,a[100]; p=&a[10];",则 p-3 指向的实际地址是 &(a[10])-3 * sizeof(int),即 a[7]的地址。若有"q=p-3;",将使得 q 指向 a[7]。

【案例 6-8】指针加减运算。

```
#include <stdio.h>
int main( )
{
    char str[255];//字符数组
    char * p = NULL;//定义指针
    scanf("%s",str);
    p=str;
    while ( * p! ='\0' )
        p++ ;
    printf("The string length is %d \n",p-str);
}    //example6-8. cpp
```

若输入 abcdef,则输出结果为 The string length is 6。

④px-py 是两指针之间的数据个数,而不是指针的地址之差。指针值相容,即所指的对象是同一个类型。两个相容的指针则可以进行相减运算,所得结果是整型值,即两指针值间的距离。

例如:

```
    int *p , * q , * r ,a[100];
    p=&(a[10]);
    q=&(a[15]);
```

则 p-q 得-5,而 q-p 得 5。

我们要特别注意指针加减运算的限制:第一,若指针 p 指向的不是数组成分,或 p+k、p-k 后超出数组定义范围,则其行为是未定义的,将产生不可预料的结果;第二,不能对函数指针、void * 类型指针进行加减运算;第三,不允许两个指针间进行加法运算。

（2）指针的关系运算。

指针的关系运算比较两个指针的大小,表示两个指针所指地址之间和位置的前后关系:前者为小,后者为大。

C语言中可以针对兼容类型的指针进行判等运算和关系运算,得到的结果是逻辑值（C语言没有逻辑型,只有0和1）。

关系运算包括:第一,判断两个指针值是否相等或不相等（==、!=）;第二,比较两个指针值的大小关系（>、>=、<、<=）。

例如:

px<py 判断 px 所指向的存储单元地址是否小于 py 所指向的存储单元地址。

px==py 判断 px 与 py 是否指向同一个存储单元。

px==0、px!=0、px==NULL、px!=NULL 都是判断 px 是否为空指针。

一定要注意:参与关系运算的指针值是否是兼容类型的。如果 p 指向一个 int 类型变量,而 q 指向一个 float 类型变量,进行 p 与 q 的比较是错误的。

```
/* 指针比较运算 */
printf("输出%d 个整数:",M);
p_tail = &a[M - 1];     //指针指向数组的最后一个元素
for (p = a,i = 0; p <= p_tail ;p++,i++)/指针比较运算
    printf("%d = %d ", * p,a[i]);
printf("\n");
```

6.2.2　一维数组作为函数参数

【案例6-9】将数组中的若干个数逆序存放并输出。

分析:本题目的解题关键是数组元素逆序存放,将第一个元素与最后一个元素交换,第二个元素与倒数第二个元素交换,依次进行,直至进行到中间元素为止。注意,交换的次数为数组元素个数除以2。假设数组元素个数为10,则交换的次数为5次。

方法一:利用指针,不用函数。

```
#include <stdio.h>
int main()
{
        int a[10];//整型数组
        int * p1 = a;//指向数组前半部分的指针
        int * p2 = a + 9;//指向数组后半部分的指针
        int i = 0;//数组下标,循环控制变量
        int temp = 0;//临时存储变量
        printf("Input 10 numbers:\n");
        for (i=0;i<10;i++)
            scanf("%d",&a[i]);

        for ( ;p1<p2;p1++,p2--)
            {
```

```
        temp = * p1;
         * p1 = * p2;
         * p2 = temp;
    }

    printf("数组元素逆序后:\n");
    for (i=0;i<10;i++)
        printf("%d ",a[i]);
    printf("\n");
} //example6-9-1.cpp
```

结果如图6-7所示。

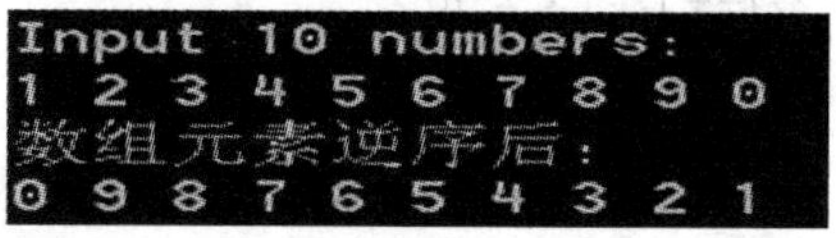

```
Input 10 numbers:
1 2 3 4 5 6 7 8 9 0
数组元素逆序后:
0 9 8 7 6 5 4 3 2 1
```

图6-7　运行结果

思考题:如何改写为函数?

方法二:函数实现,形参用数组名,实参用数组名。

```
#include <stdio.h>
void display(int b[],int n);//显示函数的声明
void inverse (int b[],int n);//逆序函数的声明
void input(int b[],int n);//输入函数的声明
int main(){
    int a[10];//整型数组
    int m = 0;//数组元素个数
    printf("请确定数据个数:");
    scanf("%d",&m);
    input(a,m);
    inverse(a,m);
    printf("数组逆序后:\n");
    display(a,m);
} // example6-9-2.cpp
/*输入函数的实现*/
void input(int b[],int n){
    int i = 0;//数组下标
    printf("输入%d 个整数:",n);
    for (i = 0;i < n;i++)
        scanf("%d",&b[i]);
}
```

```c
/*显示函数的实现*/
void display(int b[],int n){
    int i  = 0;//数组下标
    for (i=0;i < n;i++)
        printf("%4d",b[i]);
    printf("\n");
}
/*逆序函数的实现*/
void inverse(int b[],int n){
    int i = 0;//数组下标,循环控制变量
    int temp = 0;//临时存储变量
    for ( i = 0;i < n/2;i++)//i <= n/2
    {
        temp = b[i];
        b[i] = b[n-1-i];
        b[n-1-i] = temp;
    }
}
```

运行结果如图 6-8 所示。

图 6-8　运行结果

通过键盘输入数组元素个数,我们应该如何实现输入函数? 这里提供两种输入函数的实现方式,数组长度分别由普遍变量和指针变量作为函数参数。

思考题:这两种方式有何异同?

```c
/*输入函数的实现(数组长度用普通变量作为形参)*/
void input(int b[],int n)
{
    int i = 0;//数组下标
    printf("输入%d 个整数:",n);
    for (i = 0;i < n;i++)
        scanf("%d",&b[i]);
}
/*输入函数的实现
参数:b 是数组,pn 是指向数组长度的指针*/
void input(int b[],int  *pn)
{
```

```
        int i = 0;//数组下标
        printf("请确定数据个数:");
        scanf("%d",pn);
        printf("输入%d 个整数:", * pn);
        for (i = 0;i < * pn;i++)
            scanf("%d",&b[i]);
    }
```

用数组作形参内存情况方面,调用函数完成逆序前的内存情况如表6-2 所示,调用函数完成逆序后的内存情况如表6-3 所示。数组作为函数参数,实参与形参同步改变。

表6-2　调用函数完成逆序前的内存情况

起始地址2000	a[0]	a[1]	a[2]	a[3]	a[4]	a[5]	a[6]	a[7]	a[8]	a[9]
	1	2	3	4	5	6	7	8	9	0
	b[0]	b[1]	b[2]	b[3]	b[4]	b[5]	b[6]	b[7]	b[8]	b[9]

表6-3　调用函数完成逆序后的内存情况

起始地址2000	a[0]	a[1]	a[2]	a[3]	a[4]	a[5]	a[6]	a[7]	a[8]	a[9]
	0	9	8	7	6	5	4	3	2	1
	b[0]	b[1]	b[2]	b[3]	b[4]	b[5]	b[6]	b[7]	b[8]	b[9]

方法三:函数实现,形参用指针变量,实参用数组名。

```
#include <stdio.h>
void display(int * p,int n) ;//显示函数的声明
void inverse (int * p,int n);//逆序函数的声明
void input(int * p,int n);//输入函数的声明
int main(){
    int a[10];//整型数组
    int m = 0;//数组元素个数
    printf("请确定数据个数:");
    scanf("%d",&m);
    input(a,m);
    inverse(a,m);
    printf("数组逆序后:\n");
    display(a,m);
} // example6-9-3. cpp
/ * 输入函数的实现 * /
void input(int * p,int n)
{
    int i = 0;//数组下标
```

```c
        printf("输入%d 个整数:",n);
        for (i = 0;i < n;i++)
            scanf("%d",&p[i]);//p++
}
/*显示函数的实现*/
void display(int *p,int n)
{
    int i  = 0;//数组下标
    for (i=0;i < n;i++)
        printf("%4d",p[i]);// *p++
    printf("\n");
}
/*逆序函数的实现*/
void inverse(int *p,int n)
{
    int *pt = p;//指向前半部分
    int *pw =NULL;
    pw =  p + n;//指向后半部分
    int temp = 0;//临时存储变量
    for ( pw--;pt < pw;pt++,pw--)
    {
        temp = *pt;
        *pt = *pw;
        *pw = temp;

    }

}
```

思考题:给出如下输入函数,如何调用这个输入函数?

```c
/*输入函数的实现
参数:p 是指向数组的指针,pn 是指向数组长度的指针*/
void input(int *p,int *pn){
    int i = 0;//数组下标
    printf("请确定数据个数:");
    scanf("%d",pn);
    printf("输入%d 个整数:", *pn);
    for (i = 0;i < *pn;i++)
        scanf("%d",p++);
}
```

用指向数组的指针作形参内存情况方面,调用函数完成逆序前的内存情况如表6-4所示,调用函数完成逆序后的内存情况如表6-5所示。指向数组的指针作为函数参数,实参与形参同步改变。

表6-4 调用函数完成逆序前的内存情况

起始地址 2000	a[0]	a[1]	a[2]	a[3]	a[4]	a[5]	a[6]	a[7]	a[8]	a[9]
	1	2	3	4	5	6	7	8	9	0
	p[0]	p[1]	p[2]	p[3]	p[4]	p[5]	p[6]	p[7]	p[8]	p[9]

表6-5 调用函数完成逆序后的内存情况

起始地址 2000	a[0]	a[1]	a[2]	a[3]	a[4]	a[5]	a[6]	a[7]	a[8]	a[9]
	0	9	8	7	6	5	4	3	2	1
	p[0]	p[1]	p[2]	p[3]	p[4]	p[5]	p[6]	p[7]	p[8]	p[9]

总结:数组名作形参时,接收实参数组的起始地址;作实参时,将数组的起始地址传递给形参数组。实参和形参变化的内容相同。引入指向数组的指针变量后,数组及指向数组的指针变量作函数参数时,可有4种形式(本质上是1种,即指针数据作函数参数)。数组及指向数组的指针变量作函数参数的4种形式如下:

(1)形参、实参都用数组名//example6-9-2.cpp;

(2)形参用指针变量,实参用数组名 //example6-9-3.cpp;

(3)形参用数组名,实参用指针变量//example6-9-4.cpp;

(4)形参、实参都用指针变量//example6-9-5.cpp。

方法四:函数实现,形参用数组名,实参用指针。

```c
#include <stdio.h>
void display(int b[],int n);//显示函数的声明
void inverse (int b[],int n);//逆序函数的声明
void input(int b[],int n);//输入函数的声明
int main()
{
    int a[10];//整型数组
    int m = 0;//数组元素个数
    int *p = a;//指向数组的指针
    printf("请确定数据个数:");
    scanf("%d",&m);
    input(p,m);
    inverse(p,m);
    printf("数组逆序后:\n");
    display(p,m);
} // example6-9-4.cpp
/*输入函数的实现*/
void input(int b[],int n)
```

```
{
    int i = 0;//数组下标
    printf("输入%d 个整数:",n);
    for (i = 0;i < n;i++)
        scanf("%d",&b[i]);
}
```

/* 显示函数的实现 */

```
void display(int b[ ],int n)
{
    int i   = 0;//数组下标
    for (i=0;i < n;i++)
        printf("%4d",b[i]);
    printf("\n");
}
```

方法五:函数实现,形参用指针变量,实参用指针。

```
#include <stdio.h>
void display(int  * p,int n);//显示函数的声明
void inverse (int  * p,int n);//逆序函数的声明
void input(int  * p,int n);//输入函数的声明
int main( )
{
    int a[10];//整型数组
    int m = 0;//数组元素个数
    int * q = a;//指向数组的指针
    printf("请确定数据个数:");
    scanf("%d",&m);
    input(q,m);
    inverse(q,m);
    printf("数组逆序后:\n");
    display(q,m);
} // example6-9-5.cpp
```

/* 输入函数的实现 */

```
void input(int  * p,int n)
{
    int i = 0;//数组下标
    printf("输入%d 个整数:",n);
    for (i = 0;i < n;i++)
        scanf("%d",p++);//&p[i]
}
```

/＊显示函数的实现＊/

```
void display(int * p,int n)
{
    int i   = 0;//数组下标
    for (i=0;i < n;i++)
        printf("%4d", p++);//＊p[i]
    printf("\n");
}
```

6.2.3　动态内存分配和动态数组

在 C 语言的编程开发中,我们经常要进行内存分配。因为前面定义的数组长度是固定的,我们无法改变,动态内存分配技术可以保证程序在运行过程中按照实际需要申请适量的内存,使用结束后还可以释放内存空间。

C 语言中与内存申请相关的函数主要有 malloc( )、realloc( )、calloc( )、free( )等,在实际学习中主要通过调用库函数 malloc( )和 free( )进行内存分配和释放,calloc( )和 realloc( )用得少。

6.2.3.1　分配内存函数 malloc( )

分配内存函数 malloc( )的使用说明。

调用形式:(类型说明符)malloc(size);

功能:在内存的动态存储区中分配一块长度为"size"字节的连续区域。函数的返回值为该区域的首地址。

"类型说明符"表示把该区域用于何种数据类型。"(类型说明符)"表示把返回值强制转换为该类型指针,默认类型是 void ＊,必须进行强制类型转换。

"size"是一个无符号数,表示字节数。

例如:

```
pc = (char * )malloc(100);
```

示例表示分配 100 个字节的内存空间,并强制转换为字符数组类型;函数的返回值为指向该字符数组的指针,把该指针赋予指针变量 pc。

温馨提示:分配的内存空间只能用指针来引用,不能使用变量名和数组名。

【案例 6-10】将数组中的若干个数逆序存放并输出。

分析:参考【案例 6-9】的方法四(example6-9-4.cpp),这里采用动态内存分配函数 malloc( )。

```
#include <stdio.h>
#include <stdlib.h>
void display(int b[ ],int n);//显示函数的声明
void input(int b[ ],int n);//逆序函数的声明
void inverse (int b[ ],int);//输入函数的声明
int main(){
    int m = 0;
    int * q = NULL;//指向动态内存的首地址
```

```
        printf("请输入整数的个数:");
        scanf("%d",&n);
        q = (int *)malloc(m * sizeof(int));  //动态分配内存
        if(!q){printf("内存分配失败");exit(1);    }
        input(q,m);
        inverse(q,m);
        printf("\n 数组逆序后:");
        display(q,m);
        free(q);  //释放内存空间
}  //example6-10.cpp
/* 逆序函数定义 */
void inverse(int b[],int n){
        int * pt = b;  //指向前半部分
        int * pw = b + n;  //指向后半部分
        int temp = 0;  //临时存储变量
        for ( pw--;pt<pw;pt++,pw--)
        {
            temp = * pt;
            * pt = * pw;
            * pw = temp;
        }
}

/* 输入函数的实现 */
void input(int b[],int n)
{
        int i = 0;  //数组下标
        printf("输入%d 个整数:",n);
        for (i = 0;i < n;i++)
            scanf("%d",&b[i]);
}
/* 显示函数的实现 */
void display(int b[],int n)
{
        int i  = 0;  //数组下标
        for (i=0;i < n;i++)
            printf("%4d",b[i]);
        printf("\n");
}
```

6.2.3.2 分配内存函数的区别

(1)功能不同。malloc( )分配 1 块连续的内存空间,返回首地址;calloc( )分配 n 块连续的内存空间,返回首地址;realloc( )重新分配内存空间,在 malloc c( )或 calloc c( )使用之后再使用。

(2)函数原型不同。void ＊calloc(unsigned n, unsigned size)为 n 个数据项分配内存,每个数据项的大小为 size;void ＊malloc(unsigned n ＊ (unsigned size))为分配 n ＊ size 个字节的内存,每个数据项的大小为 size;void ＊realloc(void ＊ ptr, unsigned newsize)为 ptr 所指向的内存空间重新分配 newsize 字节的空间,并返回新的内存的起始地址。

【案例 6-11】求若干正整数的最小公倍数,通过键盘输入正整数个数。

分析:我们可以分别采用数组和动态分配内存方式处理该程序。最大公约数 greatest common divisor 简称"gcd",最小公倍数 least common multiple 简称"lcm"。

方法一:采用数组。

```
#include<stdio.h>
#define MaxLength 100
int commonMultiple(int [ ],int,int ＊); //函数声明
int main( )
{
    int  i = 0; //数组下标
    int n = 0; //数组长度
    int s = 0; //最小公倍数
    int st[MaxLength]; //整数数组
    printf("请输入整数的个数:");
    scanf("%d",&n);
    printf("请输入%d 个整数:",n);
    for (i=0;i<n;i++)
        scanf("%d",&st[i]);
    commonMultiple(st,n,&s);
    printf("最小公倍数是:%d\n",s);
}   //example6-11-2.cpp,其中 example6-11-1.cpp 没用函数
```

运行结果如图 6-9 所示,给出了 2 组测试用例。

```
请输入整数的个数:6
请输入6个整数:2 4 6 8 10 12
最小公倍数是:120
```
```
请输入整数的个数:4
请输入4个整数:4 6 8 12
最小公倍数是:24
```

图 6-9 运行结果

/ ＊最小公倍数函数定义

参数:a 表示若干个数构成的数组,m 表示元素个数,指针变量 t 指向公倍数变量

返回值:最小公倍数 ＊/

int commonMultiple(int a[ ],int m,int ＊t)

```
{
        int i= 0;//数组下标
        * t = a[0];//把第一个数赋值给 t
        while(1) {
            for (i = 1;i < m;i++)
                if ( * t % a[i] != 0)
                    break;
            if (i == m)
                break;//找到最小公倍数
            else
                * t += a[0];
        }
        return * t;
}
```

测试数据 int a[6] = {4,6,8,12},m=4。

结果:最小公倍数 * t=24。

变量变化表如表 6-6 所示。

表 6-6　变量变化表

循环次数	i	a[i]	* t
0	0	4	4
1	1	6	8
2	1	6	12
3	1	6	12
	2	8	16
4	1	6	20

方法二:动态分配内存空间。

```
#include<stdio.h>
#include<stdlib.h>
int commonMultiple(int [ ],int,int * );//函数声明
int main( )
{
    int i = 0; //数组下标
    int n = 0; //数组长度
    int s = 0; //最小公倍数
    int * st=NULL; //动态数组指针
    printf("请输入整数的个数:");
    scanf("%d",&n);
    st = ( int * ) malloc( n * sizeof( int ) );
```

```
    if (！st)
    {
        printf("内存分配失败:");
        exit(1);
    }
    for (i=0;i<n;i++)
        scanf("%d",&st[i]);
    commonMultiple(st,n,&s);
    printf("最小公倍数是:%d\n",s);
    free(st);          //特别提醒:分配空间后一定要及时释放空间
}    //example6-11-3.cpp
```

6.2.3.3 释放内存空间函数

释放内存空间函数 free() 的使用说明。

调用形式:free（void   * ptr）;

功能:释放 ptr 所指向的一块内存空间,ptr 是一个任意类型的指针变量,它指向被释放区域的首地址。

特别提醒:free() 被释放区应是由 malloc()、calloc() 或 realloc() 函数所分配的区域。我们使用 malloc()、calloc() 或 realloc() 分配空间后一定要及时释放空间,否则会造成内存泄漏,即内存空间丢失。

6.2.4 一维数组常见错误及其排除方法

这里提供一些一维数组常见错误:

(1)初始化数据个数多于定义数组长度;

(2)将数组整体输入或输出;

(3)scanf() 输入时引用数组元素不是元素地址;

(4)指针指向数组的位置错误;

(5)数组作为函数参数时函数无长度参数;

(6)数组作为函数参数时,使用全局变量数组,函数无数组参数;

(7)数组作为函数参数时,实参数组和形参数组名相同;

(8)在函数内部,函数形参指针指向动态内存分配的空间但无法传递数组给主函数;

(9)动态分配内存空间但不释放空间。

6.3 队列、栈和函数的嵌套调用

本节主要内容为:数组实现的队列、数组实现的栈、函数的嵌套调用、函数的递归调用。

6.3.1 数组实现的队列

队列(queue)其实就是排队现象,如食堂排队打饭时,采用的先到先服务的策略(先进先出,first in first out,FIFO)。队列现象还有键盘输入并显示、电脑操作等待、客户电话等待、多个打印任务、顺序结构程序中任务执行等。

队列只允许在一端插入(队尾位置,对象加入等待队伍,插入称为入队),在另一端删除(队头位置,对象先得到服务,删除称为出队)。例如,队列 $q=(a_1,a_2,\cdots,a_n)$,则 a_1 是队头元素,a_n是队尾元素。a_1出队后,a_2成为队头再出队。队列结构示意如图 6-10 所示。

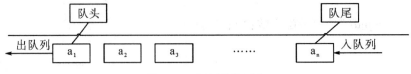

图 6-10 队列结构示意

【案例 6-12】随机生成若干个 0~200 中的整数,并输出结果。

```c
#include <stdio.h>
#include <stdlib.h>
#include <time.h>
void display(int b[ ],int n,int rowNumber);//显示函数的声明
void generateRandom(int b[ ],int * pn,int range);//生成随机数函数的声明
int main( ){
    int a[100];//整型数组
    int n = 0;//数组长度
    generateRandom(a,&n,200);
    display(a,n,8);
    return 0;
}

/* 生成随机数函数的实现
参数:b 是数组,指针 pn 指向数组长度,range 是随机数范围 */
void generateRandom(int b[ ],int * pn,int range){
    int i = 0;//数组下标,循环控制变量
    srand(time(0));
    printf("确定生成随机数的个数:");
    scanf("%d",pn);
    for (i = 0;i < * pn;i++)    {
        b[i] = rand( ) % range;
    }
}


/* 显示函数的实现
参数:b 是数组,n 是数组长度,rowNumber 每行显示数据个数 */
void display(int b[ ],int n,int rowNumber)
{
    int i = 0;//数组下标,循环控制变量
    while (i < n)
    {
        printf("%4d",b[i]);
```

```
        if ((i + 1) % rowNumber == 0)
            printf("\n");
        i++;
    }
    printf("\n");
}//example6-12.cpp
```

运行结果如图 6-11 所示。

```
确定生成随机数的个数: 50
   1  29  36  66 117  79  81  19
 149  52  23 166  69 116  33  32
  41 109  54  58  58 167 119 162
 125 134 128 111  68 198 146 134
  81 114  80 166   7 149 145  99
  75  45 110  56 156 116  61 142
  39 193
```

图 6-11 运行结果

【案例 6-13】将十进制小数转换为二进制小数。

我们将十进制小数转换成 R 进制小数,采用"乘 R 取整"法,如图 6-12 所示。

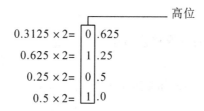

图 6-12 十进制小数转换为二进制小数

所以 $(0.3125)_{10} = (0.0101)_2$。

口诀:乘基取整,先整为高,后整为低。

结束时刻:将小数点后的部分全部变为 0 或者规定精度为止,小数用例:0.375, 0.637 5,0.246 5,0.312 5。

```
#include <stdio.h>
void displayDouble(int b[],int n);//显示小数函数的声明
int transferDouble(double ft,int n,int b[]);//转换小数函数的声明
int main()
{
    int a[10];//整数数组
    int m = 0;//数组长度
    double x = 0;//小数
    int k = 0;//保留小数位数
    printf("请输入要转换的小数:");
    scanf("%lf",&x);
    printf("确定小数保留位数:");
    scanf("%d",&k);
```

```
        x = x - (int)x;//去除整数部分
        m = transferDouble(x,k,a);
        displayDouble(a,m);
        return 0;
}   //example6-13.cpp
```

/*转换小数函数的实现
功能:十进制小数转换为二进制小数
参数:ft 是十进制小数,n 是保留小数位数,b 是数组存放转换后的数字
返回值:转换后得到的位数*/

```
int transferDouble(double ft,int n,int b[])
{
        int digit = 0;//数字位
        int count = 0;//计数器
        while(count < n)
        {
                ft = ft * 2;
                digit = (int)ft;//取整数部分
                b[count++] = digit;
                ft = ft - digit;//去除整数部分
                if (ft == 0)
                        break;
        }
        return count;
}
```

/*显示小数函数的实现
参数:b 是数组,n 是数组长度*/

```
void displayDouble(int b[],int n)
{
        int i = 0;//数组下标,循环控制变量
        printf("转换后的二进制数:0.");
        while (i < n)
        {
                printf("%d",b[i]);
                i++;
        }
        printf("\n");
}
```

6.3.2 数组实现的栈

栈(stack)采用的是后到先服务(后进先出,last in first out,LIFO)。

常见的栈现象有倒水和喝水、叠盘子和拿盘子、Word 撤销、函数的嵌套调用、网页链接的返回、Windows 文件夹的后退、部队撤退、十进制整数转换、取整数位数等。

栈有栈顶和栈底。我们只能在栈顶端进行插入和删除操作,分别称为进栈和出栈;栈底端是封闭的,不能进行插入和删除操作。栈顶的元素最后进入,最先得到服务。栈结构如图 6-13 所示。

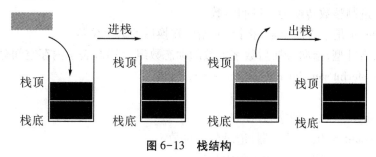

图 6-13　栈结构

【案例 6-14】将十进制整数转换为二进制整数。

十进制整数转换成 R 进制的整数,我们采用除 R 取余法,如图 6-14 所示。

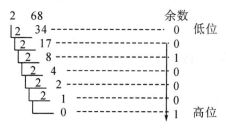

图 6-14　除 R 取余法

所以 $(68)_{10} = (1000100)_2$

口诀:除基取余,先余为低,后余为高。

结束条件:商为 0。

整数用例:93,57,248。

```
#include <stdio.h>
#include <stdlib.h>
#define INCREMENT 20//内存空间增量
void displayInteger(int b[ ],int n);//显示整数函数的声明
int * transferInteger(int integer,int * pn);//转换整数函数的声明
int main( )
{
    int * q = NULL;//指向整数数组的指针
    int m = 0;//数组长度
    int x = 0;//整数
    printf("请输入要转换的整数:");
    scanf("%d",&x);
```

```
        q = transferInteger(x,&m);
        displayInteger(q,m);
        free(q);
        return 0;
}  //example6-14.cpp
```

/*转换整数函数的实现

功能:十进制整数转换为二进制整数

参数:integer 是十进制整数,指针 pn 指向转换后的数字位数

返回值:指针型,指向转换后数字整数的动态数组,NULL 表示内存空间分配失败 */

```
int * transferInteger(int integer,int * pn)
{
        int digit = 0;//数字位
        int count = 0;//计数器,记录数字位数
        int * p = NULL;//指向数组的指针
        int number = 1;//空间增量增加次数
        p = (int * )malloc(INCREMENT * sizeof(int));
        if (! p)
        {
                printf("内存空间分配失败! \n");

                return NULL;
        }

        do
        {
                /* 空间不够时增加空间,重新分配空间,并自动复制源数据到新空间 */
                if (count == number * INCREMENT)
                {
                        number++;
                        p = (int * )realloc(p,number * INCREMENT * sizeof(int));
                }
                p[count++] = integer % 2;//不能移动指针
                integer = integer / 2;
        } while(integer != 0);
        * pn = count;
        return p;
}
```

/*显示整数函数的实现(按栈方式输出)

参数:b 是数组,n 是数组长度 */
```c
void displayInteger( int b[ ], int n)
{
    int i = n -1;//数组下标,循环控制变量
    printf("转换后的二进制数:");
    while ( i >= 0 )
    {
        printf("%d",b[i]);
        i--;
    }
    printf(" \n");
}
```

6.3.3 函数嵌套调用的栈结构

6.3.3.1 函数的嵌套调用

嵌套调用是指类似函数 A 中调用函数 B,而函数 B 中又调用函数 C 的这种复杂调用,如图 6-15(a)所示的函数调用过程。函数调用过程如下:①函数 A 正常执行;②发生调用函数 B 并完成参数传递及流程控制转移;③函数 B 正常执行;④发生调用函数 C 并完成参数传递及流程控制转移;⑤函数 C 正常执行;⑥函数 C 返回到被调用处,即函数 B 内;⑦函数 B 继续执行;⑧函数 B 返回到被调用处,即函数 A 内;⑨函数 A 继续执行。

6.3.3.2 函数嵌套调用的栈结构

嵌套调用是指在一个函数调用过程中又调用另一个函数。例如,函数 A 中调用函数 B,而函数 B 中又调用函数 C。C 先执行释放空间操作,再继续执行函数 B,然后才会继续执行函数 A。因此,函数调用过程形成了一个后到先服务的栈结构,如图 6-15(b)所示。我们可以用 debug 演示 example6-15. cpp 的调用堆栈的过程。

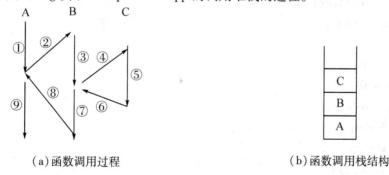

(a)函数调用过程　　　　　　　　　(b)函数调用栈结构

图 6-15　函数调用

【案例 6 15】函数嵌套调用示例。
```c
#include <stdio.h>
void A( int);
void B( int);
void C( int);
void A( int x)
{
```

```
        printf("A 收到传递过来的 x=%d\n", x);
        x++;
        B(x);
    }
    void B(int x)
    {
        printf("B 收到传递过来的 x=%d\n", x);
        x++;
        C(x);
    }
    void C(int x)
    {
        printf("C 收到传递过来的 x=%d\n", x);
    }

    int main()
    {
        int x = 10;  //整型变量

        A(x);

        return 0;
    }  //example6-15. cpp
```

【案例 6-16】函数嵌套调用案例。

```
int f1(int x, int y)
{
    int c = 0;
    int s = 0;
    int t = 0;
    s = x + y;
    t = x - y;
    c = f2(s, t);
    return (c);
    printf("c=%d\n", c);
}
int f2(int x, int y)
{
    return (x * y);
}
int main()
```

```
    {
        int a = 1;
        int b = 2;
        int c = 0 ;
        c = 2 * f1(a, b);
        printf("c = %d\n", c);

        return 0;
    } //example6-16. cpp
```

【案例6-17】已知 s=2^2! +3^2! 求 s 的值。

分析:根据题意,有三个函数需要定义:main( )、用来计算平方值的函数 squareFactor( )、用来计算阶乘值的函数 factorial( )。主函数先调用 squareFactor( )计算出平方值,再在 squareFactor( )中以平方值为实参,调用 factorial( )计算其阶乘值后返回 squareFactor( ),再返回主函数,在循环中计算累加和。我们用 debug 演示源程序的调用过程。

```
#include<stdio.h>
long squareFactor(int p); //平方阶乘函数原型声明
long factorial(int n);      //阶乘函数原型声明
int main() {
    int i = 0;//循环控制变量
    long sum = 0; //求和
    for (i = 2;i <= 3;i++)
        sum += squareFactor(i);   //调用函数,计算(2*2)! +(3*3)! 的值
    printf("s=(2*2)! +(3*3)! =%ld\n",sum);
    return 0;
} //example6-17. cpp
/* 平方阶乘函数定义 */
long squareFactor(int p)
{
    int k   = 0;//p 的平方
    long r = 0;//k 的阶乘
    k = p * p;
    r = factorial(k);//调用阶乘函数
    return r;       //返回函数的结果
}
/* 阶乘函数定义(求 n 的阶乘) */
long factorial(int n) {
    long multiple = 1; //乘积
    int i = 0; //循环控制变量
    /* 求参数 n 的阶乘 */
    for (i = 1;i <= n;i++)
```

一维数组

·247·

```
        multiple *= i;        //将 1 到 n 的值进行累乘
    return multiple;          //返回 n 的阶乘值
}
```

程序运行结果如下：

s=(2*2)! +(3*3)! =362904

6.3.4　函数的递归调用

递归调用是在调用一个函数的过程中又直接或间接地调用该函数本身,这样的调用称为递归调用。递归调用过程将形成一个堆栈结构,最后调用的最先执行,如图 6-16 所示。

特别注意:递归调用必须在满足一定条件时结束递归调用,否则无限地递归调用将导致程序无法结束。

【案例 6-18】用递归调用计算 n!。

分析:求 n 的阶乘,我们可以采用递推的方法,即从 1 开始,依次乘 2,乘 3,……乘 n,最后得到的乘积为 n! 的值,即 n! =1*2*3*…*(n-1)*n。这是前面所用的循环方法。我们还可以采用递归调用计算 n!,即要计算 n!,可以计算(n-1)! *n;要计算(n-1)!,可以计算(n-2)! *(n-1);…;直到计算 2!,可以计算 1! *2;1! =0! *1。然后再一步步返回,即可求得 n!。

我们需要注意的是数学规定 0! =1。那么 n! 可以用公式表示:n! =(n-1)! *n。

```c
#include<stdio.h>
long factor(int n);        //阶乘函数的原型声明
int main() {
    int n = 0;//整数
    long y = 0;//函数值
    printf("Please input an integer number:");
    scanf("%d",&n);          //从键盘输入 n
    y = factor(n);           //调用 factor 函数
    printf("%d! =%d\n",n,y);
    return 0;
}
/*阶乘函数的定义*/
long factor(int n)
{
    long mulitiplication = 0;//乘积
    if (n == 0 || n == 1)
        mulitiplication = 1;
    else
        mulitiplication = n * factor(n - 1);//递归调用 f 函数,形参由 n 变成 n-1

    return mulitiplication;
}//example6-18. cpp
```

程序运行结果如下：

Please input an integer number：10↙

10！＝3628800

递归调用形成如图6-16(a)所示的函数调用栈。函数调用过程如图6-16(b)所示。

递归的执行过程由分解和求值两部分构成。递归思路如下：①把一个不能或不好直接求解的"大问题"转化成一个或几个"小问题"来解决；②再把这些"小问题"进一步分解成更小的"小问题"来解决；③如此分解，直至每个"小问题"都可以直接解决(此时分解到递归出口)。但递归分解不是随意的分解，递归分解要保证"大问题"与"小问题"相似，即求解过程与环境都相似。这样 F(n) 便被计算出来了，因此递归的执行过程由分解和求值两部分构成。

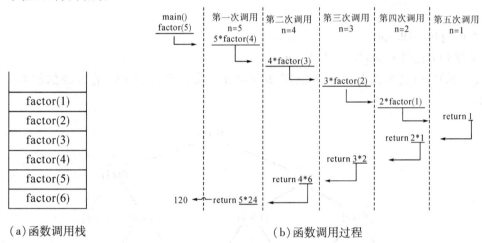

（a）函数调用栈　　　　　　　　（b）函数调用过程

图 6-16　factor 递归调用

求解 factor(5) 的过程如图6-17所示。

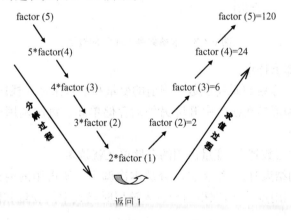

图 6-17　求解 factor(5) 的过程

【案例6-19】递归计算 Fibonacci(斐波拉契)数列。

$$
\begin{cases}
F_1 = 1\,(n=1) \\
F_2 = 1\,(n=2) \\
F_n = F_{n-1} + F_{n-2}\,(n \geqslant 3)
\end{cases}
$$

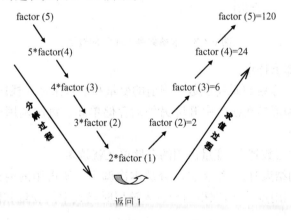

6

一维数组

```
long   fib( int   n )
{
    if ( n == 1 || n == 2 )
        return 1 ;
    if ( n > 2 )
        return ( fib( n - 1 ) + fib( n - 2 ) ) ;
}
int main( )
{
    printf( " %ld \n", fib( 6 ) ) ;
}
```
//exmple6-19. cpp

非递归方法见 example5-12-1. cpp。

递归的执行过程由分解和求值两部分构成。求解数列 fib(5) 的过程如图 6-18 所示。

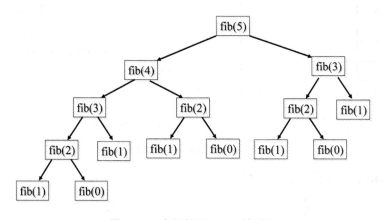

图 6-18   求解数列 fib(5) 的过程

递归调用具有如下特点:

(1)递归调用中,系统自动将函数中当前的变量和形参保存在栈区,然后为新调用的函数所用到的变量和形参在栈区中开辟另外的存储单元。每次调用函数所使用的变量在不同的存储单元中。

(2)递归调用的层数越多,变量占用的存储单元就越多。

(3)当本次调用结束时,系统将自动释放本次调用时所占用的内存空间。程序的流程返回到上一层的调用点,同时取得当初进入该层时函数中的变量和形参所占用的内存空间的数据。

(4)所有递归问题都可以用非递归的方法解决。但是对于一些比较复杂的递归问题,用非递归的方法往往使程序变得十分复杂从而难以读懂。而递归解决这类问题时,能使程序简洁明了,有较好的可读性。但由于在递归调用中系统要为每层调用中的变量重复开辟内存空间,还要保持每层调用的返回点,会增加许多额外的操作,所以会降低程序运行的效率。

6.4 排序专题

本节主要内容为：2 个数的排序、3 个数的排序、直接选择排序算法、冒泡排序算法。

查找和排序是数组上使用最频繁的操作，也是信息处理中最重要的操作之一。排序是根据序列或者列表中元素的值，按升序或降序，重新排列元素的过程。已排序表在查找中非常重要，因为我们可以采用二分查找方便快速地进行查找操作。排序方法主要有冒泡排序、直接选择排序、直接插入排序等。查找主要有顺序查找、二分查找等方法。

6.4.1　2 个数的排序

【案例 4-3】输入 2 个整数，然后按由小到大排序。

```c
# include <stdio.h>
int main( )
{
    int a = 0; //整数变量
    int b = 0; //整数变量
    int temp = 0;//临时变量
    scanf("%f%f",&a,&b);
    if (a > b)
    {
        temp = a;
        a = b;
        b = temp;
    }
    printf("%f  %f\n",a,b);

    return 0;
}
//example4-3-4. cpp
/*还可以采用排序函数的实现(指针 x 与 y 指向的变量值进行互换)*/
void sort(int *x,int *y)
{
    int temp = 0;//临时变量
    if ( *x > *y)
    {
        temp = *x;
        *x = *y;
        *y = temp;
    }
    printf("交换后的结果:%d  %d\n", *x, *y);
}
```

6.4.2 3个数的排序

【案例4-24】输入3个整数,要求按由小到大的顺序输出。

通过分析,我们得到如图6-19所示的解决问题的基本思路,分别为总体流程、细化排序模块、细化交换模块。

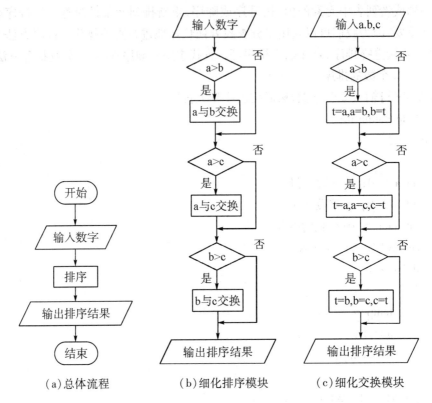

(a)总体流程　　(b)细化排序模块　　(c)细化交换模块

图6-19　解决问题的基本思路(逐层深入的流程图)

根据算法流程图,我们写出程序代码,程序如下:

```c
#include <stdio.h>
int main( )
{
    int a = 0; //整数变量
    int b = 0; //整数变量
    int c = 0; //整数变量
    int temp = 0;//temp 存储临时数据
    printf("请输入要排序的 3 个整数: ");
    scanf("%d%d%d", &a, &b, &c);
    if (a>b)
    {
        temp = a;
        a = b;
        b = temp;
```

```
    }
    if (a>c)
    {
        temp = a;
        a = c;
        c = temp;
    }
    if (b>c)
    {
        temp = b;
        b = c;
        c = temp;
    }
    printf("排序后: %d %d %d\n",a,b,c);

    return 0;
}   //example4-24-3.cpp
/*还可以采用三元排序,函数的实现(实现3个指针指向元素升序排列) */
void sort(int * pa,int * pb,int * pc)
{
    int temp = 0;//临时变量
    if ( * pa < * pb)   /* 若a<b,则交换 */
    {
        temp = * pa;
        * pa = * pb;
        * pb = temp;
    }
    if ( * pa < * pc)   /* 若a<c,则交换 */
    {
        temp = * pa;
        * pa = * pc;
        * pc = temp;
    }
    if ( * pb < * pc)   /* 若b<c,则交换 */
    {
        temp = * pb;
        * pb = * pc;
        * pc = temp;
    }
```

```
        printf("排序后:%d,%d,%d\n", *pa, *pb, *pc); //输出排序后数
    }
```

6.4.3 直接选择排序算法

【案例 6-20】通过键盘输入 n 个整数,用选择排序法对数组进行升序排序。

算法分析:选择排序法是从待排序的数中选出最小数,将最小数放在已排好序的数据的最后,直到全部的数据排序完毕。

设有 n 个数,要求从小到大排列。选择排序法排序过程分为 n-1 次,算法步骤如下:

第 1 次,从第 1~n 个数中找出最小数,然后与第 1 个数交换,前 1 个数排好序。

第 2 次,从第 2~n 个数中找出最小数,然后与第 2 个数交换,前 2 个数排好序。

第 3 次,从第 3~n 个数中找出最小数,然后与第 3 个数交换,前 3 个数排好序。

……

第 k 次,从第 k~n 个数中找出最小数,然后与第 k 个数交换,前 k 个数排好序。

……

第 n-1 次,从第(n-1)~n 个数中找出最小数,然后与第 n-1 个数交换,前 n-1 个数排好序,排序结束。

例如,排列“6,4,5,2,1”,那么我们采用选择排序法排序这些数的过程如下:

第 1 次,从“6,4,5,2,1”中找到最小数是 1,将它与第 1 个数 6 交换,交换得到 1 4 5 2 6;

第 2 次,从“4,5,2,6”中找到最小数是 2,将它与第 2 个数 4 交换,交换得到 1 2 5 4 6;

第 3 次,从“5,4,6”中找到最小数是 4,将它与第 3 个数 5 交换,交换得到 1 2 4 5 6

第 4 次,从“5,6”中找到最小数是 5,这里因为较小数 5 在第 4 个数的位置,所以不用交换。

最后结果为“1,2,4,5,6”,图 6-20 为选择排序法的排序过程。

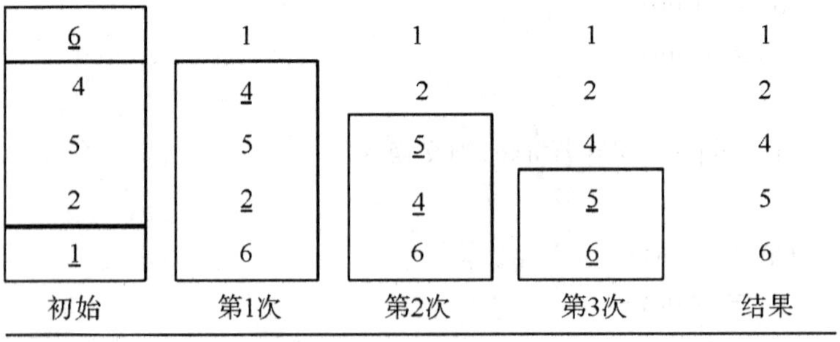

图 6-20 选择排序法的排序过程

思考题:如何绘制算法流程图?

直接选择排序算法的流程如图 6-21 所示。

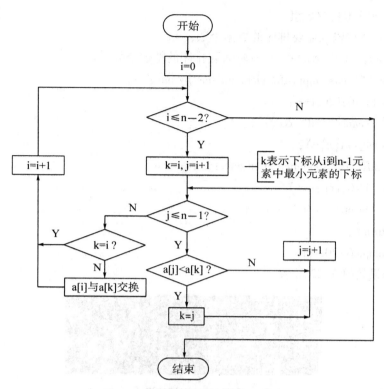

图 6-21　直接选择排序算法的流程

变量变化表如表 6-7 所示,有助于我们理解算法和代码。

表 6-7　变量变化表(m=5)

i	j	b[j]	min	k	b[0]	b[1]	b[2]	b[3]	b[4]
					6	4	5	2	1
0	0	6	6	0					
	1	4	4	1					
	2	5							
	3	2	2	3					
	4	1	1	4	1	4	5	2	6
1	1	4	4	1					
	2	5							
	3	2	2	3					
	4	6			1	2	5	4	6
2									

根据以上算法,我们得到的代码如下:

```c
#include<stdio.h>
int main( ) {
    int n = 0; //元素个数
    int i = 0; //数组下标
```

```
int a[100];//数组
puts("请输入需要排序的数据个数:");
scanf("%d",&n);        //输入要排序的整数个数
puts("Please input the elements one by one:");
for (i=0;i<n;i++)
    scanf("%d",&a[i]);
select_sort(a,n);
printf("The sequence after select_sort is:\n");
for (i=0;i<n;i++)
    printf("%4d",a[i]);
return 0;
} //example6-20.cpp
```

运行结果如图 6-22 所示。

图 6-22　运行结果

我们选择排序法将数组升序排列,下面用函数实现。

方法一:用数组作形参。

```
int select_sort(int b[],int m){
    int i = 0; //排序次数,外循环控制变量
    int j = 0; //数组下标,内循环控制变量
    int k = 0; //记下当前最小数在数组中的下标
    int temp; //临时变量
    int min =0; //存放最小数
    for (i = 0;i < m - 1;i++)       {
        min = b[i]; //存放最小数
        k = i;       //记下当前最小数在数组中的下标
        for (j = i;j < m;j++)
            if (b[j] < min)   //在待排序元素中选出最小数
            {
                min = b[j];
                k = j;
            }
        if (k!=i) /*将最小数放到排好序数列最后*/
        {
            temp = b[k];
```

面向新工科的
C程序设计与项目实践

```
                b[k] = b[i];
                b[i] = temp;
            }
        }
    return 1;
}
```

运行结果如图 6-22 所示。

方法二:用指针作形参。

```
int select_sort(int *p,int m){
    int i = 0;  //排序次数,外循环控制变量
    int j = 0;  //数组下标,内循环控制变量
    int k = 0;  //记下当前最小数在数组中的下标
    int temp;   //临时变量
    int min =0; //存放最小数
    for (i = 0;i < m - 1;i++)      {
        min = p[i];  //存放最小数
        k = i;        //记下当前最小数在数组中的下标
        for (j = i;j < m;j++)
            if (p[j] < min)  //在待排序元素中选出最小数
            {
                min = p[j];
                k = j;
            }
        if (k!=i) /* 将最小数放到排好的序数列最后 */
        {
            temp = p[k];
            p[k] = p[i];
            p[i] = temp;
        }
    }
    return 1;
}
```

运行结果如图 6-22 所示。

请输入需要排序的数据个数:10↙

输入的 10 个数: 23 42 13 39 81 84 52 29 69 95

经过选择法排序后结果:13 23 29 39 42 52 69 81 84 95

方法二中用指针作形参内存情况如表 6-8 和表 6-9 所示。

表 6-8　调用函数未完成排序前的内存情况

起始地址2000	a[0]	a[1]	a[2]	a[3]	a[4]	a[5]	a[6]	a[7]	a[8]	a[9]
	23	42	13	39	81	84	52	29	69	95
	p[0]	p[1]	p[2]	p[3]	p[4]	p[5]	p[6]	p[7]	p[8]	p[9]

表 6-9　调用函数完成排序后的内存情况

起始地址2000	a[0]	a[1]	a[2]	a[3]	a[4]	a[5]	a[6]	a[7]	a[8]	a[9]
	13	23	29	39	42	52	69	81	84	95
	p[0]	p[1]	p[2]	p[3]	p[4]	p[5]	p[6]	p[7]	p[8]	p[9]

6.4.4　冒泡排序算法

【案例6-21】用冒泡排序法对一维数组中的整数进行排序,使其元素的值从小到大排列。

算法分析:冒泡排序法(可以分为上浮法和下沉法,这里讲的是上浮法)的思路是将相邻的两个数比较,将小的放到前面。设有 n 个数要进行从小到大的排序,冒泡排序法的排序过程分为如下的 n-1 次。

上浮法:轻者上浮;下沉法:重者下沉。

第 1 次排序,从下向上,比较相邻两数,小的数往上调,大的数往下调。反复执行 n-1 次,那么第 1 个数最小。

例如,排列"6,4,5,2,1",冒泡排序第 1 次排序如表 6-10 所示。

表 6-10　冒泡排序第 1 次排序

6	6	6	6	1
4	4	4	1	6
5	5	1	4	4
2	1	5	5	5
1	2	2	2	2
第 1 次	第 2 次	第 3 次	第 4 次	结果

第 2 次,从下向上,比较相邻两数,小的数往上调,大的数往下调。反复执行 n-2 次,那么前 2 个数排好。

例如,排列"6,4,5,2,1",冒泡排序第 2 次排序如表 6-11 所示。

表 6-11　冒泡排序第 2 次排序

1	1	1	1
6	6	6	2
4	4	2	6
5	2	4	4
2	5	5	5
第 1 次	第 2 次	第 3 次	结果

第 3 次,从下向上,比较相邻两数,小的数往上调,大的数往下调。反复执行 n-3 次,

那么前3个数排好。

例如,排列"6,4,5,2,1",冒泡排序第3次排序如表6-12所示。

表6-12 冒泡排序第3次排序

1	1	1
2	2	2
6	6	4
4	4	6
5	5	5
第1次	第2次	结果

……

第k次,从下向上,比较相邻两数,小的数往上调,大的数往下调。反复执行n-k次,那么前k个数排好。

……

第n-1次,从下向上,比较相邻两数,小的数往上调,大的数往下调。执行1次,所有数排好,排序结束。

例如,第4次,从下向上,比较相邻两数,小的数往上调,大的数往下调。反复执行n-4次,那么前4个数排好。至此,整个排序完成。

例如,排列"6,4,5,2,1",冒泡排序第4次排序如表6-13所示。

表6-13 冒泡排序第4次排序

1	1
2	2
4	4
6	5
5	6
第1次	结果

例如,排列"6,4,5,2,1",冒泡排序整个过程如表6-14所示。

表6-14 冒泡排序的整个过程

6	6	6	6	1	1	1	1	1	1	1	1	1	1
4	4	4	1	6	6	6	2	2	2	2	2	2	2
5	5	1	4	4	4	2	6	6	6	4	4	4	4
2	1	5	5	5	5	4	4	4	4	6	6	5	5
1	2	2	2	2	2	5	5	5	5	5	5	5	6
第1次	第2次	第3次	第4次	结果	第1次	第2次	第3次	结果	第1次	第2次	结果	第1次	结果
第1趟					第2趟				第3趟			第4趟	

思考题:如何绘制算法流程图?

```
#include<stdio.h>
int main( )
{
    int n = 5;        //数组长度
    int i = 0;        //排序趟数,外循环控制变量
    int j = 0;        //数组下标,内循环控制变量
    int temp = 0;  //临时变量
    int a[5] = {6,4,5,2,1};        //对数组 a 进行初始化

    printf("对 6,4,5,2,1 五个数进行冒泡排序\n");
    for (i = 1;i <n;i++)            //用冒泡排序法将数组元素升序排列
    {
        for (j = n-1;j >= i;j--)
            if (a[j] < a[j-1])
            {
                temp = a[j];
                a[j] = a[j-1];
                a[j-1] = temp;
            }
        /* 显示排序的中间过程 */
        printf("第%d 趟排序结果为:",i);
        for (j = 0;j < n;j++)
            printf("%3d",a[j]);
        printf("\n");
    }

    printf("排序结果为:\n");
    for (i = 0;i <n;i++)            //输出排好顺序的数组元素
        printf("%3d",a[i]);

    return 0;
}//example6-21-1.cpp
```

表 6-15 所示的变量变化表能很好地帮助我们理解代码和算法。

表 6-15 变量变化表(n=5)

i	j	b[j]	b[j-1]	b[0]	b[1]	b[2]	b[3]	b[4]
0	0			6	4	5	2	1
1	4	1	2				1	2
	3	1	5			1	5	

表6-15(续)

i	j	b[j]	b[j-1]	b[0]	b[1]	b[2]	b[3]	b[4]
	2	1	4		1	4		
	1	1	6	1	6	4	5	2
2	4	2	5				2	5
	3	2	4			2	4	
	2	2	6	1	2	6	4	5

对"6,4,5,2,1"五个数进行冒泡排序。

运行结果如图6-23所示。

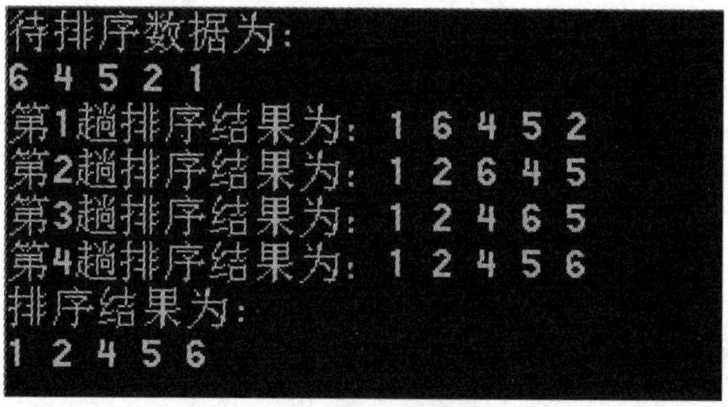

图6-23 运行结果

思考题:如何用函数实现冒泡排序?

```c
#include <stdio.h>
voidbubbleSort(int b[ ],int n);//冒泡排序函数的声明
int main( )
{
    int a[10];   //整型数组
    int i = 0;   //数组下标
    int *p = a; //指向数组的指针

    printf("输入 10 个数:\n");
    for(i = 0;i < 10;i++)
        scanf("%d",p++);
    bubbleSort (p,10);          //函数调用

    printf("数组排序后:\n");
    for(i = 0,p = a;i < 10;i++)
        printf("%d ", *p++);
    printf("\n");
```

```
        return 0;
}//example6-21-2.cpp
```

这里,排序函数形参用数组名,实参用指针变量。

```
void bubbleSort(int b[ ],int n)
{
    int i = 0;//排序次数,外循环
    int j = 0;//数组下标,内循环
    int temp= 0;//临时变量
    for (i = 1;i < n;i++)
    {
        for (j = n - 1;j >= i;j--)
        {
            if (b[j] < b[j-1])//相邻元素进行交换
            {
                temp = b[j];
                b[j] = b[j-1];
                b[j-1] = temp;
            }
        }
    }
}
```

运行结果如图6-24所示。

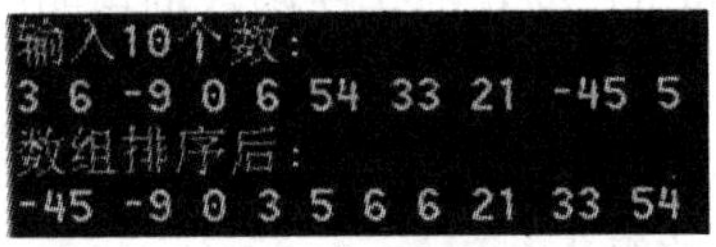

图6-24　运行结果

现在讨论一下测试用例。

(1)合法值:乱序。

23,42,13,39,81,84,52,29,69,95

4,2,5,6,1

3,6,-9,0,6,54,33,21,-45,5

(2)特殊值:升序和降序。

升序:1,2,4,5,6

降序:6,5 ,4,2,1

运行结果如图6-23所示。

冒泡排序流程图(下沉法)如图6-25所示。

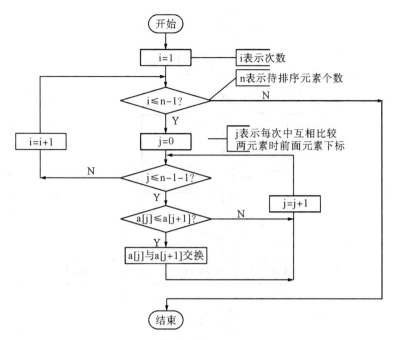

图 6-25　冒泡排序流程图（下沉法）

6.5　查找专题

查找是在数据序列中找指定的数据。实现查找的方法有很多,最原始的也是最常用的方法是按"顺序查找"。如果原始数据是有序的(递增或递减),我们可使用高效的"二分查找"方法快速找出要查找的数据。

本节主要内容为:顺序查找算法、二分查找算法。

6.5.1　顺序查找算法

这是一种穷举查找方法,按顺序一个一个地查找数据,看是否与要查找的数据相等,即对原始数据按照一定的顺序与要查找的数据相比较,直到找到或比较完所有数据,查找操作结束。查找的结果有两种:查找成功(找到要查找的数据),查找失败(没有找到要查找的数据)。

【案例 6-22】在一组含有 10 名学生 C 语言成绩的数据中按照顺序查找给定的值,将查找结果返回。

(1)分析。

所谓顺序查找,就是按一定的顺序(从前向后或从后向前)依次与要查找的数据进行比较,一直到找到所给定的值或没有可比较的数据为止。这里采用从前向后方法进行查找。假设数组为 a,要查找的数据为 x_0。

(2)算法流程图。

图 6-26 给出了顺序查找 x 的算法流程图。

6

一维数组

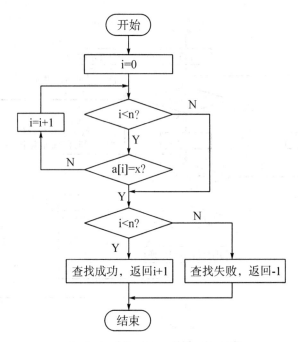

图 6-26　顺序查找 x 的算法流程图

（3）顺序查找函数。

／＊在含有 n 个元素的数组 a 中查找 x，如果找到返回下标，即下标为 i，则序号为 i+
1；如果查找不成功，返回 -1 ＊／

```c
int search(int a[ ], int n, int x)
{
    int i = 0; //数组下标
    i = 0;
    while (i < n)
    {
        if (a[i] == x)
            break;
        i++;
    }
    if (i < n)
        return i; //返回其下标

    return -1;   //没找到
}
/* 输入函数:输入数组 a 的 n 个元素 */
void input(int a[ ], int n)
{
    int i = 0;//数组下标
```

```
    for (i = 0; i < n; i++)
        scanf("%d", &a[i]);
}
```

(4)测试程序流程。

① 在主函数 main( )中定义一个有 N(N=10)个元素的数组 cScore；

② 输入数组的元素；

③ 输入要查找的元素 x；

④ 在有 N 个元素的数组 cScore 中查找 x，如找到将其序号返回，否则返回-1；

⑤ 输出信息。

```
#include <stdio.h>
#include <stdlib.h>
#define N 10
void input(int a[ ], int n);//输入函数的声明
int search(int a[ ], int n, int x);//顺序查找函数的声明
int main( )
{
    int cScore[N];// C 语言分数数组
    int key = 0; //要查找的值
    int location = 0; //位置
    printf("输入数组 cScore 的%d 个元素:\n", N);
    input(cScore, N);      //输入数组 cScore 的 N 个元素
    printf("\n 输入要查找的数据:");
    scanf("%d", &key);      //输入要查找的元素 key
    location = search(cScore, N, key);//调用顺序查找函数
    if (location != -1)
        printf("\n 查找%d 成功,它的序号为%d\n", key, location+1);
    else
        printf("查找%d 失败\n",key);
    system("pause");

    return 0;
}//example6-22. cpp
```

运行结果如图 6-27 所示。

图 6-27　运行结果

6.5.2 二分查找算法

（1）基本思想。

二分查找又称为折半查找。首先要求查找对象中的 n 个元素是有序的（假设升序），设要查找的元素为 x，查找范围的最小元素下标为 low，最大元素下标为 high。

如果查找范围中至少有一个元素（low<=high），则中间元素的下标为 mid=(low+high)/2，比较 x 与 mid 对应元素的关系；

①如果 x=a[mid]，则查找成功，返回 mid；

②如果 x<a[mid]，若 x 在此数组中，则其下标肯定在 low 与 mid−1 之间（执行 high=mid−1），在低半区间进行查找；

③如果 x>a[mid]，若 x 在此数组中，则其下标肯定在 mid+1 与 high 之间（执行 low=mid+1），在高半区间进行查找；

④重复折半查找，直到 x=a[mid] 或查找范围中没有元素（low>high）。如果所给数据中没有找到 x，即 x= =a[mid] 值永远为假，则返回−1。

（2）折半查找算法的流程图。

图 6-28 为折半查找算法的流程图。

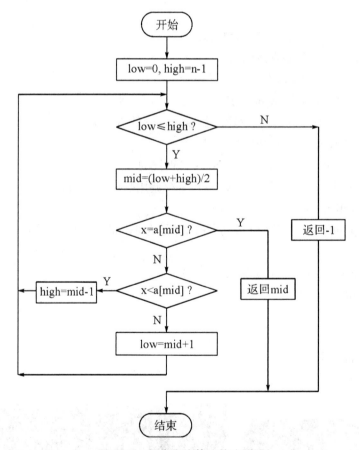

图 6-28　折半查找算法的流程图

测试用例:2,3,5,6,8,11,测试用例情况如表6-16所示。

表6-16 测试用例情况

a[0]	a[1]	a[2]	a[3]	a[4]	a[5]
2	3	5	6	8	11

查找6时的变量变化表如表6-17所示。

表6-17 查找6时的变量变化表

low	high	mid	a[mid]
0	5	2	5
3	5	4	8
3	4	3	6

测试用例:在13,23,29,39,42,52,69,81,84,95中查找39,得到如表6-18所示的变量变化表。

表6-18 查找39时的变量变化表

low	high	mid	a[mid]
0	9	4	42
0	3	1	23
2	3	2	29
3	3	3	39

(3)通过折半查找算法实现函数 binsearch()。

```
int binsearch(int a[], int n, int x){
    int low = 0;//低半区间指针
    int high = n - 1;//高半区间指针
    int mid = 0;//中间位置
    while (low <= high)    {
    mid = (low + high) / 2;
    if (x == a[mid])
        return mid;
    else if (x < a[mid])
        high = mid - 1;
    else
        low = mid + 1;
    }

    return -1;
}
```

(4)测试程序流程。

① 在主函数 main( )中定义一个有 N(N=6)个元素的数组 a;

② 输入数组的元素;

③ 对数组进行排序;

④ 输出排序后的数组元素;

⑤ 输入要查找的元素 x;

⑥ 在有 N 个元素的数组 a 中用折半查找 x,如找到将其下标返回,否则返回-1;

⑦ 输出信息。

【案例6-23】折半查找。

```c
#include <stdio.h>
#define N 6                          //数组元素个数
void input(int b[ ], int n);          //输入函数的声明
void output(int b[ ], int n);         //输出函数的声明
void bubbleSort(int b[ ], int n);     //冒泡排序函数的声明
int binSearch(int b[ ], int n, int x);//折半查找函数的声明
int main( ){
    int a[N] = {2,3,4,5,6,8};      //①定义一个数组
    int key = 0; //要查找的值
    int location = 0; //位置
    printf("输入数组的%d 个元素:\n", N);
    input(a, N);               //②输入数组的元素
    bubbleSort(a, N);          //③调用对数组进行排序的函数
    printf("排序后数组 a 的元素为:\n");
    output(a, N);              //④输出排序后的数组元素
    printf("输入要查找的元素: ");
    scanf("%d", &key);         //⑤输入要查找的元素 key
    location = binSearch(a, N, key);//⑥用折半查找法
    /*⑦打印是否找到信息*/
    if (location != -1)
        printf("查找%d 成功,序号为%d\n", key, location + 1);
    else
        printf("查找%d 失败\n", key);
    return 0;
} //example6-23.cpp
```

运行结果如图 6-29 所示。

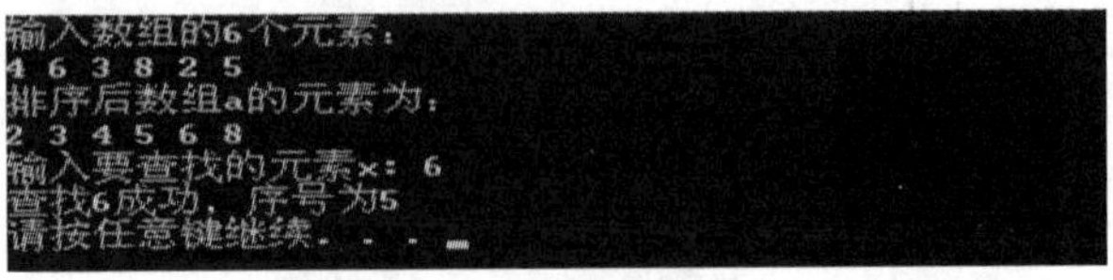

图 6-29　运行结果

6.6 综合应用案例分析 ├────────────────────────

本节主要内容为:竞赛评分、保存素数。

6.6.1 竞赛评分

【案例6-24】竞赛评分。评委会对每一个参赛人员进行打分,得分的规则为去掉最高分和最低分,然后计算其余分值的平均值,输出参赛人员的最终得分。假设评委会的人数为15。

分析:我们可以定义一个浮点型的数组 score[15],用来记录每一个评委的打分值。程序中使用循环语句来输入每一个评委所打的分数,输入的分数存入数组中。在采用循环语句处理数组时,我们要谨慎确定循环的终值,避免下标越界。然后再利用循环语句完成以下任务:①累加所有评委所打的分数;②统计其中的最高分数;③统计其中的最低分数;④最后计算去掉最高分和最低分之后的平均分数,并输出计算的结果。

```cpp
//example6-24-1.cpp 采用综合模块完成
//example6-24-2.cpp 采用分模块完成
//example6-24-3.cpp 采用函数完成,并能够读写文件
#include" stdio.h"
#define N 15
int main( )
{
    float score[N];//分数数组
    float sum = 0; //总分
    float average = 0;    //平均分
    float min=0; //最低分
    float max=0;    //最高分
    int i = 0;   //数组下标
    printf( "Please input scores: \n" );
    for (i=0;i<N;i++)
        scanf( "%f" ,&score[i]);

    /* 计算总得分 sum,并寻找最高分和最低分 */
    min=max=score[0];
    sum=0.0;
    for (i=0;i<N;i++)
    {
        sum+=score[i];
        if (score[i]<min)
            min=score[i];
        if (score[i]>max)
            max=score[i];
```

6

维数组

```
        }

        average = (sum-min-max)/(N-2); //总分减最高分和最低分
        printf("the result score is %f.\n",average);
    }
```

程序运行结果如下:

Please input scores:

78 89 90 85 95 93 95 88 86 76 78 79 80 83 99↙

the result score is 86.076920

思考题:如何改写为函数?

下面采用函数完成。

```
#include <stdio.h>
void input(float *p,int *pn); //输入函数的声明
void output(float *p,int m); //输出函数的声明
float sum(float *p,int m); //求和函数的声明
float max(float *p,int m); //求最大值函数的声明
float min(float *p,int m); //求最小值函数的声明
int saveFile(float *p,int m); //保存文件函数的声明
int readFile(float *p,int *pm); //读取文件函数的声明
int main()
{
    float score[30]; //分数数组
    int n = 15; //数据个数
    float average = 0; //平均值
    if (! readFile(score,&n))
        input(score,&n);
    output(score,n);
    average = (sum(score,n) - max(score,n) - min(score,n))/(n - 2);
    printf("\n平均值是%f\n",average);
    return 0;
}


/* 输入函数的实现
参数:指针 p 是指向数组,指针 pn 指向数组长度 */
void input(float *p,int *pn)
{
    int i = 0; //数组下标,循环控制变量
    printf("请确定评委个数:");
```

```
        scanf("%d",pn);
        printf("请输入%d个分数:", * pn);
        for (i = 0;i < * pn;i++)
            scanf("%f",p++);
        p = p - * pn;
        saveFile(p, * pn);
}


/ * 保存文件函数的实现
参数:指针 p 是指向数组,m 是数组长度
返回值:1 表示保存成功,0 表示保存失败 */
int saveFile(float  * p,int m)
{
        int i = 0;//数组下标,循环控制变量
        FILE  * fp = NULL;//文件指针

        fp = fopen("score.txt","w+");
        if (! fp)
        {
            printf("保存失败!");
            return 0;
        }
        i = 0;
        while (i < m)
        {
            fprintf(fp,"%6.2f\t", * p);
            i++;
            p++;
        }
        fclose(fp);

        return 1;
}

/ * 读取文件函数的实现
参数:指针 p 是指向数组,指针 pn 指向数组长度
返回值:1 表示读取成功,0 表示读取失败 */
int readFile(float  * p,int  * pm){
        int count = 0;//计数器,数据个数
```

```
            FILE  * fp = NULL;//文件指针
            fp = fopen("score.txt","r");
            if (! fp)
            {
                printf("读取失败!");
                return 0;
            }

            //读取文件出现死循环,采用 break 跳出循环
            while (fscanf(fp,"%6.2f\t",p) != EOF)
            {
                if (*p <= 0.000001) //否则出现死循环
                    break;
                count++;
                p++;
            }
            fclose(fp);
            * pm = count;

            return 1;
}
```

6.6.2 保存素数

【案例6-6-2】找出 500～800 中的全部素数并写入到文件,把素数的个数也写入文件,然后再读出,并显示输出。该案例要求用函数实现。

```
//example6-6-3.cpp
#include <stdio.h>
int isPrime(int n);//素数判断函数的声明
void findPrime(int beginNumber,int endNumber);//找素数函数的声明
int saveFile(int b[ ],int n);//文件保存函数的声明
int readFile(int b[ ],int * pn);//文件读取函数的声明
void display(int b[ ],int n);//显示函数的声明
int main(){
    int m = 0;//起始数
    int n = 0;//终止数
    int k = 0;//素数个数
    int isFind = 0;//是否找到素数
    int prime[100];//素数存放数组
    printf("请输入素数范围(起始数 终止数):");
    scanf("%d%d",&m,&n);
```

```
        isFind = readFile(prime,&k);
        if (isFind)    {
            printf("%d 与%d 之间的素数:\n",m,n);
            display(prime,k);

            return 0;
        }
        findPrime(m,n);

        return 0;
}


/ * 素数判断函数的实现
功能:判断 n 是否为素数
返回值:1 表示是素数,0 不是素数 */
int isPrime(int n)
{
    int i = 0;//除数
    for (i = 2; i <= n / 2; i++)
        if( n % i == 0)
            return 0;

    return 1;
}


/ * 找素数函数的实现
功能:找出并显示 beginNumber 与 endNumber 之间的素数 */
void findPrime(int beginNumber,int endNumber){
    int m = 0; //外循环控制变量,正整数
    int i = 0; //内循环控制变量,除数
    int count = 0;//计数器,素数个数
    int prime[100];//素数数组
    for (m = beginNumber; m <= endNumber; m++)    {
        / * 如果 m 是素数 */
        if( isPrime(m) ) {
            prime[count] = m;
            count++;
        }
    }
```

维
数
组

```
        printf("%d 与%d 之间的素数:\n",beginNumber,endNumber);
        display(prime,count);
        saveFile(prime,count);//将素数存入文件
}


/*文件保存函数的实现
功能:将有 n 个元素的数组 b 存入文件
输入:b 是数组,n 是元素个数
返回值:1 表示保存成功,0 表示保存失败*/
int saveFile(int b[ ],int n){
        FILE  *fp = NULL;//文件指针
        int i = 0;//数组下标,循环控制变量
        fp = fopen("prime.txt","w+");
        if (fp == NULL)        {
            printf("文件保存失败!\n");

            return 0;
        }
        i = 0;
        while(i < n)        {
            fprintf(fp,"%4d",b[i]);
            i++;
        }

        return 1;
}


/*文件读取函数的实现
功能:将文件中读取的元素放在数组 b 中
输入:b 是数组,pn 指向元素个数的指针
返回值:1 表示读取成功,0 表示读取失败*/
int readFile(int b[ ],int *pn)
{
        FILE  *fp = NULL;//文件指针
        int count = 0;//读取数据个数
        if (((fp=fopen("prime.txt","r"))==NULL)
        {
            printf("文件读取失败!\n");
```

```
        return 0;
    }
    count = 0;
    while(fscanf(fp,"%4d",&b[count++]) != EOF);
    *pn = --count;
    return 1;
}
```

第三部分　学习任务

7 字符串

第一部分 学习导引

【课前思考】处理的一维数组中的组成元素如果是字符,怎么处理?

【学习目标】理解字符数组及其下标表示的含义,掌握字符数组的使用方法,掌握字符处理函数。

【重点和难点】重点:字符数组的概念和使用,字符数组与函数关系;难点:函数指针和指针函数的关系。

【知识点】字符数组、函数指针、指针函数。

【学习指南】熟悉并掌握字符数组和字符串的使用方法,熟悉并掌握字符串在指针和函数中的应用,熟悉并掌握常用的字符串处理函数,理解函数指针和指针函数的关系,了解字符串的文件读写操作。

【章节内容】字符数组与字符串、字符串与函数、指针函数与函数指针、综合应用案例分析。

【本章概要】字符数组是存放字符型数据的数组,结束标志是´\0´。由于字符数组与一维数组不同,所以在处理上有很多差异。字符数组的定义与一维数组相同,但是字符数组可以直接用字符串进行初始化。一般的一维数组每个元素输入/输出都要用 scanf( )/printf( )函数完成,但是字符数组还增加整体输入/输出的字符串函数 gets( )/puts( )。

字符数组和指向字符数组的指针还可以作为函数参数,但是不需要将数组长度也作为函数参数(通常的一维数组作为函数参数,需要将数组长度作为函数参数),因为字符数组带结束标志´\0´。

字符串还有一些常用处理函数,如字符串长度 strlen( )函数、字符串比较 strcmp( )函数、字符串复制 strcpy( )函数、字符串连接 strcat( )函数、字符串查找 strstr( )函数。

函数返回值可以是指针型,称为返回指针的函数,简称指针函数。指针函数可以返回一个数组的首地址。

第二部分　学习材料

7.1　字符数组与字符串

本节主要内容为:字符数组的定义和初始化、字符数组的输入和输出、文件的字符读写函数。

7.1.1　字符数组的定义和初始化

7.1.1.1　字符数组的定义和初始化

【案例7-1】通过键盘输入若干字符,并在屏幕上输出。

算法分析:首先定义一个数组 str,该数组有 60 个元素。因为元素个数和元素的值未知,我们需要通过键盘输入,然后可以通过循环进行输出。

```
#include <stdio.h>
int main( ){
    int i=0; //数组下标,循环控制变量
    char str[60];
    printf("请输入一串字符:");
    i = 0;
    do
    {
        scanf("%c",&str[i]);  //str[i] = getchar( );
        i++;
    } while ( str[i-1] != '\n');
    str[i-1] = '\0';
    //scanf("%s",str);
    //scanf("%s",&str);

    printf("输入的字符串是:%s\n",str);
    i = 0;
    while ( str[i] != '\0')
    {
        printf("%c",str[i]);
        I++;
    }
    printf("\n");

    return i;
}  //example7-1.cpp
```

运行结果如图 7-1 所示。

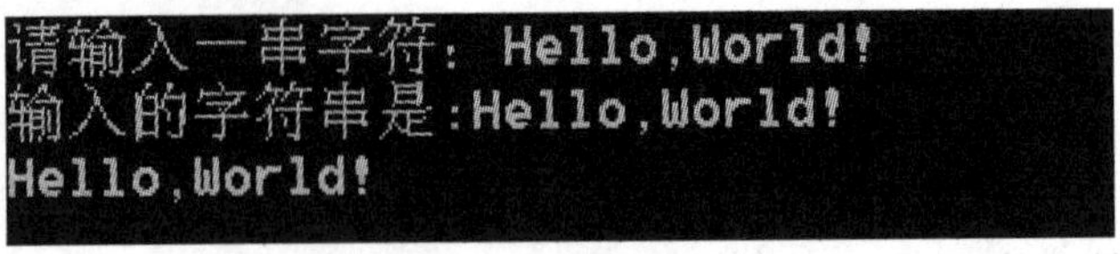

图 7-1 运行结果

在 C 语言中,我们把字符串(string)当作字符的数组来处理。字符串的大小表示字符数组的长度或字符串中所含字符的个数。例如,我们如果要用数组 name 表示字符数组,最多可以保存 10 个字符,可以这样定义"char   name[10];"。

编译系统遇到一个字符串时,存储器将自动在串尾给它添加´\0´作为字符串结束标志。当定义字符数组时,我们必须留出一个额外的元素空间来保存结束标志。"Well Done"在内存中的存储情况如图 7-2 所示。

图 7-2 "Well Done"在内存中的存储情况

数组在定义时还可以同时为各个单元设置初始化的值,主要有 3 种初始化方式。

(1)定义时给所有元素赋值,例如:

    char s[5] = {´a´,´b´,´c´,´d´,´e´};

定义数组 s[5],并且设置"s[0] = ´a´,s[1] = ´b´,s[2] = ´c´,s[3] = ´d´,s[4] = ´e´"。

(2)定义时给部分元素赋值,例如:

"char s[5] = {´a´,´b´};"定义数组 s[5],并且设置"s[0] = ´a´,s[1] = ´b´,s[2] = ´\0´,s[3] = ´\0´, s[4] = ´\0´",即后面没有赋值的元素全部设置为 0。

(3)定义时给所有元素赋值,则可以不设置数组的大小,例如:

"char s[] = {´a´,´b´,´c´,´d´,´e´};"与"char s[5] = {´a´,´b´,´c´,´d´,´e´};"是等价的。

【案例 7-2】字符串的初始化。

```c
#include <stdio.h>
int main()
{
    /*定义变量*/
    char s1[5] = {´a´,´b´,´c´,´d´,´e´};//字符串
    char s2[] = {´a´,´b´,´c´,´d´,´e´};//字符串
    char s3[] = "abcde"; //字符串
    char s4[5] = {´a´,´b´,´c´,´d´};//字符串
    //char s5[3] = {´1´,´2´,´3´,´a´}; //编译出错

    printf("%s\n",s1);
    printf("%s\n",s2);
    printf("%s\n",s3);
```

```
    printf("%s\n",s4);

    return 0;
}//example7-2.cpp
```

7.1.1.2 字符数组的定义与赋值

字符数组是存放字符型数据的数组,其中每个数组元素存放的值都是单个字符。字符数组的定义格式如下:

    char 数组名[常量表达式]={初始值表};

其功能是定义一个字符型的数组,并且给其赋初值。

字符型数组赋值的方法和一般数组赋初值的方法完全相同。"初始值表"中是用逗号分隔的字符常量。例如:

    char s1[3]={'1','2','3'}; //逐个元素赋初值

结果 s1[0]的值为字符'1',s1[1]的值为字符'2',s1[2]的值为字符'3'。它们相当于两个语句:

    char s1[3];

    s1[0]='1';s1[1]='2';s1[2]='3';

(1)如果初值个数小于数组长度,则只将这些字符赋给数组中前面那些元素,其余的元素系统自动定义为空字符('\0')。例如:

    char s1[3]={'1','2'}; //逐个元素赋初值

赋值结果如下:

    s1[0]='1';s1[1]='2';s1[2]='\0';

(2)如果大括号中提供的初值个数(字符个数)大于数组长度(常量表达式的值),则程序编译时将出现错误,如下:

char s1[3]={'1','2','3','a'}; //编译出错

(3)我们还可以用字符串常量对数组初始化,如果提供的初值个数与预定义的数组长度相同,在定义时可以省略数组长度,系统会自动根据初值个数确定数组长度。例如:

    char c[]={"happy!"};

这样数组 c 有 7 个元素。采用这种方式可以不用去数字符的个数,尤其在赋初值的字符个数较多时,比较方便。那么,字符串"happy!"中只有 6 个字符,但为什么数组 c 中会有 7 个元素呢? 图 7-3 展示了初始化的存储情况。

char[0]	char[1]	char[2]	char[3]	char[4]	char[5]	char[6]
'h'	'a'	'p'	'p'	'y'	'!'	'\0'

图 7-3　初始化的存储情况

C 语言中没有专门的字符串变量,通常用一个字符数组来存放一个字符串常量。字符串常量是以一对双引号括起来的多个字符,如"happy!"。C 语言中字符串常量存储时系统会自动在串尾加上一个'\0'作为串的结束符。

因此我们当把一个字符串存入一个数组时,也把结束符'\0'存入数组,并以此作为该字符串结束的标志。有了'\0'标志后,我们就不必再用字符数组的长度来判断字符串的

长度了。在程序中往往依靠检测'\0'的位置来判定字符串是否结束。

7.1.2 字符数组的输入和输出

【案例7-3】通过键盘上输入一行字符(不多于40个,以换行符作为输入结束标志),将其中的大写字母改为小写字母,其他类型字符不变,然后输出。

分析:首先定义一个字符数组,数组的长度为40,将通过键盘输入的字符保存在数组中。通过循环每次输入一个字符,我们判断这个字符是不是大写字母;如果是就转换为小写字母,如果输入的字符是换行符(回车键)则循环结束。我们最后通过循环将字符数组输出。

```c
#include<stdio.h>
int main(){
    char a[40];//字符数组
    int n = 0; //数组长度
    int i = 0;//数组下标
    printf("input char(<40):\n");
    do
    {
        scanf("%c",&a[n]);   //输入单个字符存入数组 a
        if (a[n] >= 'A' && a[n] <= 'Z')
            a[n]+=32;//若是大写字母就改为小写字母
        n++;
    }while(a[n-1]!='\n');   //若输入字符不是'\n',继续循环
    a[n-1] = '\0';
    for (i = 0;a[i] != '\0';i++)
        printf("%c",a[i]);


    return 0;
}//example7-3.cpp
```

程序运行结果如下:

input char(<40):

Welcome To You!↙

welcome to you!

字符数组的输入与输出可以使用两对输入/输出函数,一对是常用的 printf() 和 scanf() 函数,另一对是 puts() 函数和 gets() 函数。例如:

char ch[] = "I am a student!";

对上述字符数组 ch 进行输出有如下几种方式:

(1)使用 printf() 函数将整个字符数组一次输出,利用格式控制符"%s"输出字符数组。

printf("%s",ch);

那么,整个字符数组一次性输出如下:

I am a student!

（2）使用 puts( )函数输出字符数组,该函数的调用格式如下:

puts(字符数组名);

它的功能是把字符数组的各元素值输出到标准输出设备中,字符数组也可以是字符串。因此对字符数组 ch 采用这种方法输出:

puts(ch);

那么对于 ch 字符数组的输入呢? 也有如下两种方法:

（1）使用 scanf( )函数将整个字符数组一次性输入,输入时不需要加入取地址符号 &,如"scanf("%s",ch);",因为字符数组名表示该字符数组的首地址。

输入时遇到空格或回车,系统认为字符数组输入结束。也就是说,用 scanf( )输入的字符串中不包含空格,当字符串中需要包含空格时,应采用另外的方式输入。

（2）使用 gets( )函数输入字符串,该函数的调用格式如下:

gets(字符数组名);

它的功能是通过标准输入设备(键盘)输入一个字符串并存储到字符数组中。我们使用 gets( )函数输入字符时,不以空格作为字符串输入结束标志,只以回车作为输入结束标志。因此我们也可以采用这种方法对 ch 进行输入,如"gets(ch);"。

【案例 7-4】将一个字符串的内容逆序并输出,如把"abcde"输出为"edcba"。

方法一:中间对折。

分析:字符数组预先通过字符串赋值,那么字符串中的每个字符依次存放在字符数组中,并且在最后一个字符后面加上一个字符串结束标志'\0'。首先,通过遍历计数计算出整个字符串的长度(有效位个数)。然后,取其中值,将第 0 个元素与最后一个元素互换,第 1 个元素与倒数第 2 个元素互换,依次类推,直到中值元素为止。这样我们就可以达到逆序的目的,最后将数据输出。

```
#include<stdio.h>
int main( ){
    char a[ ] = "I am happy!"; //利用字符串给字符数组赋值
    int num = 0;//字符个数,即字符串长度
    int i = 0;//数组下标,循环控制变量
    int k = 0;//字符串的中间位置
    char temp = 'A';//临时字符
    puts("输入字符串:");
    gets(a);
    puts(a);
    /*通过循环确定字符串长度,也可以用 strlen*/
    i = 0;
    while (a[i] != '\0')    {
        num++;
        i++;
    }
    printf("字符串长度为%d\n",num);
```

```
        //printf("字符串长度为%d\n",strlen(a));
        /*字符串反转*/
        k = num / 2;            //取字符串个数的一半
        for (i = 0;i < k;i++)        //将对应位置互换,达到逆序的目的
        {
            temp = a[i];
            a[i] = a[num-1-i];
            a[num-1-i] = temp;
        }
        /*输出逆序后的字符串*/
        printf("\n反转后的字符串:");
        for (i = 0;a[i] != '\0';i++)
            printf("%c",a[i]);
        printf("\n反转后的字符串:");
        puts(a);
        return 0;
}   //example7-4-1.cpp
```

程序运行结果如下:

I am happy!

!yppah ma I

方法二:借助辅助数组。

```
#include<stdio.h>
#include <string.h>
int main() {//变量定义与方法一相同
        num = strlen(a);
        printf("字符串长度为%d\n",num);
        puts(a);

        /*将字符串 a 尾的元素放入字符串 temp 头,实现逆序*/
        for (i = num - 1;i >= 0;i--)    {
            temp[i] = a[num - 1 - i];
        }
        temp[num] = '\0';

        /*将字符串 temp 的元素依次放入字符串 a 中*/
        for (i = 0;i < num;i++){
            a[i] = temp[i];
        }
```

```
    /*输出逆序后的字符串*/
    printf("\n 反转后的字符串:");
    puts(a);
}  //example7-4-2.cpp
```

程序运行结果如下:

I am happy!

!yppah ma I

7.1.3 文件的字符读写函数

文件的字符读写函数可分为写字符函数 fputc( )、读字符函数 fgec( )、写字符串函数 fputc( )、读字符串函数 fgets( )。这部分内容不要求掌握,学生可以自学。

【案例 7-5】将 26 个英文字母写入文件 file2. txt 中,然后再将这些字母读取出来,显示在屏幕上。

分析:我们将 26 个英文字母写入文本文件中,可以在循环中调用写字符的函数,将字母从 a 到 z 逐个写入文件。我们利用建立的文本文件调用读字符的函数,将该文件中的字符一个一个地读出并在显示器上显示。

```
#include<stdio.h>
#include<stdlib.h>
int main(){
    char ch='a';            //字母变量,准备好第一个字母
    int n = 0;              //字母编号
    FILE  * fc = NULL;      //定义文件类型指针 fc

    /*若成功打开文件,循环 26 次*/
    if((fc=fopen("file2. txt","w"))==NULL)      {
        printf("Cannot Open File");
        exit(0);//若不成功终止程序执行
    }
    for(n=0;n<=25;n++)      {
    {
        fputc(ch,fc);           //将英文字母写入文件
        ch++;           //准备下一个字母
    }
    fclose(fc);             //关闭文件

    if((fc=fopen("file2. txt","r"))==NULL)
    {
        printf("Cannot Open File");
        exit(0);
    }
```

```
                    /*若成功打开文件,循环 26 次*/
                    for(n=0;n<=25;n++) {
                        ch=fgetc(fc);              //读取英文字母
                        printf("%c",ch);        //显示英文字母
                    }
                    printf("\n");
                    fclose(fc);                    //关闭文件
                }   //example7-5.c
```

7.1.3.1　写字符函数 fputc( )

写字符函数 fputc( )的一般调用形式如下:

fputc(字符型变量,文件类型指针);

函数功能:把字符变量的值写入文件指针指向的文件,同时将读写位置指针向前移动 1 个字节。

例如: fputc(ch, *fp);

$$返回值 = \begin{cases} 所写字符的 \text{ASCII} 码 & 操作成功 \\ \text{EOF} & 出错 \end{cases}$$

7.1.3.2　读字符函数 fgetc( )

读字符函数 fgetc( )的一般调用形式如下:

fgetc(文件类型指针);

函数功能:从文件指针 fp 指向的文件中读取一个字符,同时将读写位置指针向前移动 1 个字节。

例如:ch=fgetc(fp);

$$返回值 = \begin{cases} 读取字符的 \text{ASCII} 码 & 操作成功 \\ \text{EOF} & 出错或遇到文件结束 \end{cases}$$

【案例 7-6】通过键盘输入若干个字符,并逐个写入文件,直至输入"#"号结束,再将字符从文件中读出并显示到屏幕上(本案例的展示可以指定文件名)。

```
#include<stdio.h>
#include<stdlib.h>
int main() {
    FILE *fp;//文件指针
    char ch='A'; //字符变量
    char fn[10];//文件名
    printf("请输入文件名:");
    scanf("%s",fn);
    if((fp=fopen(fn,"w"))==0)  {
        printf("文件不能打开!");
        exit(0);
    }
    printf("请输入字符(遇到'#'结束):");
```

```
    scanf(" %c",&ch);        //从键盘输入一个字符
    while(ch! =´#´) {
        fputc(ch,fp);            //将字符写入指定文件
        ch =getchar();        //从键盘输入一个字符
    }
    fclose(fp);              /关闭文件

    fp =fopen(fn,"r");//再次打开文件,准备从文件中读取字符
    ch =fgetc(fp);        //先读取一个字符
    /* 若不是 EOF,表示未到文件末尾,继续循环 */
    while(ch! =EOF)    {
        putchar(ch);              //读取的字符在屏幕上显示输出
        ch =fgetc(fp);            //读取字符
    }
    putchar(´\n´);
    fclose(fp);//字符读取完毕,关闭文件
} //example7-6. c
```

运行结果如图 7-4 所示。

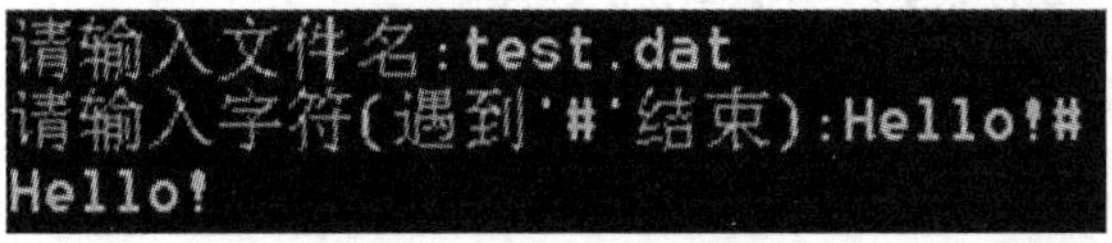

请输入文件名:test.dat
请输入字符(遇到'#'结束):Hello!#
Hello!

图 7-4   运行结果

【案例 7-7】通过键盘输入字符串,写入 file3. txt 文件中,再从文件读出,在显示器上显示输出。

```
#include<stdio.h>
#include<stdlib.h>
int main( ) {
    char str[80];              //字符串
    FILE  * fs = NULL;     //定义文件类型指针 fs
    gets(str);                 //通过键盘输入一个字符串
    if((fs =fopen("file3. txt","w"))==NULL)
    {
        printf("Cannot Open File");
        exit(0);
    }
    fputs(str,fs);             //将字符串写入文件
    fclose(fs);               //关闭文件
```

```
        fs=fopen("file3.txt","r");    //再打开文件,准备读取字符串
        fgets(str,15,fs);                    //从文件中读取字符串
        puts(str);
        fclose(fs);
}    //example7-7.c
```

运行结果如图7-5所示。

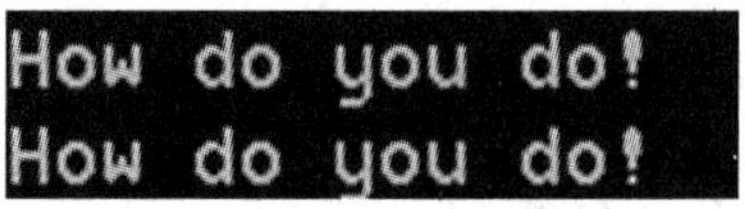

图7-5　运行结果

7.1.3.3　写字符串函数 fputc()

写符串函数 fputc()的调用形式如下:

fputs(字符指针,文件指针);

函数功能:把字符指针所指向的字符串(不包括字符串结束符´\0´)写入文件指针指向的文件。例如,fputs(str , fp)表示将以 str 为起始地址的字符串写入 fp 指定的文件中。

7.1.3.4　读字符串函数 fgets()

读字符串函数 fgets()的调用形式:

fgets(字符指针, 字符个数, 文件指针);

函数功能:从文件指针指向的文件中读取指定个数-1 个字符,保存到字符指针指向的内存中,最后添加´\0´。若在读完指定个数之前遇到换行符或 EOF,则读取结束。例如,fgets(str, n, fp)从 fp 指定的文件中读取 n-1 个字符,存储到以 str 为起始地址的内存中。

【案例7-8】在一个文件中追加内容,并读取和显示输出。

```
#include<stdio.h>
#include<stdlib.h>
int main(){
    char str[80];           //字符串
    FILE *fs = NULL;        //定义文件类型指针
    if((fs=fopen("file3.txt","r"))==NULL
    {
        printf("Cannot Open File");
        exit(0);
    }
    fgets(str,35,fs);        //读取文件 file3 的内容并保存在数组 str 中
    puts(str);               //显示输出文件 file3 的内容
    fclose(fs);              //文件操作完毕,关闭

    /*以"追加"方式打开 file3.txt 文件*/
    if((fc=fopen("file3.txt","a+"))==NULL)
```

```
            {
                printf("Cannot Open File");
                exit(0);
            }
            gets(str);
            fputs(str,fc);              //将数组 str 内容追加写入 file3 文件
            rewind(fc);                 //将文件位置指针移到文件开始
            fgets(str,55,fc);           //读取文件 file3 追加后的内容
            puts(str);                  //显示输出文件 file3 追加后的内容
            fclose(fc);                 //关闭文件
    }   //example7-8. c
```

运行结果如图 7-6 所示。

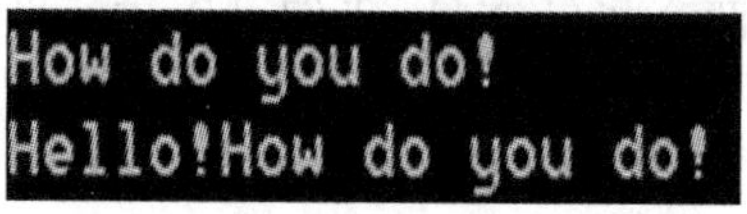

How do you do!
Hello!How do you do!

图 7-6 运行结果

7.2 字符串的指针与函数

本节主要内容为:字符串的指针、常用字符串函数、字符数组的常见错误。

7.2.1 字符串的指针

7.2.1.1 字符串的指针

我们利用指向字符串的指针处理字符数据,这样非常方便。如前所述,字符串是以双引号括起来的若干个字符,在存储时系统自动在字符串最后加上′\0′,表示字符串结束。字符串在内存中的起始地址(第一个字符所在的地址)称为字符串的首地址。我们可以定义一个字符指针变量,存放该字符串的起始地址,利用字符指针对字符串进行处理。

【案例 7-9】利用指针变量遍历字符串,统计其长度。

分析:我们先定义一个字符数组,长度要足够大(设为 80),定义字符指针变量指向字符数组。然后利用输入函数 scanf()或 gets()输入小于 80 个的字符,存放于字符数组中。最后利用循环计算字符的个数。

注意:利用 scanf()函数输入字符串时,如遇到空格或回车,则默认为字符串结束,空格及之后的字符就不能保存在数组中。利用 gets()函数输入时,只有遇到回车时才认为字符串结束。

```
int main() {
    char str[80];       //字符串
    char *p = NULL;    //指向字符串的指针
    printf("输入一个字符串(长度 < 80):");
    scanf("%s",str);    //输入字符串,可改为 gets
    p = str;            //使指针变量 p 指向字符数组首元素
```

```
/*遍历字符串,统计字符串长度*/
while ( * p ! = '\0')
    p++;
printf("字符串长度为:%d", p - str);//输出字符串长度

    return 0;
}//example7-9.cpp
```

7.2.1.2　指针变量运算

(1)两个指针变量相减。

对于指向同一个数组的两个指针变量,我们可以进行减法运算,其结果是两个指针之间数据的个数。

(2)比较两个指针变量大小。

对于指向同一个数组的两个指针变量,我们可以进行关系运算,然后比较指针的大小。指针变量值大的表明指向数组下标大的元素,指针变量值小的表示指向下标小的元素。

注意:指针变量不能与非地址的一般数据进行关系运算。

【案例7-10】将数字字符串转换为整数。

分析:将数字字符串转换为整数,我们需要将每个数字字符转换为同名整数。例如,将数字字符'0'转换为整数0时应将其值减去48。原因在于'0'的 ASCII 码值为48。同理,其他数字字符减去48后的值即为其对应的整数。'6'→6:'6'-'0'=6,'9'→9:'9'-'0'=9。

```
#include<stdio.h>
int chang(char * );//函数声明
int main()
{
    char str[8];//字符串
    int n = 0;//转换后整数
    gets(str);
    n=chang(str);
    printf("%d\n",n);

    return 0;
}//example7-10.cpp
/*转换函数的实现,数组作为形参*/
int change(char s[]){
    int sum=0;//求和
    int i = 0;//数组下标
    while( s[i] != '\0')
    {
        sum=sum*10+(s[i]-'0');
```

```
                i++;
        }

        return sum;
}
/*转换函数的实现,指针作为形参*/
int change(char *s){
        int sum=0;
        while(*s) //*s != '\0'
        {
                sum=sum*10+(*s-'0');
                s++;
        }

        return sum;
}
```

7.2.1.3　字符数组和字符指针变量的区别

(1)字符数组由若干元素构成,每个元素存放一个字符。字符指针变量中存放的是字符串的首地址,而不是字符串。

(2)数组名是一个地址常量,其值是不可以改变的,而指针变量的值是可以改变的。

(3)赋值方式不同。对于字符数组,除了初始化能给字符数组整体赋值外,程序中只能对各个元素分别赋值,不能用一个字符串给一个字符数组赋值。而字符指针可以用字符串的方式赋值,但是,它是将字符串的首地址赋给字符指针。例如:

```
char s[20],*sp;
s="Hello";            //错误
sp="Hello";           //正确
```

(4)编译时为定义的数组分配内存,每个数组元素都有确定的地址。而对于定义的指针变量,虽然也分配内存,但是,当未给指针变量赋值时,它并不指向一个具体的数据,存在不确定性,此时的指针变量是不可以被使用的。

【案例7-11】字符串反转。利用字符指针将一个字符串的内容反转(可参考【案例7-4】)。

方法一:采用指针,不采用函数。

```
#include<stdio.h>
int main(){
        char string[80];//字符串
        char temp = ' ';//临时字符变量
        char *str1 = NULL;//指向字符串前半部分
        char *str2 = NULL;//指向字符串后半部分
        printf("Please Input Character String:");
```

7

字
符
串

```
        gets(string);
        str2 = str1 = string;   //使字符指针指向数组首地址

        /*遍历字符串指向末尾*/
        while ( *str2!='\0')
            str2++;
        /*循环实现字符串反转*/
        for (str2--;str1 < str2;str1++,str2--)
        {
            temp = *str1;
            *str1 = *str2;
            *str2 = temp;
        }
        printf("Output Reversed String:");
        puts(string);

        return 0;
}//example7-11-1.cpp
```

方法二:采用函数(指针作参数)。

```
#include<stdio.h>
#include <string.h>
void reverse(char *);//函数声明
int main()
{
    char string[80];//字符串
    printf("请输入一个字符串:");
    gets(string);//输入字符串
    reverse(string);   //调用函数,参数为字符数组名
    printf("反转后的字符串:");
    puts(string);
    return 0;
}//example7-11-2.cpp
/*函数定义(用指针为形参)*/
void reverse(char *ps){
    char temp = '';//临时字符变量
    char *p = NULL;   //指向字符串前半部分
    char *q = NULL;   //指向字符串后半部分
    p = q = ps;//使字符指针指向数组首地址
```

```
    /* 遍历字符串,使指针指向末尾 */
    while ( *q != '\0')
        q++;
    q--;                    //指针必须回退一个位置

    /* 循环实现字符串反转 */
    while ( p < q )    {
        temp = *p;
        *p = *q;
        *q = temp;
        p++;
        q--;
    }
}
/* 函数定义(用数组为形参) */
void reverse( char ps[ ] )
{
    char temp = ' ';         //临时字符变量
    int i = 0;               //前半部分的下标
    int j = strlen( ps ) - 1; //后半部分的下标

    /* 循环实现字符串反转 */
    while ( i < j )
    {
        temp = ps[ i ];
        ps[ i ] = ps[ j ];
        ps[ j ] = temp;
        i++;
        j--;
    }
}
```

7.2.2 常用字符串函数

【案例 7-12】通过键盘输入若干个字符串,输出其中最大的字符串。

分析:我们先假定一个字符串为最大的字符串 s1,然后利用字符串比较函数 strcmp ()逐个比较以后输入的各字符串。若出现输入的字符串 s2 比 s1 大,则把 s2 当作当前最大的字符串。当输入空字符串时退出循环。

```
#include<stdio.h>
#include<string.h>
int main( )
```

```
            {
            char maxString[80];//最大字符串
            char str[80];        //输入字符串
            printf("Please input string:\n");
            gets(maxString);        //输入第一个字符串
            gets(str);                //输入第二个字符串
            do
            {
                /* 比较字符串,将大的复制到 maxString */
                If(strcmp(maxString,str) < 0)
                strcpy(maxString,str);
                gets(str);
            } while(strcmp(str,""));        //直到输入空字符串为止
            puts("The max string is:");
            puts(maxString);
}   //example7-12.cpp
```

程序运行结果如下:

Please input string:

banana↙

apple↙

pear↙

The max string is Pear

思考题:如果循环前输入的 s1 和 s2 都是空串,程序执行情况是怎样?

字符串在程序中被大量使用,关于字符串有一些常用的函数。这些函数在 string.h 头文件中说明,在使用时程序的开始部分要包含下面语句:

#include <string.h>

(1)strlen()函数。

strlen 意思是 string length。strlen()函数用来测试字符串的长度,即从第一个字符到'\0'之前的一个字符的总字符数,格式如下:

int   strlen(字符数组或字符串);

该函数返回一个整数,表示字符串的长度。

(2)strcmp()函数。

strcmp 意思是 string compare。strcmp()函数是用来比较两个字符串的大小,格式如下:

int strcmp(字符串1, 字符串2);

当字符串1> 字符串2时,返回一个正整数;当字符串1= 字符串2时,返回 0;当字符串1< 字符串2时,返回一个负整数。两个字符串的比较是按字母的 ASCII 码或汉字内码的值来比较的,程序把字符串的内存中的每一个字符看作一个无符号二进制数,比较在两个字符串的字符之间进行。

比较规则如下：

①比较两个字符串之间的字符值,如果两个对应字符一样,则继续比较下一个字符；

②如果两个对应的字符不同,则字符值大的字符串大；

③如果其中一个字符串结束,字符值都一样,则字符串长的那一个大；

④当它们两个一样长,而且每一个字符值完全一样,两个字符串相等。

根据 ASCII 码规则,字符比较一般有以下原则：

空格<′0′<′1′<…<′9′<′A′<′B′<…<′Z′<′a′<′b′<…<′z′<汉字

【案例7-13】字符串的复制和连接。

```cpp
#include <stdio.h>
#include <string.h>
int main( ){
    char a[ ] = "New Year!";    //字符数组
    char b[ ] = "I am happy!";  //字符数组
    char c[50];                 //字符数组
    printf("字符串%s 的长度为%d\n",a,strlen(a));
    printf("字符串%s 的长度为%d\n",b,strlen(b));
    //c= a;//错误用法
    strcpy(c,a);//复制字符串
    printf("字符串%s 的长度为%d\n",c,strlen(c));
    strcat(c,b);//连接字符串
    puts("连接后的字符串:");
    printf("字符串%s 的长度为%d\n",c,strlen(c));
    return 0;
} //example7-13. cpp
```

（3）strcpy( )函数。

strcpy 意思是 string copy。strcpy( )函数把一个字符串或字符数组复制到另一个字符数组中,格式如下：

strcpy(字符数组,字符数组或字符串);

（4）strcat( )函数。

strcat 意思是 string catenate。strcat( )函数完成两个字符串的连接,格式如下：

strcat(字符数组,字符数组或字符串);

执行后会把这个字符串连接在已有字符串后面,形成一个更长的字符串。

【案例7-14】通过键盘输入一个字符串和一个字符,要求输出的字符串不包含输入的字符。

分析:我们先通过键盘输入一个字符串,然后输入一个字符,依次判断该字符串中是否包含所输入的字符,若包含,则将其删除。删除的方法是将被删除的字符后面的字符逐个前移,将被删除的字符覆盖。

```cpp
#include<stdio.h>
#include<string.h>
```

```
int main( ){
    char str[80];//被查找的字符串
    char ch='A';//要删除的字符
    int i = 0;//用于查找字符的外循环控制变量
    int j = 0;//用于移动字符的内循环控制变量
    printf("Please input a string:\n");
    gets(str);
    printf("Please input a char:");
    ch=getchar();                    //输入指定字符。
    printf("Before deleted:\n");
    puts(str);
    /*删除str中含有的c字符模块*/
    for (i = 0;i < strlen(str);i++){
        if (str[i] == ch)           {
            /*将str中所包含的指定字符删除,用后面的字符替代*/
            for (j = i;str[j] != '\0';j++)
                str[j] = str[j+1];
            i--;//解决连续重复的字符
        }
    }
    printf("After deleted:\n");
    puts(str);
}  //example7-14-1.cpp
```

删除 str 中含有的 c 字符模块,逐个遍历整个数组 str,判断是否含有指定字符。

含重复字符的测试用例:cdaabfaeg,删除 a。

程序运行结果如下:

Please input a string: I am a student! ↙

Please input a char: a↙

Before deleted: I am a student!

After deleted: I m student!

思考题:如何改造为函数?

7.2.3 字符数组的常见错误

这里给出字符数组的常见错误:

①初始化数据个数多于定义数组长度;

②输入提示语句后,scanf( )输入数组元素时会漏掉最后一个字符;

③指针指向字符数组的位置错误;

④字符数组作为函数参数时有长度参数;

⑤使用字符串函数时没有包含头文件 string.h;

⑥存储字符串长度超过动态内存空间长度。

7.3 指针函数与函数指针

本节主要内容为:返回指针的函数、指向函数的指针。如果指针函数使用得不多,函数指针就用得很少。因此,初学者可以跳过本部分。编者建议计算机专业学生掌握指针函数,可以了解函数指针。

7.3.1 返回指针的函数

【案例7-15】在函数中输入字符串,逆序传给主调函数并在主函数输出。字符个数 n 在程序运行时输入。

分析:在【案例7-11-2】基础上,我们利用动态分配的 n 个字符的内存空间存储 n 个字符,函数返回值是指针型。

```
#include <stdio.h>
#include <string.h>
#include <stdlib.h>
int main( ){
    char * pStr = NULL;//指向字符串的指针
    pStr = reverse( );  //调用函数,返回值是字符指针
    printf("反转后的字符串:");
    puts( pStr);
    free( pStr);


    return 0;
} //example7-15.cpp
/* 函数实现 */
char * reverse( ){
    char temp = ´´;//临时字符变量
    char * ps = NULL;//动态数组的指针
    char * p = NULL;//指向字符串前半部分
    char * q = NULL; //指向字符串后半部分
    int n = 0;//数组长度
    int i = 0;//数组下标,循环控制变量
    printf("请输入字符串的个数:");
    scanf("%d",&n);
    ps = ( char  * )malloc(n + 1); //ps=(char  * )malloc((n+1)* sizeof(char))

    if (! ps)  {
        printf("内存分配失败!");
        exit(1);
    }
```

```
        puts("请输入字符串:");
        getchar();//吸收回车键,需要加上这句
        for (i = 0;i < n;i++) {
            scanf("%c",&ps[i]);
            if (ps[i] == '\n')
                break;
        }
        ps[i] = '\0';

        p = ps;          //使字符指针指向数组首地址
        q = ps + i - 1; //指针指向最后一个元素
        /*循环实现字符串反转*/
        while (p < q)     {
            temp =  *p;
            *p =  *q;
            *q = temp;
            p++;
            q--;
        }

        return ps;               //返回字符指针值
} //reverse
```

指针函数是返回指针值的函数。一个函数的返回值可以是一个整数、实数或字符,也可以返回一个指针(地址)值。返回指针值的函数的一般定义形式如下:

函数类型　＊函数名(参数表)

{函数体语句　　}

其中函数名前面的"＊"表明这是一个指针型函数,即返回值是一个指针。函数类型表示返回的指针值所指向的数据类型。

7.3.2　指向函数的指针

在 C 语言中,指针不仅可以指向整型(或实型,或字符型)变量、数组或字符串,也可以指向函数。利用指向函数的指针可以调用函数。指向函数的指针称为函数指针。

函数名代表了函数本身,是函数整体的抽象,也代表了该函数对应的代码在内存中的存储首地址。因此,函数的地址可以赋值给指针,这就是函数的指针,简称函数指针。一般情况下,程序中的每个函数经过编译连接后,产生的目标代码在内存中是连续存放的,该段代码的首地址就是函数执行时的入口地址。与数组名代表数组首地址类似的是函数名也代表函数的入口地址。那么,将函数的入口地址赋予指针变量,就称该指针指向了函数。

【案例 7-16】利用函数调用查找数组中的最大值并输出,用函数指针变量调用函数。

算法分析:查找数组中的最大值,我们先将数组中第一个元素放在一个变量中,如

max。再用 max 与其后的元素逐个比较,大者保存在 max 中,函数结束时将 max 的值返回即可。

```
#include<stdio.h>
int search(int a[ ],int);//函数声明
int main( ){
    int a[10];    //整型数组
    int i = 0;       //数组下标,循环控制变量
    int maximum = 0;    //最大值
    int ( *p)(int[ ],int);//定义指向函数的指针变量 p
    for (i = 0;i < 10;i++)
        scanf("%d",&a[i]);
    p = search;          //指针初始化
    maximum = p(a,10);    //调用函数,返回值赋予 n
    printf("max =%d\n",maximum);

    return 0;
}//example7-16. cpp
/ * 函数定义 */
int search(int a[ ],int n){
    int i = 0;//数组下标
    int max = a[0];//最大值
    for (i = 1;i < n;i++)
    if (max < a[i])
        max = a[i];
    return max;
}
```

函数指针就是指向函数的指针,指向函数的指针变量的一般定义形式如下:
数据类型　(*指针变量名)(函数参数表);
int search(int a[ ],int);
int (*p)(int [ ],int);
这里的数据类型就是函数返回值的类型,函数参数要求与被调用函数的参数要求相同,参数名称可以不同也可以缺省,但是参数类型和参数个数必须相同。
　　提示:指向函数的指针变量不能做任何运算。例如,p=p+1、p++、p=p-1 等是没有意义的。因为由若干条语句构成的函数可以实现某种功能,它是一个整体,指针变量只能指向函数的入口地址。
　　【案例 7-17】已知数组中有 10 个四位数数字,利用函数 f( )判断每个数是否符合下列条件:某个数的千位数大于等于百位数,百位数大于等于十位数,十位数大于等于个位数,并且该数是奇数。如果满足这些条件,则将该数放在另一个数组中,最后输出所有满足条件的数。

分析:判断一个数是否满足给定条件,我们首先要分解出该数每位的数字,然后进行判断。设 x 是一个四位数,a、b、c、d 分别代表千位、百位、十位和个位数字,则有:a=x/1000,b=x/100%10 或 b=x%1000/100,c= x%100/10,d=x%10。得到每一位上的数字后我们再判断它们是否满足给定条件就可以了。

```c
#include<stdio.h>
int find(int ta[ ],int n,int tb[ ]);   //函数声明
int main( ){
    int a[8] = {1234,5431,1357,8765,4680,9087, 3333, 2468};//源数据数组
    int b[8];//生成符合条件的数组
    int k = 0;//生成数组的长度
    int i = 0; //数组下标,循环控制变量
    int ( *p)(int[ ],int,int[ ]);   //定义指向函数的指针变量 p
    p = find;       //将函数的入口地址赋予指针变量 p
    k = p(a,8,b);  //调用函数
    printf("满足条件的数是:");
    for (i = 0;i < k;i++)
        printf("%d ",b[i]);
    printf("\n");

    return 0;
}
/ * ta 是源数组,n 是源数组长度,tb 是生成数组 */
int find(int ta[ ],int n,int tb[ ])
{
    int i = 0;//数组下标,循环控制变量
    int digit1 = 0;//千位数
    int digit2 = 0;//百位数
    int digit3 = 0;//十位数
    int digit4 = 0;//个位数
    int m = 0;//记录满足条件的数据的个数

    / * 找出各位数字 */
    for (i = 0;i < n;i++)
    {
        digit1 = ta[i] / 1000;
        digit2 = ta[i] % 1000 / 100;
        digit3 = ta[i] % 100 / 10;
        digit4 = ta[i] % 10;
        / * 过长代码可以写成多行 *
```

```
        if ( digit1 >= digit2 && digit2 >= digit3
            && digit3 >= digit4 && ta[i] % 2 != 0)
        {
            tb[m] = ta[i];
            m++;
        }
    }
    return m;
}  //example7-17. cpp
```

注意指针函数与函数指针的区别。例如,int (∗p)() 和 int ∗p() 是完全不同的。从表面上看,它们只差一个括号。但是,int (∗p)() 中的 p 是一个指针变量名,可以指向一个返回值为整型的函数,称 p 为函数指针;而 int ∗p() 中的 p 是一个函数名,函数返回值为整型指针变量,也称 p 为指针型函数。

7.4 综合应用案例分析

本节主要内容为整数的任意进制转换、寻找最长行。

7.4.1 整数的任意进制转换

【案例 7-18】无符号整数的任意进制数转换。

第 1 次迭代,无符号整数转换为 8 进制数,用整型数组实现。

算法分析:求 n 除以 d 的余数,就能得到 n 的 8 进制数的最低位数字,同时 n 缩小 8 倍;重复上述步骤,直至 n 为 0,依次得到 n 的 8 进制数的最低至最高位数字。我们从各位数字中取出相应数字,就能得到 n 的 8 进制的数字(栈的思想:后进先出)。

例如,将 213 转换为 8 进制:

①设 n=213,d=8,数组 s 存放转换后的字符串;

②s[0]=n%d=213%8=5,n=n/d=213/8=26;

③s[1]=n%d=26%8=2,n=n/d=26/8=3;

④s[2]=n%d=3%8=3,n=n/d=3/8=0,n 等于 0,转换结束,即将 213 转换为八进制数 325。

```
#include <stdio.h>
#define M sizeof( unsigned int) ∗8    //无符号整型所占用内存的位数
int main( ) {
    int i = 0;  //数组下标,循环控制变量
    unsigned int n = 0; //表示要转换的整数
    unsigned int d = 8; //d 表示进制
    int result[M+1];    //d 进制数值,存储进制转换后的数字
    printf( "Please input a number to translate:" );
    scanf( "%d" ,&n );
```

```
    /* 进制转换,得到最低位,存入数组 */
    i = M;
    do
    {
        result[--i] = n % d;
        n = n / d;
    } while(n);

    /* 输出转换后的结果(栈的思想:后进先出) */
    printf("The translate results are:");
    while (i < M)
    {
        printf("%d",result[i]);
        i++;
    }
    printf("\n");

    return 0;
}   //example7-18-1.cpp
```

测试数据:213 = 325(8)。

存在问题:不能完成16进制。

第2次迭代,扩展到16进制,采用整型数组实现。

```
/* 数据输入 */
printf("Please input a number to translate:");
scanf("%d",&n);
printf("base number:");
scanf("%d",&d);

/* 输出转换后的结果 */
printf("The translate results are:");
while (i< M){
    /* 16进制的处理方法不同 */
    if (d == 16)   {
        /* 输出16进制数码,为缩短代码,case后语句没有换行 */
        switch(result[i])
        {
        case 10:printf("A"); break;
        case 11:printf("B"); break;
        case 12:printf("C"); break;
```

```
            case 13:printf("D"); break;
            case 14:printf("E"); break;
            case 15:printf("F"); break;
            default:printf("%d",result[i]);
            }
        }
        else
            printf("%d",result[i]);
        i++;
} //example7-18-2.cpp
```
测试数据:213 = 325(8) = D5(16)。

存在问题:输出太复杂。

第 3 次迭代,仍为 16 进制,采用字符数组实现。

```
#include <stdio.h>
#define M sizeof(unsigned int) * 8        //所占用内存的位数
int main(){
    int i=0; //数组下标
    unsigned int n=0;        //表示要转换的整数
    unsigned int d = 8; //d 表示进制
    char result[M+1];        //存储进制转换后的数字字符
    char digits[] ="0123456789ABCDEF"; //16 进制数字字符
    /*输入数据同第 2 次迭代,代码略*/
    i=M;
    result[i] = '\0';            //字符串末尾添加标志
    /*转换进制,得到最低位,存入数组*/
    do
    {
        result[--i] = digits[n%d];
        n=n/d;
    } while(n);
    printf("The translate results are:");
    while (result[i] != '\0')
    {
        printf("%c",result[i]);
        i++;
    }
} //example7-18-3.cpp
```

存在问题:①数组起始位置不为 0,不具有通用性;②没有使用函数。

第 4 次迭代,扩展到任意进制,采用函数实现。

(1)复制字符串(从 0 开始)。

我们用 buffer 数组取代第 3 次迭代中的字符数组 result,然后将 buffer 的数组从 i->M 依次移到数组 result 中,即将转换后的字符串复制到数组 s 中:

```
for (j=0;(reults[j]=buffer[i])! ='\0';j++,i++);
```

(2)提供任意进制。

```
int scale[ ] = {2,3,4,5,6,7,8,9,11,12,13,14,15,16};    //进制数组
i<sizeof(scale)/sizeof(scale[0])
#include <stdio.h>
#define M sizeof(unsigned int) * 8 //无符号整型所占用内存的位数
/* 进制任意转换函数的实现
函数参数:n 表示要转换的整数,d 表示进制,result 存储进制转换结果的数字字符
返回值:0 表示转换失败,非 0 表示转换成功 */
int trans(unsigned n,int d,char result[ ]) {
    char digits[ ] = "0123456789ABCDEF"; //16 进制数字字符
    char buffer[M+1]; //存储转换中间结果的临时数组
    int j = 0; //结果数组的下标
    int i=M; //临时数组的下标
    if (d<2 || d>16) //小于 2 进制或大于 16 进制不转换
    {
        s[0] = '\0';
        return 0;
    }
    buffer[i] = '\0'; //字符串末尾添加标志
    /* 进制转换 */
    do
    {
        buffer[--i] = digits[n%d];
        n/=d;}
    while(n);
    /* 将转换后的字符串复制到数组 s 中 */
    for (j=0;(result[j]=buffer[i])! ='\0';j++,i++);

    return j;
}


int main( ) {
    int i = 0; //数组下标,循环控制变量
    unsigned int num=0; //表示要转换的整数
    int scale[ ] = {2,3,4,5,6,7,8,9,11,12,13,14,15,16};    //进制数组
```

```
char str[33];       //存储进制转换后的数字字符
printf("Please input a number to translate:");
scanf("%d",&num);
printf("The translate results are:\n",num);
for (i=0;i<sizeof(scale)/sizeof(scale[0]);i++){
    if (trans(num,scale[i],str))          //调用进制转换函数
        printf("%5d=%s(%d)\n",num,str,scale[i]);  //输出结果
    else
        printf("%5d=>(%d)Error!\n",num,scale[i]);
}
}  //example7-18-4.cpp
```

思考题:①转换函数中 result 能否采用动态内存分配? ②能否将函数返回值类型改为指针型?

Please input a number to translate:213↙

The translate results are:

213=11010101(2)

213=21220(3)

213=3111(4)

213=1323(5)

213=553(6)

213=423(7)

213=325(8)

213=256(9)

213=184(11)

213=159(12)

213=135(13)

213=113(14)

213=E3(15)

213=D5(16)

7.4.2 寻找最长行

【案例7-19】找出输入的若干行中最长的行。

7.4.2.1 问题描述

找出输入的若干行中最长的行。

7.4.2.2 设计思路

伪代码表示如下:

```
while (还有输入的内容时)
{
    如果新输入的行比以前的行还长,则用当前行替代以前最长的行;
}
```

输出最长的行；

我们需要实现如下的几个子任务：①如何输入一行？②如何判断是否还有输入内容？③如何比较两行的长度？

7.4.2.3　实现

（1）我们设计了一个 getline()函数，完成针对一行的输入（遇到换行符'\n'，则结束输入），该函数返回该行的长度；

（2）如果长度大于0，则表示还有要输入的内容，否则表示后面没有别的行，整个输入结束了；

（3）我们需要一个缓冲区来保存该行，这就是 longest 的作用。在循环输入中，如果发现新的最长行，则需将该行拷贝到 longest 缓冲区中，因此我们需要一个能完成字符串拷贝的函数 copy，当然这完全可以用 strcpy()库函数实现。

7.4.2.4　代码

```
/* 输出输入的多行中最长的一行 */
#include <stdio.h>
#define MAXLEN 100    /* 一行最大字符数 */
int getline(char * line, int maxline);
void copy(char * to, char * from);
int main(int argc, char * argv[]){
    int len = 0;           //当前行长
    int max = 0;           //当前为止最长行的字符数
    char line[MAXLEN];      //当前输入行
    char longest[MAXLEN];  //用于保存最长的行
    max = 0;
    while ((len = getline(line, MAXLEN)) > 0)
        if (len > max)
        {
            max = len;
            copy(longest, line);
        }
    if (max > 0)   //还有输入行
        printf("你输入的最长行为:%s", longest);
    return 0;
} //example7-19.c
/* 读取行字符串:读取一行字符到 s 中,最大字符数为 lim */
int getline(char * s, int lim){
    int i = 0; char c = ' ';
    for (i = 0; i < lim - 1 && (c = getchar()) != EOF && c != '\n'; ++i)
        *(s + i) = c;
    if (c == '\n') {
```

```
        *(s + i) = c;
        ++i;
    }
    *(s + i) = '\0';
    return i;
}
/*复制字符串:将字符串从 from 拷贝到 to 中,假定 to 足够长 */
void copy(char *to, char *from){
    int i = 0;//数组元素位置
    while ((*(to + i) = *(from + i)) != '\0')
        ++i;
}
```

7.4.2.5　运行结果

运行结果如图 7-7 所示。

图 7-7　运行结果

第三部分　学习任务

8 二维数组

第一部分　学习导引

【课前思考】有若干个销售人员,销售若干种产品,如何表示每个销售人员的每种商品的销售额? 如何表示班级每个同学的语文、数学、英语等课程的成绩? 如何记录小区每位住户的水、电、气的消耗数量?

【学习目标】理解二维数组及其下标,掌握初始化二维数组的方法,学会使用二维数组。

【重点和难点】重点:二维数组的声明、初始化及其使用。难点:指向二维数组元素的指针、指针数组、数组指针、指针的指针。

【知识点】二维数组、指向二维数组元素的指针、指针数组、数组指针、指针的指针。

【学习指南】熟悉并掌握二维数组的定义、初始化及其应用,熟悉二维数组和指向二维数组的指针作为函数参数,熟悉并掌握二维数组的常见错误及排除方法,理解并掌握指向二维数组元素的指针,了解指针数组、数组指针、指针的指针及其应用。

【章节内容】二维数组的基本使用、二维数组与指针、综合应用案例分析。

【本章概要】二维数组相当于表示一个矩阵,定义二维数组时需要指定第一维长度和第二维长度,相当于指定矩阵的行数和列数。二维数组的初始化和一维数组初始化的方法相同,也是在定义数组时给出数组元素的初值,还可以省略第一维长度,但需要指定第二维长度。二维数组引用时需要给出行、列下标。二维数组还可以作为函数参数,数组名需要指定第二维长度,但可以省略第一维长度,同时需要指定数组的行数和列数作为函数参数。由于二维数组可以看成每行的数据构成的一维数组,行优先顺序进行,先排第1行,再排第2行,所以二维数组作为函数参数时,计算地址需要按照第二维的长度来计算位置。

二维数组有指向二维数组元素的指针、指针数组、数组指针、指针的指针4种指针。我们非常容易混淆这4种指针,因此,重点掌握指向二维数组元素的指针,了解指针数组、数组指针和指针的指针。指向二维数组元素的指针实际上就是把二维数组当成一维数组,只是在计算地址时必须考虑第二维长度。数组指针就是指向二维数组的指针,也就是说数组指针指向的二维数组的第 1 行;当该指针加 1 时,指针变量指向下一行元素的首地址,因此又称为行指针。而指针数组表示的是多个指针构成的数组,数组元素是指针。指针的指针是当我们定义一个指向指针的指针时,第一个指针包含了第二个指针的地址,第二个指针指向包含实际值的位置。

第二部分 学习材料

8.1 二维数组的基本使用

本节主要内容为:二维数组的定义和初始化、二维数组元素的引用、二维数组作为函数参数。

8.1.1 二维数组的定义和初始化

【案例 8-1】表 8-1 显示了 4 位销售人员所售 3 种物品的数量。

表 8-1 销售人员销售的物品信息

姓名	可乐/瓶	饼干/盒	牛奶/箱
王芳	310	275	365
李丽	210	190	325
赵刚	405	235	240
徐辉	260	300	380

该表总共含有 12 个数值,每行 3 个。我们可以把它看作 4 行 3 列组成的矩阵。每行代表某个销售人员的销售数量,每列代表某种物品的销售数量。

计算并显示数据表中的以下信息:①每个销售人员的销售总值;②每种物品的销售总值;③所有销售人员销售的全部物品的总值。

算法分析:在数学中,我们使用双下标(如 V_{ij})来表示矩阵中的某个值。其中,V 表示整个矩阵,V_{ij} 指的是第 i 行第 j 列的值。例如,在表 8-1 中,V_{23} 指的是数值 325。C 语言可以使用二维数组来定义这样的表。表 8-1 在 C 语言中可以被定义为 value[4][3]。那么我们使用二维数组元素 value[i][j] 确定表中某个数据,其中 i 表示销售人员,j 表示物品,如表 8-2 所示。例如,value[1][2] 指的数据 325。

表 8-2 用二维数组表示的销售人员销售的物品信息

姓名	可乐/0 列	饼干/1 列	牛奶/2 列
王芳/0 行	310	275	365
李丽/1 行	210	190	325
赵刚/2 行	405	235	240
徐辉/3 行	260	300	380

面向新工科的
C 程序设计与项目实践

```c
#include<stdio.h>
#define MAXGIRLS 4      //定义销售员最大数常量值为4
#define MAXITEMS 3      //定义销售品种最大数常量值为3
int main( ) {
    int value[MAXGIRLS][MAXITEMS];  //销售值为 value
    int i = 0;  //行下标简称行标,外循环控制变量
    int j = 0;  //列下标简称列标,内循环控制变量
    int girl_total[MAXGIRLS];  //销售人员的销售总值
    int item_total[MAXITEMS];  //物品的销售总值
    int grand_total = 0;       //表示所有销售物品的总值

    printf("Input data:\n");
    /* 读入数据并计算 girl_total */
    for (i = 0;i < MAXGIRLS;i++)      {
        girl_total[i] = 0;
        for (j = 0 ;j < MAXITEMS;j++) {
            scanf("%d",&value[i][j]);
            girl_total[i] = girl_total[i] + value[i][j];
        }
    }

    /* 计算 item_total */
    for (j = 0;j < MAXITEMS;j++)      {
        item_total[j] = 0;
        for (i = 0;i < MAXGIRLS; i++)
            item_total[j] = item_total[j] + value[i][j];
    }

    /* 计算 grand_total */
    grand_total = 0;
    for (i = 0;i < MAXGIRLS;i++)
        grand_total = grand_total+girl_total[i];

    printf("\nGirls Totals\n");
    for (i = 0;i < MAXGIRLS;i++)
        printf("Salesgirl[%d]=%d\n",i+1,girl_total[i]);
    printf("\nItem totals\n");
    for (j = 0;j < MAXITEMS;j++)
```

```
        printf("Item[%d]=%d\n",j+1,item_total[j]);
    printf("\nGrand Total=%d\n",grand_total);
}    //example8-1.cpp
```
程序运行结果为:

Input data:

310 257 365↙

210 190 325↙

405 235 240↙

260 300 380↙

Girls Totals

Salesgirl[1]=932

Salesgirl[2]=725

Salesgirl[3]=880

Salesgirl[4]=940

Item totals

Item[1]=1185

Item[2]=982

Item[3]=1310

Grand Total=3477

8.1.1.1　二维数组的定义

二维数组的定义格式为:

类型标识符　数组名[常量表达式1][常量表达式2];

其中,常量表达式1表示第一维下标的长度,常量表达式2表示第二维下标的长度。

一个二维数组可以看成若干个一维数组。例如,我们定义了二维整型数组a[2][3],可以看成2个长度为3的一维数组,这2个一维数组的名字分别为a[0]、a[1]。其中,名为a[0]的一维数组元素是a[0][0]、a[0][1]、a[0][2],名为a[1]的一维数组元素是a[1][0]、a[1][1]、a[1][2]。

8.1.1.2　二维数组的初始化

二维数组的初始化和一维数组初始化的方法相同,也是在定义数组时给出数组元素的初值。主要有以下5种方式(见example8-2-1.cpp):

(1)分行给二维数组所有元素赋初值。例如:

    int a[2][3]={{1,2,3},{4,5,6}};

其中"1,2,3"是赋初值给第0行3个数组元素的,"4,5,6"是赋初值给第1行3个元素的。

(2)不分行给二维数组所有元素赋初值。例如:

    int a[2][3]={1,2,3,4,5,6};

各元素获得的初值和第1种方式完全相同。前3个值是第0行的,后3个值是第1行的。

(3)只对每行的前若干个元素赋初值。例如:

```
int a[2][3]={{1},{4,5}};
```
它的作用是只对第 0 行第 0 列元素和第 1 行第 0、1 列元素赋初值,其余元素自动为 0。

(4)只对前若干行的前若干个元素赋初值。例如:
```
int a[2][3]={{1,2}};
```
它的作用是只对第 0 行的第 0、1 列赋初值,其余元素自动为 0。

(5)若给所有元素赋初值,第 1 维的长度可以省略。例如:
```
int a[ ][3]={{1,2,3},{4,5,6}};
```
或
```
int a[ ][3]={1,2,3,4,5,6};
```
(6)通常还可以用一个二维字符数组来存放多个字符串。例如:
```
char   s[3][4]={"123","ab","x"};
```

系统在每行字符数组的赋值过程中,对于空下来的单元均自动赋值为´\0´。那么整个 s 数组在内存中的存储情况如图 8-1 所示。

s[0]	'1'	'2'	'3'	'\0'
s[1]	'a'	'b'	'\0'	'\0'
s[2]	'x'	'\0'	'\0'	'\0'

图 8-1   整个 s 数组在内存中的存储情况

二维数组在概念上是二维的,常常表示下标在两个方向上变化,下标在数组中的位置也处于一个平面之中,而不是像一维数组只是一个向量。但是,计算机的硬件存储器却是连续编址的,也就是说存储器单元是按一维线性排列的。在 C 语言中,二维数组是按行排列的,即先存放 a[0]行,再存放 a[1]行,依此类推。每行元素也是依次存放的,二维数组的行排列如图 8-2 所示。

a[0][0]	a[0][1]	a[0][2]	a[1][0]	a[1][1]	a[1][2]

图 8-2   二维数组的行排列

【案例 8-2-1】二维数组的初始化。
```
#include <stdio.h>
int main( ){
//int a[2][3]={{1,2,3},{4,5,6}};//二维数组
//int a[2][3]={ 1,2,3,4,5,6};
//int a[2][3]={{1},{4,5}};
//int a[ ][3]={{1,2,3},{4,5,6}};
int a[ ][3]={1,2,3,4,5,6};//二维数组
int i = 0; //行标
int j = 0; //列标
for (i = 0;i < 2;i++)
```

```
    {
        for (j = 0; j < 3;j++)
            printf("%d    ",a[i][j]);
        printf("\n");
    }
    char s[3][4] = {"123","ab","x"};
    i = 0;
    while (i < 3)
    {
        j = 0;
        while(s[i][j] != ´\0´)
        {
            printf("%c",s[i][j]);
            j++;
        }
        printf("\n");
        i++;
    }

    return 0;
} //example8-2-1. cpp
```

8.1.2 二维数组元素的引用

【案例 4-13】输入某个日期(××年××月××日),计算该日期是该年的第几天?

```
#include <stdio.h>
int main( ){
    int year = 0;//年
    int month = 0;//月
    int day = 0;//日
    int t = 0; //天数
    printf("输入一个日期:\n");
    scanf("%d%d%d",&year,&month,&day);
    /* 为缩短代码,case 后语句没有换行 */
    switch (month)
    {
    case 12:    t=t+30;
    case 11:    t=t+31;
    case 10:    t=t+30;
    case 9:     t=t+31;
    case 8:     t=t+31;
```

```
        case 6：    t=t+31；
        case 5：    t=t+30；
        case 4：    t=t+31；
        case 3：    t=t+28；
        case 2：    t=t+31；
        default：      t=t+day；
        }
    if（month>2）
        if（（year%4==0 && year%100!=0）|| （year%400==0））
            t=t+1；
    printf("%d 年%d 月%d 日是该年的第%d 天。",year, month, day,t)；
}    //example4-13-2.cpp
```

思考题：怎样用函数实现？

【案例8-3】通过键盘输入代表年、月、日的3个整数,转换并输出该日期为该年第几天。

分析：计算某年某月某日是当年的第几天的方法是将该月以前各月的天数相加,再加上当月的日期前的天数,而要计算3月以后的某天时,则要考虑2月份是28天还是29天。

用二维数组monday分别存储平年和闰年的12个月的天数。我们通过判断该年是否为闰年,选择二维数组中对应的数组元素进行计算。针对闰年和平年对应的2月天数的不同,月份天数如表8-3所示。

表8-3　月份天数

下标	0	1	2	3	4	5	6	7	8	9	10	11	12
0	0	31	28	31	30	31	30	31	31	30	31	30	31
1	0	31	29	31	30	31	30	31	31	30	31	30	31

```
#include <stdio.h>
int isLeapYear( int yeary )；//闰年判断函数的声明
int dayNumber( int year,int month,int day )；//天数函数的声明
int main（ ）{
    int year = 0；  //年
    int month = 0；//月
    int day = 0；   //日
    int dayth = 0；//天数
    printf("Enter year,month,day:")；
    scanf("%d%d%d",&year,&month,&day)；
    dayth = dayNumber( year,month,day )；
    printf("%d/%d/%d is the %dth day of %d\n",year,month,day,dayth,year)；
```

```
        return 0;
}    //example8-3. cpp
```

程序运行结果如下:

Enter year,month,day: 2009 3 20↙

2009/3/20 is the 79th day of 2009

```
/ * 天数函数的实现 * /
int dayNumber(int year,int month,int day){
        int leap = 0;//是否为闰年
        int i = 0;//月份
        int dayth = 0;//天数
        int monday[2][13] = {{0,31,28,31,30,31,30,31,31,30,31,30,31},
            {0,31,29,31,30,31,30,31,31,30,31, 30, 31}}; //月份的天数数组
        leap = isLeapYear(year);
        dayth = day;
        for (i = 1;i < month;i++)
            dayth += monday[leap][i];

        return dayth;
}
/ * 闰年判断函数的实现 * /
int isLeapYear(int year)
{
        int leap = 0;//是否为闰年
        if ((year%400 == 0) || (year%4 == 0 && year%100 != 0))
            leap = 1; //是闰年
        else
            leap = 0; //不是闰年

        return leap;
}
```

【案例 8-4-1】通过键盘输入 n 的值和 n×n 阶矩阵的各个元素,然后输出该 n×n 阶矩阵的主对角线数据之和。

分析:n×n 阶矩阵在 C 语言中可以用二维数组的数据结构代替。因为 C 语言不能动态地定义数组长度,因此,我们预先定义一个较大的够用的二维数组,然后只需要其中的 n×n 个单元,其余单元可以空置不用。

我们首先向 n×n 的二维数组输入各个元素,输入过程由一个双重循环来控制,外层循环控制每行数据,内层循环控制各行中每列数据的输入。对角线上元素的特征为元素的行列下标相等,把这些元素相加就是对角线上数据的和。

```
#include<stdio.h>
```

```
#define N 100
int main( ) {
    int a[N][N];    //定义一个有足够大空间的二维数组
    int i = 0;      //行下标简称行标,外循环控制变量
    int j = 0;      //列下标简称列标,内循环控制变量
    int sum = 0;    //求和
    int n = 0;      //方阵的阶数
    puts("Please input the n value ");
    scanf("%d",&n);     //输入矩阵的行数和列数,行数和列数应相等
    puts("Please input the elements of the matrix one by one:");
    for (i = 0;i < n;i++)   //输入 n×n 矩阵的值
        for (j = 0;j < n;j++)
            scanf("%d",&a[i][j]);

    /*显示 n×n 矩阵*/
    printf("%d * %d matrix:\n",n,n);
    for (i = 0;i < n;i++)
    {
        for (j = 0;j < n;j++)
            printf("%4d",a[i][j]);
        printf("\n");
    }
    for (i = 0;i < n;i++)   //根据对角线元素的特征计算它们的和
        sum += a[i][i];
    printf("The sum is %d\n",sum);   //输出对角线元素的和
}   //example8-4-1.cpp
```

程序运行结果如下:

Please input the n value 4↙

Please input the elements of the matrix one by one:

1 2 3 4 5 6 7 8 9 10 11 12 13 14 15 16↙

4 * 4 matrix:

```
    1    2    3    4
    5    6    7    8
    9   10   11   12
   13   14   15   16
```

The sum is 34

请思考:将案例修改为求主对角线数据与次对角线数据之和,程序应如何修改?

思考题:如何将【案例 8-4-1】改造为函数?

8.1.3 二维数组作为函数参数

【案例 8-4-2】通过键盘输入 n 的值和 n×n 阶矩阵的各个元素,然后输出该 n×n 阶矩阵的主对角线数据之和。

```cpp
#include <stdio.h>
#include <limits.h> //支持最小值 INT_MIN
#define N 10
int main( ) {
    int a[N][N]; //定义一个有足够大空间的二维数组
    int sum = 0; //求和
    int m = 0;    //矩阵行数
    int n = 0;    //矩阵列数
    input(a,&m,&n); //调用输入模块
    output(a,m,n); //调用输出模块
    sum = sumMainDiagonal(a,m,n); //调用求和模块
    if (sum != INT_MIN)
        printf("The sum is %d\n",sum); //输出对角线元素的和
    return 0;
} //example8-4-2. cpp
/* 输入函数的实现
参数 b 是二维数组,pRows 是指向行数的指针,pColumns 是指向列数的指针 */
void input(int b[][N],int * pRows, int * pColumns) {
    int i = 0;    //行下标,外循环控制变量
    int j = 0;    //列下标,内循环控制变量
    printf("请输入矩阵的行数(不超过%d):",N);
    scanf("%d",pRows);
    printf("请输入矩阵的列数(不超过%d):",N);
    scanf("%d",pColumns);
    printf("请输入%d×%d 的矩阵:\n", * pRows, * pColumns);
    for (i = 0;i < * pRows;i++)
        for (j = 0;j < * pColumns;j++)
            scanf("%d",&b[i][j]);
}
/* 输出函数的实现
参数:b 是二维数组,rows 是行数,columns 是列数 */
void output(int b[][N],int rows,int columns)
{
    int i = 0;    //行下标,外循环控制变量
    int j = 0;    //列下标,内循环控制变量
    printf("%d * %d matrix:\n",rows,columns);
```

```
        for (i = 0;i < rows;i++)
        {
            for (j = 0;j < columns;j++)
                printf("%4d",b[i][j]);
            printf("\n");
        }
    }
```

/ * 主对角线求和函数的实现

参数:b 是二维数组,rows 是行数,columns 是列数

返回值:INT_MIN 表示求和失败,否则为求和成功 */

```
int sumMainDiagonal(int b[][N],int rows,int columns){
    int i = 0;    //行下标,循环控制变量
    int total = 0; //求和
    if (rows != columns)        {
        printf("行数和列数不相等,不是方阵,不能求对角线之和! \n");

        return INT_MIN; //INT_MIN 是整数最小值,需要 limits.h 头文件
    }
    total = 0;
    for (i = 0;i < rows;i++)
        total += b[i][i];
    return total;
}
```

在 C/C++语言的头文件 limits.h 中有关于各种基本数据类型的最大以及最小值的宏定义。例如,int 型的最大值为 INT_MAX,最小值为 INT_MIN。

多维数组可以作为函数的参数,既可以作为函数的实参也可以作为函数的形参。在定义函数时对于形参数组我们可以指定每一维的长度,也可以省去第一维的长度。类似于【案例 8-5】中定义 transferMatrix( )函数时的形参 int c[ ][N]或者 int c[N][N]等写法都是合法的。

特别注意:

(1)我们不能将第二维以及其他高维的大小说明省略。例如,下面的语句是不合法的:

        void convert(int array[][]);

这是因为从实参传递来的是数组起始地址,在内存中各元素是按一行接一行的顺序存放的,而并不区分行和列。如果我们在形参中不说明列数,则系统无法决定应为多少行或多少列。

(2)我们也不能只指定第一维而省略第二维、第三维或者第四维等。例如,下面的写法是错误的:

        void conver(int a[10][]);

void conver(int a[10][2][ ]);

【案例 8-5-1】通过键盘输入 m 和 n 的值和 m×n 阶矩阵的各个元素,然后输出该 m× n 阶矩阵的转置矩阵。

我们把矩阵 A 的行列互换得到的新矩阵叫作 A 的转置矩阵,记作 A^T。若 $A = (a_{ij})$,

则 $A^T = (a_{ji})$。例如,$A = \begin{pmatrix} 1 & 2 & 2 \\ 4 & 5 & 8 \end{pmatrix}$,$A^T = \begin{pmatrix} 1 & 4 \\ 2 & 5 \\ 2 & 8 \end{pmatrix}$。

分析:m×n 阶矩阵在 C 语言中可以用二维数组来存储。因为 C 语言不能动态地定义数组长度,因此,我们预先定义一个较大的够用的二维数组,然后只需要其中的 m×n 个单元,其余单元可以空置不用,也可以用 malloc( ) 和 realloc( ) 动态分配内存。

我们首先向 m×n 的二维数组中输入各个元素,输入元素的过程应该由一个双重循环来执行。然后根据数学中的转置方法,将 m×n 的二维数组转置成 n×m 的二维数组。最后将转置后的二维数组再用双重循环输出。

```cpp
#include<stdio.h>
#define N 100
int main( ) {
    int a[ N ][ N ];    //源矩阵
    int b[ N ][ N ];    //转置矩阵
    int i = 0;      //行下标
    int j = 0;      //列下标
    int m = 0;      //行数
    int n = 0;      //列数
    puts( "Please input m and the n value " );
    scanf( "%d%d" ,&m,&n);          //输入矩阵的行数和列数
    puts( "Please input the elements of the matrix one by one:" );
    for ( i = 0;i < m;i++)
        for ( j = 0;j < n;j++)
            scanf( "%d" ,&a[ i ][ j ] );

    printf( "%d * %d matrix:\n" ,m,n);
    for ( i = 0;i < m;i++)    {
        for ( j = 0;j < n;j++)
            printf( "%4d" ,a[ i ][ j ] );
        printf( "\n" );
    }
}//example 8-5-1.cpp
```

程序运行结果如下:

Please input m and the n value 3 4↙

Please input the elements of the matrix one by one:

```
1 2 3 4↙
5 6 7 8↙
4 5 6 7↙
3 * 4 matrix：
    1    2    3    4
    5    6    7    8
    4    5    6    7
4 * 3 matrix：
    1    5    4
    2    6    5
    3    7    6
    4    8    7
```

思考题：如何将【案例 8-5-1】改造为函数？

【案例 8-5-2】通过键盘输入 m 和 n 的值和 m×n 阶矩阵的各个元素,然后输出该 m×n 阶矩阵的转置矩阵。要求用函数实现。

```
#include <stdio.h>
#define N 100 //矩阵的最大行数和列数
void input(int b[ ][N],int rows,int columns); //输入函数的声明
void display(int b[ ][N],int rows,int columns); //输出函数的声明
void transferMatrix(int c[ ][N],int d[ ][N],int rows,int columns);//转置函数的声明
int main( ){
    int a[N][N]; //a 表示原矩阵
    int b[N][N]; //b 表示转置矩阵
    int m = 0;//表示矩阵的行数
    int n = 0;//表示矩阵的列数
    puts("请输入行数和列数:");
    scanf("%d%d",&m,&n);
    input(a,m,n);//调用输入矩阵模块
    printf("转置前");
    display(a,m,n);//调用输出矩阵模块
    transferMatrix(a,b,m,n);//调用转置函数
    printf("转置后");
    display(b,n,m);//调用输出矩阵模块
    return 0;
} //example8-5-2.cpp(用函数)
/ * 矩阵转置函数的实现
参数:c 表示原矩阵,d 表示转置矩阵,rows 表示矩阵的实际行数,columns 表示矩阵
的实际列数 */
```

```
void transferMatrix(int c[ ][N],int d[ ][N],int rows,int columns)
{
        int i = 0;//矩阵行下标,外循环控制变量
        int j = 0;//矩阵列下标,内循环控制变量
        for (i = 0;i < columns;i++)
                for (j = 0;j < rows;j++)
                        d[i][j] = c[j][i];
}
/ * 矩阵输入函数的实现
参数:b 是数组,rows 表示矩阵的实际行数,columns 表示矩阵的实际列数 * /
void input(int b[N][N],int rows,int columns)
{
        int i = 0;//矩阵行下标,外循环控制变量
        int j = 0;//矩阵列下标,内循环控制变量
        printf("输入一个%d 行%d 列的矩阵(整数):\n", rows,columns);
        for (i = 0;i < rows;i++)
                for (j = 0;j < columns;j++)
                        scanf("%d",&b[i][j]);
}
```

8.2 二维数组与指针

本节主要内容:指向二维数组元素的指针、数组指针和指针数组、二维数组的常见错误。

本节重点掌握指向二维数组元素的指针,适当了解数组指针和指针数组。

8.2.1 指向二维数组元素的指针

【案例 8-5-3】用指向二维数组元素的指针作为函数形参,实现矩阵转置。

```
#include<stdio.h>
#define N 100 //矩阵的最大行数和列数
void input(int * p,int rows,int cols);//矩阵输入函数的声明
void display(int * p,int rows,int cols);//矩阵输出函数的声明
void transferMatrix(int * pc,int * pd,int rows,int cols);//矩阵转置函数的声明
int main( ){
        int a[N][N]; //a 表示原矩阵
        int b[N][N]; //b 表示转置矩阵
        int m = 0;    //表示矩阵的行数
        int n = 0;    //表示矩阵的列数
        puts("请输入行数和列数:");
        scanf("%d%d",&m,&n);    //输入矩阵的行数和列数
        input(&a[0][0],m,n);    //调用输入矩阵模块
```

```
        printf("转置前");
        display(&a[0][0],m,n);//调用输出矩阵模块
        transferMatrix(&a[0][0],&b[0][0],m,n);
        printf("转置后");
        display(&b[0][0],n,m);//调用输出矩阵模块
        return 0;
    } //example8-5-3.cpp
```

函数的形参用指针变量。

```
/*矩阵输入函数的实现
参数:p 是指向数组的指针,row 表示矩阵的实际行数,cols 表示矩阵的实际列数*/
void input(int * p,int rows,int cols){
    int i = 0;//矩阵行下标
    int j = 0;//矩阵列下标
    printf("输入一个%d 行%d 列的矩阵(整数):\n", rows,cols);
    for (i = 0;i < rows;i++)
        for (j = 0;j < cols;j++)
            scanf("%d",p + cols * i + j);
}

/*矩阵转置函数的实现
参数:pc 指向原矩阵,pd 指向转置矩阵
rows 表示矩阵的实际行数,cols 表示矩阵的实际列数*/
void transferMatrix(int * pc,int * pd,int rows,int cols)
{
    int i = 0;//矩阵行下标
    int j = 0;//矩阵列下标
    for (i = 0;i < cols;i++)
        for (j = 0;j < rows;j++)
            * (pd + i * rows + j) = * (pc + cols * j + i);
}
```

运行结果如图 8-3 所示。

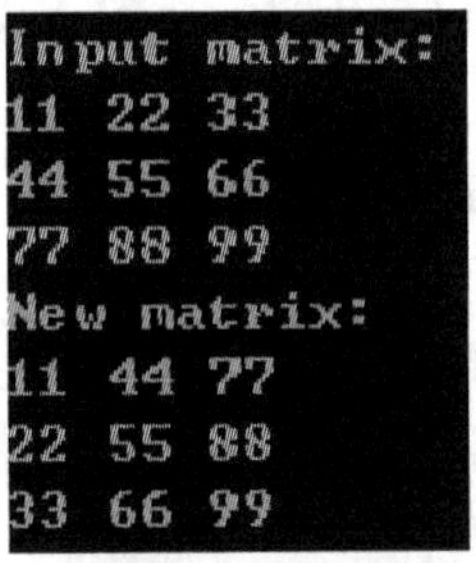

图 8-3 运行结果

8.2.1.1　指向二维数组元素的指针

和指向一维数组元素类似,指针也可以指向二维数组或多维数组的元素。由于超过二维的数组在实际编程中很少被使用,所以我们只讲解指向二维数组元素的指针。假设有如下代码:

```
int  a[2][3] = {{1, 2, 3}, {4, 5, 6}}; //定义了一个2行3列的整型数组
int *p = &a[0][0]; //让指针 p 指向数组的第一个元素 a[0][0]
```

则有二维数组元素 a[i][j] 的如下四种引用形式:

$$a[i][j] = *(a[i]+j) = *(*(a+i) + j) = *(p+3*i+j)$$

8.2.1.2　指针移动与地址计算

我们想要理解指向二位数组的指针,就需要理解指针移动与地址计算的原理。

(1)二维数组在内存中一般是按行存储,如上面的数组 a[2][3],它有2行3列,即按 a[0][0]、a[0][1]、a[0][2]、a[1][0]、a[1][1]、a[1][2] 的顺序存储在起始地址为 a 的内存单元。

(2)二维数组元素的首地址 a 是一个常量,它指出了数组在内存中按行存储的首地址。但和一维数组不同,该地址的性质不是指向元素的地址,而是指向数组的一行的行地址。例如,a 指向数组的第一行,a+1 指向数组的第二行,即二维数组中 a+1 的含义为 a + sizeof(数组一行元素)。

(3)二维数组中 a[i] = *(a + i),指出了数组的第 i 行的第 1 个元素的地址。注意,它的性质为数组元素的地址。所以 *(a[i] + j) = *(*(a + i) + j) 的含义为取二维数组第 i 行的第 j 个元素的值,即 a[i][j] 的值。

(4)由于二维数组是按行在内存中连续存储,并且数组中元素 a[i][j] 的前面总共有 (i*列数+j) 个元素,所以用指向数组元素的指针的形式访问为 *(p+i*列数+j)。注意指针 p 的性质为指向数组元素的指针。

【案例8-6】指向二维数组元素的指针程序。

```c
/*演示二维数组元素的几种引用形式*/
#include <stdio.h>
int main(){
    int a[2][3] = {{1, 2, 3}, {4, 5, 6}};//二维数组
    int *p = &a[0][0];//此处不能使用 int *p = a; 下一节将讲解原因
    /*用不同的形式访问数组元素 a[1][2]*/
    printf("用 a[i][j]形式访问:%d\n", a[1][2]);
    printf("用 *(*(a+i)+j)形式访问:%d\n", *(*(a+1)+2));
    printf("用 *(a[i]+j)形式访问:%d\n", *(a[1]+2));
    printf("用指针形式访问:%d\n", *(p+1*3+2));

    int b[] = {1,2,3,4,5,6};//一维数组
    int *q = b;//指向一维数组的指针
    int i = 0;//数组下标
    while (i < 6)
```

```
        {
            printf("%d %d %d %d\n",b[i],*(b+i),q[i],*(q+i));
            i++;
        }
        system("pause");

        return 0;
    } //example8-6.cpp
```

运行结果如图 8-4 所示。

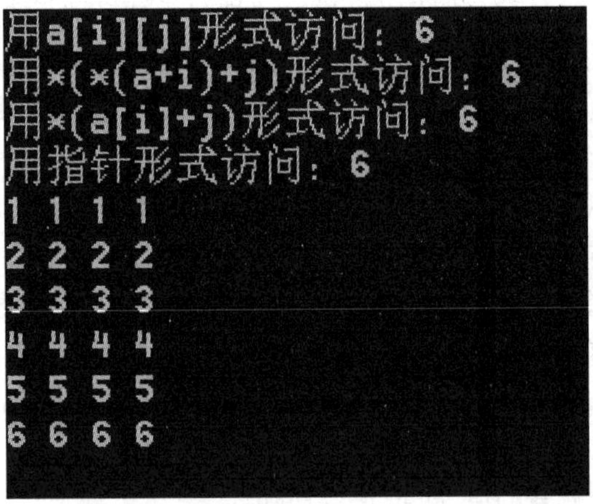

图 8-4　运行结果

上述程序中,为什么没有像指向一维数组元素的指针那样的形式来访问,即用 *(*(p+i)+j),或者 p[i][j],或者 *(p[i]+j)来访问 a[i][j]? 因为 p 是指向整型元素的指针,所以 *(p+i)就已经指向二维数组的第 i 个元素,即一个整数了。它已经不是指针或地址值,所以,不能被+j 再取所指的变量。

【案例 8-2-2】指向二维数组元素的指针。

```
/*演示二维数组元素的几种引用形式*/
#include <stdio.h>
#include <malloc.h>
int main(){
    int a[][4] = {{1,2,3,4},{5,6,7,8},{9,10,11,12}};//二维数组
    int *p = &a[0][0];//错误用法 int * p = a;
    int i = 0; //行标
    int j = 0; //列标
    for (i = 0;i < 3;i++)      {
        for (j = 0; j < 4;j++)//等价输出形式
            //printf("%4d",a[i][j]);
            //printf("%4d",*(a[i]+j));
            //printf("%4d",*(*(a+i)+j));
```

```c
            printf("%4d", *(p+i*4+j));
            //printf("%x\n",a[i]);
        printf("\n");
    }


    char s[3][4] = {"123","ab","x"};
    char *q = &s[0][0];
    i = 0;
    while (i < 3)      {
        j = 0;
        while( *(q+i*4+j) != '\0'){ //s[i][j] != '\0'
            printf("%c", *(q+i*4+j)); //printf("%c",s[i][j]);
            j++;
        }
        printf("\n");
        //printf("%s\n",s[i]);
        i++;
    }


    int *r = (int *)malloc(3*4*sizeof(int));//动态内存分配
    for (i = 0;i < 3;i++)
    {
        for (j = 0; j < 4;j++)
        {
            *(r+i*4+j) = *(p+i*4+j);
            printf("%4d", *(r+i*4+j));
        }
        printf("\n");
    }


    return 0;
}  //example8-2-2. cpp
```

8.2.1.3 二维数组与指向元素指针的关系

图8-5展示了二维数组与指向元素指针的关系。

8.2.2 数组指针和指针数组

8.2.2.1 数组指针

【案例8-7】指向二维数组的指针。

```c
#include <stdio.h>
int main(){
```

```
int a[2][3] = {{1, 2, 3}, {4, 5, 6}};//二维数组
int (*p)[3];        //p 是一个指针,指向一个具有 3 个整型元素的数组
p = a;              //二维数组的数组名本质是一个行地址,指向数组的一行
printf("访问 a[0][1]的两种形式:\n");
printf("用 a[0][1]形式访问:%d\n", a[0][1]);
printf("用(*p)[1]形式访问:%d\n", (*p)[1]);
p = a + 1;
printf("访问 a[1][1]的两种形式:\n");
printf("用 a[1][1]形式访问:%d\n", a[1][1]);
printf("用(*p)[1]形式访问:%d\n", (*p)[1]);
//printf("%d  ", *(p[i]+j));

return 0;
} //example8-7. cpp
```

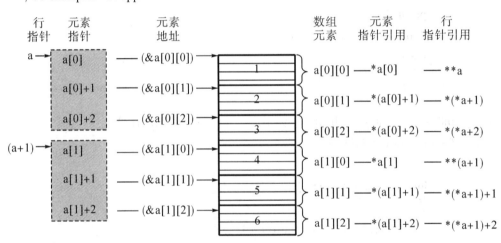

图 8-5　二维数组与指向元素指针的关系

运行结果如图 8-6 所示。

图 8-6　运行结果

　　数组指针就是指向二维数组的指针,与指向二维数组元素的指针不同。定义指向二维数组的指针使该指针指向一个二维数组,当该指针加 1 时,指针变量指向下一行元素的首地址。也就是说数组指针指向的二维数组的第 1 行,因此又称为行指针。定义指向

二维数组的指针的一般形式如下：

　　类型标识符　（＊指针变量名）［常量表达式］；

　　例如：

int a［2］［3］；

int　（＊p）［3］；

p＝a；

　　这里 p 是一个指针变量，它指向包含 3 个元素的整型数组，p 的值就是该一维数组 a［0］的首地址或元素 a［0］［0］的地址，p 不能指向一维数组中的第 n 个元素。p++是一维数组 a［1］的首地址或元素 a［1］［0］的地址。因为指针变量 p 的目标是包含 3 个元素的一维数组，所以 p 加 1 指向二维数组的下一行。

【案例 8-2-3】指向二维数组的数组指针。

```c
/＊演示二维数组元素的几种引用形式＊/
#include <stdio.h>
int main( ){
    int a[ ][4]={{1,2,3,4},{5,6,7,8},{9,10,11,12}};//二维数组
    int (*p)[4];//指向二维数组的指针,即数组指针
    p = a;
    int i = 0; //行标
    int j = 0; //列标
    for (i = 0;i < 3;i++)    {
        for (j = 0; j < 4;j++)//等价输出形式
            printf("%4d   ",(*p)[j]);
        printf("\n");
        p++;
    }

    char s[3][4]={"123","ab","x"};
    char (*q)[4] = s; //数组指针,赋值不能采用语句 *q = &s[0][0]
    i = 0;
    while (i < 3)    {
        j = 0;
        while((*q)[j] != '\0') // *(q+i*4+j)! = '\0'
        {
            printf("%c",(*q)[j]);//printf("%c", *(q+i*4+j));
            j++;
        }
        printf("\n");
        i++;
        q++;
```

```
        }
        return 0;
    }  //example8-2-3.cpp
```

8.2.2.2　指针数组

【案例 8-8】演示指针数组与二维数组的关系程序。

```c
#include <stdio.h>
int main( ){
    int a[2][3] = {{1, 2, 3}, {4, 5, 6}};//二维数组
    int * p[2] = {a[0], a[1]}; //a[0]=&a[0][0],a[1]=&a[1][0]
    printf("几种形式访问数组元素 a[0][0]\n");
    printf("用a[0][0]数组形式访问:%d\n", a[0][0]);
    //printf("用 * a[0]地址形式访问:%d\n", * a[0]);
    //printf("用 * p[0]指针形式访问:%d\n", * p[0]);
    //printf("%d   ",p[i][j]);
    //printf("%d   ", * (p[i]+j));
    //printf("%d   ", ( * (p+i)+j));

    return 0;
}  //example8-8.cpp
```

运行结果如图 8-7 所示。

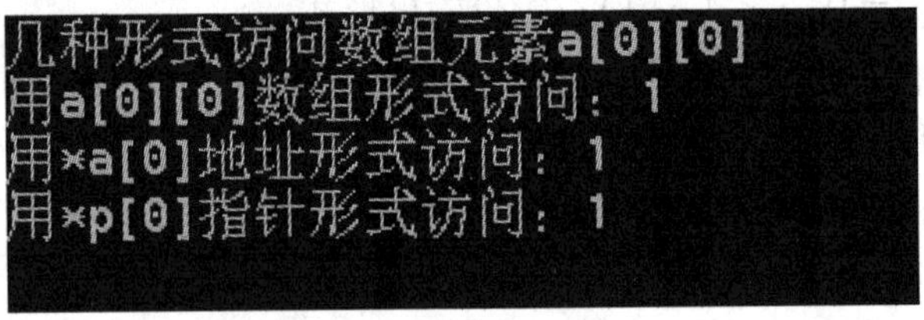

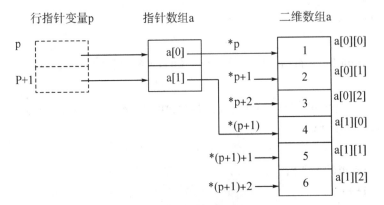

图 8-7　运行结果

8.2.2.3　二维数组与指针数组的关系

图 8-8 展示了二维数组与指针数组的关系。

图 8-8　二维数组与指针数组的关系

【案例8-2-4】演示指向二维数组的指针数组。

/ * 演示二维数组元素的几种引用形式 * /

```c
#include <stdio.h>
int main( ){
    int a[ ][4]={{1,2,3,4},{5,6,7,8},{9,10,11,12}};//二维数组
    int * p[3] = {a[0],a[1],a[2]};//指针数组
    int i = 0; //行标
    int j = 0; //列标
    for (i = 0;i < 3;i++)      {
        for (j = 0; j < 4;j++)//等价输出形式
            //printf("%4d",a[i][j]); //printf("%4d", * (a[i]+j));
            printf("%4d", * ( * (a+i)+j));// printf("%4d",p[i][j]);
            //printf("%4d", * (p[i]+j));
            //printf("%4d  ", * ( * (p+i)+j));
            //printf("%x\n",a[i]);
        printf("\n");
    }
    char s[3][4]={"123","ab","x"};
    char *q[3] = {s[0],s[1],s[2]};//指针数组
    i = 0;
    while (i < 3)      {
        j = 0;
        while( * ( * (q+i)+j) != '\0'){ //s[i][j] != '\0'
            printf("%c", * ( * (q+i)+j)); //printf("%c",s[i][j]);
            j++;
        }
        printf("\n");
        //printf("%s\n",s[i]);
        i++;
    }
    return 0;
}   //example8-2-4. cpp
```

【案例8-9】输入1~12中的整数,输出与之相对应的月份的英文单词。若输入的数小于1或者大于12,则输出 Illegal Month。

　　输入的数字来自1~12,我们从该数组中取出相应字符串的首地址,并在主函数中输出该字符串;当输入的数小于1或者大于12时,返回的是字符串 Illegal Month 的首地址。字符串数组的存储形式如图8-9所示。

name[0]	IIlegal Month
name[1]	January
name[2]	February
name[3]	March
name[4]	April
name[5]	May
name[6]	June
name[7]	July
name[8]	August
name[9]	September
name[10]	October
name[11]	November
name[12]	December

图 8-9 字符串数组的存储形式

```
#include<stdio.h>
char * month_name(int n);        //函数声明
int main( ){
    int s = 0; //表示月份
    scanf("%d",&s);
    printf("Month No%d %s\n",s, month_name(s));
}
/*指针函数返回值为指针*/
char  * month_name(int n){
    /*一行代码太长时需要换行*/
    char * name[ ]={"Illegal Month","January","February",
        "March","April","May","June","July","August",
        "September","October", "November","December"};

    return ((n<1 || n>12)? name[0]:name[n]);
} //example8-9. cpp
```

8.2.2.4 指针数组和指向二维数组的数组指针的区别

指针数组和指向二维数组的数组指针变量,虽然都可以表示或处理二维数组,但是指向二维数组的数组指针变量是单个的变量,其一般形式中,"*指针变量名"两边的括号不可少。而指针数组表示的是多个指针构成的数组,数组元素是指针。在一般形式中,"*指针变量名"两边没有括号,常用于字符串数组。

例如,“int (＊p)[3];”表示 p 是一个指向二维数组的指针变量,该二维数组的列为 3。“int ＊p[3];”表示 p 是一个指针数组,含有的三个元素都是指针变量,分别是 p[0]、p[1]、p[2],都可以指向整型数据。

【案例 8-10】输入 1 个 0~6 中的整数,输出对应的星期日至星期六的英文日期单词。

算法分析:分析题意,数字 0 对应星期日,英文日期单词为 Sunday,数字 1 对应星期一,英文日期单词为 Monday,……,数字 6 对应星期六,英文日期单词为 Saturday。

方法一:要用指向二维数组元素的指针。

我们将这些英文单词存放在一个二维字符数组 week 中,第一维长度是 7,第二维长度按照单词中字符数最多的来确定,设定为 10。定义一个整型变量,当输入的整型数字为 0,就输出 week[0]为首地址的字符串,其他依此类推。二维字符数组的存储方式如图 8-10 所示。

week[0]	Sunday
week[1]	Monday
week[2]	Tuesday
week[3]	Wednesday
week[4]	Thursday
week[5]	Friday
week[6]	Saturday

图 8-10　二维字符数组的存储方式

```
#include<stdio.h>
int main(){
    /＊定义二维字符数组,二维数组可以当作一维数组来处理,用一个指针变量指向它,使该指针变量通过加 1 的方式遍历每个元素。＊/
    char week[7][10] = {"Sunday","Monday","Tuesday","Wednesday","Thursday","Friday","Saturday"};//星期的二维数组
    int number = 0; //星期几
    char ＊p=&week[0][0];  //定义字符指针指向数组首地址
    printf("Please Input Number(0-6):");
    while(1)
    {
        scanf("%d",&number);
        if (number>=0&&number<=6)
            break;
    }
    if (number==0)
        printf("星期天:%s\n", p+number);
    else
        printf("星期%d:%s\n",number,p+number＊10);
```

```
        return 0;
}  // example8-10-1. cpp
```

方法二:采用数组指针,即指向二维数组的指针。

```
#include<stdio.h>
int main( ) {
    char week[7][10] = {"Sunday","Monday","Tuesday", "Wednesday","Thurs-
day", "Friday", "Saturday"};//星期的二维数组
    int number = 0; //星期几
    char ( * p)[10];//指向具有10个元素的一维字符数组的指针
    p = week;           //为指针变量赋初值
    printf("Please Input Number(0-6):");
    while(1)
    {
        scanf("%d",&number);    //输入1个0~6中的整数
        if (number>=0&&number<=6) break;
    }
    if (number==0)
        printf("星期天:%s\n", week[number]);
    else
        printf("星期%d:%s\n",number, p[number]);


    return 0;
}   //example8-10-2. cpp
```

方法三:采用指针数组。

```
#include<stdio.h>
int main( ) {
    char * week[7] = {"Sunday","Monday","Tuesday","Wednesday", "Thurs-
day","Friday", "Saturday"};//星期的指针数组
    int number = 0;  //星期几
    printf("Please Input Number(0-6):");
    while(1)
    {
        scanf("%d",&number);
        if (number>=0&&number<=6)
            break;
    }
    if (number==0)
        printf("星期天:%s\n", week[number]);
    else
```

```
        printf("星期%d:%s\n",number, week[number]);
    return 0;
}  //example8-10-3.cpp
```

【案例8-11】将若干字符串按照由小到大的顺序排序。

算法分析:字符串排序是将字符串两两进行比较,根据比较结果排序并输出。此处我们采用冒泡排序的下沉法。字符串比较方法有两种:一是直接调用字符串比较函数;二是利用循环将两个字符串从左到右逐个字符进行比较。

```
#include<stdio.h>
#include<string.h>
void sort(char * [],int);     //排序函数的声明
void display(char * [],int); //输出函数的声明
int main()
{
    char * string [ ] = { " Hello " ," Great  Wall " , " Happy ", " VC + + ", " Thank
you"};//指针数组
    sort(string,5);                //调用排序函数
    printf("Sorted:\n");
    display(string,5);
}  //example8-11.cpp


/ * 指针数组名作为函数形参,字符串冒泡排序 * /
void sort(char * name[ ], int n) {
    char * str = NULL;//临时指针变量
    int i = 0;//排序次数,外循环控制变量
    int j = 0;//数组下标,内循环控制变量
    for (i = 0;i < n-1;i++)      {
        for (j =0 ;j < n - 1 - j ;j++)
            if (strcmp(name[j],name[j+1])>0)//字符串比较
            {
                / * 字符串交换位置 * /
                str=name[j+1];
                name[j+1]=name[j];
                name[i]=str;
            }
        printf("第%d 趟排序:",i + 1);
        display(name,n);
    }
}
```

运行结果如图 8-11 所示。

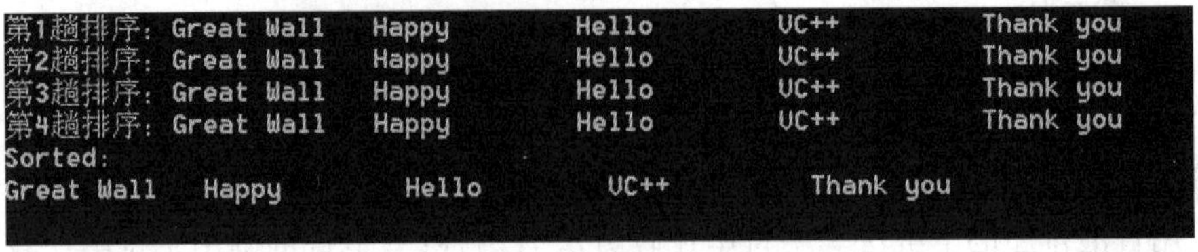

图 8-11 运行结果

/ * 输出函数的实现

参数:name 是指针的指针,n 是数组长度

函数头可以修改为 void display(char * name[ ],int n) */

void display(char ** name,int n)

{

    int j = 0;//数组下标,循环控制变量

    for (j = 0;j < n;j++)

        printf("%-13s", name[j]);

    printf("\n");

}

指针的指针,即指向指针的指针是一种多级间接寻址的形式,或者说是一个指针链。通常,一个指针包含一个变量的地址。当我们定义一个指向指针的指针时,第一个指针包含了第二个指针的地址,第二个指针指向包含实际值的位置。指针称为一级指针,指针的指针称为二级指针,同时还可以有三级指针。

8.2.3 二维数组的常见错误

这里给出二维数组的常见错误:

(1)指针指向数组的位置错误;

(2)数组作为函数参数时函数无参数;

(3)数组作为函数参数时函数无行、列长度参数;

(4)数组作为函数参数时,形参数组无列数;

(5)用指向一维数组的指针表示二维数组时地址计算错误;

(6)函数中指向二维数组的指针与指向一维数组的指针混淆;

(7)函数中指向二维数组的指针和指针数组混淆。

8.3 综合应用案例分析

本节主要内容为矩阵最大值、杨辉三角形。

8.3.1 矩阵最大值

【案例 8-12】将一个 3×2 的矩阵存入一个 3×2 的二维数组中,找出最大值以及它对应的行下标和列下标,并输出该矩阵。

分析:我们首先定义一个 3 行 2 列的数组 a[3][2],利用双重循环对数组元素赋初值。然后仍然通过双重循环遍历整个数组并找出其中的最大值 max,用 row 和 col 两个变量分别记录最大值的行下标和列下标,即最大值就是 a[row][col]。最后输出相关数据。

```
#include<stdio.h>
void main( ) {
    int i = 0;//行下标
    int j = 0;//列下标
    int row = 0; //最大值的行下标
    int col = 0;//最大值的列下标
    int a[3][2]; //数组存放矩阵
    printf("Please Enter 6 integers:");          //提示输入6个数
    for (i=0;i<3;i++)          //外层循环控制行数
        for (j=0;j<2;j++)          //内层循环控制列数
            scanf("%d",&a[i][j]);       //从键盘读入数据
    printf("The matrix is:\n");
    for (i=0;i<3;i++)
    {
        /* 按矩阵形式输出每行数据后输出回车 */
        for (j=0;j<2;j++)
            printf("%d ",a[i][j]);
        printf("\n");
    }
    row=col=0;          //先假设a[0][0]是最大值
    for (i=0;i<3;i++)
        for (j=0;j<2;j++)
            /* 如果有比最大值大的值,则将该值假设为新的最大值 */
            if (a[i][j]>a[row][col])
            {
                row=i;
                col=j;
            }
    printf("max=a[%d][%d]=%d\n",row,col,a[row][col]);
}  //example8-12. cpp
```

程序运行结果如下:

Please Enter 6 integers:25 62 85 96 35 26↙

The matrix is:

25 62

85 96

35 26

max=a[1][1]=96

思考题:用函数怎样实现?

8.3.2 杨辉三角形

【案例 8-13】在屏幕上输出杨辉三角形的前 10 行。

分析：二项式定理。

$$(x+y)^n = C_n^0 x^n + C_n^1 x^{n-1}y + \cdots + C_n^r x^{n-r}y^r + \cdots + C_n^{n-1} x^1 y^{n-1} + C_n^n y^n$$

展开得到：

$$(x+y)^0 = 1$$

$$(x+y)^1 = x+y$$

$$(x+y)^2 = x^2 + 2xy + y^2$$

$$(x+y)^3 = x^3 + 3x^2y + 3xy^2 + y^3$$

$$(x+y)^4 = x^4 + 4x^3y + 6x^2y2 + 4xy^3 + y^4$$

杨辉三角形,又称贾宪三角形或帕斯卡三角形,是二项式系数在三角形中的一种几何排列,如图 8-12 所示。杨辉三角形就是两个未知数和的幂次方运算后的系数问题。例如,$(x+y)^2$ 等于 $x^2 + 2xy + y^2$,它的系数便是 1、2、1,这就是杨辉三角形的其中一行。也就是说,杨辉三角形中的某一行的数是 x+y 的某次方幂展开式各项的系数。一般杨辉三角形的第 n 行是 (x+y) 的 n-1 次方幂展开各项的系数。

```
            1
          1   1
        1   2   1
      1   3   3   1
    1   4   6   4   1
  1   5  10  10   5   1
1   6  15  20  15   6   1
```

图 8-12 杨辉三角形

形式上它就是一个由数字排列成的三角形数表,如下所示：

```
1
1   1
1   2   1
1   3   3   1
1   4   6   4   1
1   5   10   10   5   1
1   6   15   20   15   6   1
```

……

杨辉三角形的本质是:它的两条斜边都是由数字 1 组成的,而其余的数是等于它肩上(上一行)的两个数之和。所以,我们应该先把杨辉三角形中的两条斜边的数字 1 存储在数组中。然后对每一行中间的数利用上述规律赋值,最后将整个杨辉三角形输出。

```
#include<stdio.h>
#define N 11
int main( ) {
    int i = 0; int j = 0; int a[N][N]; //定义两个整型变量和一个二维数组 */
    for (i=1;i<N;i++)      /* 存储杨辉三角中两条斜边的数字 1 */
```

```
        {
            a[i][i]=1;
            a[i][1]=1;
        }
    /*打印出杨辉三角形中每一行中间的数*/
    for (i=3;i<N;i++)
        for (j=2;j<i;j++)
            a[i][j]=a[i-1][j-1]+a[i-1][j];

    /*输出杨辉三角形*/
    for (i=1;i<N;i++)
    {
        for (j=1;j<=i;j++)
            printf("%4d",a[i][j]);
        printf("\n");
    }
}  //example8-13.cpp
```

程序运行结果如下:
```
1
1    1
1    2    1
1    3    3    1
1    4    6    4    1
1    5    10   10    5    1
1    6    15   20   15    6    1
1    7    21   35   35   21    7    1
1    8    28   56   70   56   28    8    1
1    9    36   84  126  126   84   36    9    1
```

思考题:如何改写为函数?

思考题:如果变化的杨辉三角形如图8-13所示,如何修改程序?

图8-13 变化的杨辉三角形

一维数组

8

第三部分　学习任务

9 结构体与其他自定义类型

第一部分　学习导引

【课前思考】假如要处理 100 位学生的学籍档案数据,其中每个学生的数据信息包括学号、姓名、性别、年龄、成绩(数学、语文、英语)、地址。我们怎么存储这些数据信息?

对于每个学生来说,其各项的值不同,但表示形式是一样的。这采用结构体数据描述形式就非常方便。

【学习目标】掌握结构体、共用体的定义和使用方法以及结构体指针的处理方法,掌握枚举数据类型的定义和使用方法。

【重点和难点】重点:结构体的定义和使用方法、结构体数组的使用方法。难点:结构体指针和函数的处理方法。

【知识点】结构体、共用体、结构体指针、枚举数据类型。

【学习指南】熟悉结构体的定义和使用方法,理解结构体指针和数组的处理方法,熟练掌握文件的格式读写和块读写方法,熟悉枚举类型的定义和使用方法,了解共用体的定义和使用方法。

【章节内容】结构体类型和结构体变量、结构体指针和函数、结构体数组、其他自定义类型。

【本章概要】结构体可以将具有多个(至少 2 个)属性的事物作为一个逻辑整体来描述,从而允许扩展 C 语言数据类型。结构体作为一种自定义类型,有 3 种结构体类型的定义方式、3 种结构体变量的定义方式和 3 种变量初始化方式,我们只需要掌握最常用的方式,即先定义结构体类型,再定义结构体变量并初始化。定义结构体类型时我们要注意类型名称首字母大写、每个属性单独占一行并注释,最后还要加上分号。初始化结构体时,给出的数据需要与结构体类型中属性个数和数据类型都一致。定义结构体变量后我们不能整体取值和赋值,需要采用点号逐个引用它的属性,格式为"结构体变量名·分量名[·二级分量名]"。

结构体变量可以和普通变量一样作为函数参数,但是只能实现单向传递;如果要实现双向传递我们就需要用结构体指针,结构体指针引用属性方式为"结构体指针变量名->分量名"。

结构体数组与普通数组的不同之处在于每个数组元素都是一个结构体类型的数据,且这些数据又分别包括各个分量。结构体数组的定义、初始化、函数参数和指向数组的指针等操作和内存中的存放方式与普通数组类似。

文件的块读写函数 fread() 和 fwrite() 能够对二进制文件进行整体写入和读取。

typedef 可以自定义类型名,格式为"typedef 类型标识符 新类型标识符;"。共用体是二个以上不同类型的变量采用"覆盖技术"占用同一段内存单元的结构,操作和结构体非常类似。"枚举"是指变量的取值只限于所列举出来的值的范围,枚举类型的定义以enum(enumerate)开头,特别适合列举若干个数据的集合。

第二部分　学习材料

9.1　结构体类型和结构体变量

本节主要内容为结构体类型的定义、结构体变量的定义和初始化、结构体变量的引用。

9.1.1　结构体类型的定义

C 语言引入结构体的主要目的是将具有多个(至少 2 个)属性的事物作为一个逻辑整体来描述,从而允许扩展 C 语言数据类型。作为一种自定义的数据类型,在使用结构体之前,我们必须完成结构体类型的定义。

本章将以学籍管理系统为例,逐步介绍结构体类型的定义、结构体变量的定义、结构体变量的引用、结构体变量的初始化,以及结构体变量的使用等知识。

9.1.1.1　结构体类型的概念

在实际应用中,我们有时需要将一些有相互联系而类型不同的数据组合成一个有机的整体,以便于引用。例如,学生学籍档案中的学号、姓名、性别、年龄、成绩、地址等数据,对每个学生来说,其各项的值不同外,但表示形式是一样的。这种既是多项组合又有内在联系的数据被称为结构体(structure,有些教材称为结构)。它是可以由用户自己定义的。结构体相当于数据库中的记录(record)和数据表(table,如表 9-1 所示)。

表 9-1　数据表

num/ID	name	sex	age	score	Addr
10010	Li Fun	F	18	87.5	Beijing
10020	ZhangCan	M	21	92	ChongQing
10030	Liu Yun	F	20	78.5	TianJing

我们要处理学生的学籍数据,其中学生各个数据子项名称和数据类型定义如下:

学号(num):long num;

姓名(name[16]):char name[16];

年龄(age):int age;

性别(sex):char sex;

成绩(score):float score;

地址(addr):char addr[30]。

为处理这些数据,我们有必要将这些密切相关的、类型不同的子项数据组织在一起,即"封装"起来,并为其取一个名字。C语言中,一个组合项中包含若干个类型相同或不同的数据项,形成了一个自定义的数据类型,这样的类型就是结构体。

【案例9-1】学生学籍档案中有学号、姓名、性别、年龄、成绩、地址数据,试定义一个数据结构,将这些信息整合为一个整体。

```
#include <stdio.h>
/*定义学生类型*/
struct    Student
{
    long int num;       //学号,这里类型可以用long、long int 或 int
    char name[16];      //姓名
    int age;            //年龄
    char sex;           //性别
    float score;        //成绩
    char addr[30];      //地址
};
int main()
{
    printf("Student 类型长度 :%d\n",sizeof(Student));

    return 0;
} //example9-1. cpp
```

9.1.1.2 结构体类型定义

结构体类型定义格式如下:

struct 结构体名(首字母通常大写)

　{分量表 };

其中"分量表"中的分量也应进行类型说明,如图9-1所示。

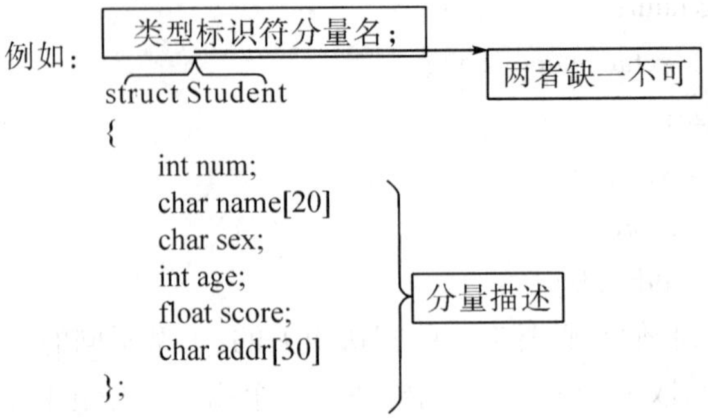

例如：

图 9-1　结构体定义

定义要求：

①定义该结构体类型的名字；

②同时声明组成它的各个数据项(成员)，因此它是由 C 语言规定的关键字 struct、结构体类型的名字、成员声明组成的；

③成员(又称为分量)声明放在一对花括号中；

④花括号后由";"结束声明。

一般形式如下：

struct 结构体类型名

{

　　成员声明列表；

};

9.1.1.3　结构体定义的编码规范

结构体定义的编码规范：①类型首字母大写；②对类型进行注释；③每个分量单独占一行并注释；④类型名和分量名尽量用英文单词,命名规则与变量名的命名规则相同。

```
/*定义学生类型*/
struct Student
{
    long num;          //学号
    char name[16];     //姓名
    int age;           //年龄
    char sex;          //性别
    float score;       //成绩
    char addr[30];     //地址
};//example9-1.cpp
/*定义日期类型*/
struct Date
{
    int  year ;        //年
    int  month ;       //月
```

```
        int    day ;        //日
};
```

/ * 典型错误定义形式 * /

```
struct date
{   int   year , month , day ;}
struct date
{    int  y , m , d; }
```

9.1.1.4 关于结构体类型的几点说明

关于结构体类型的定义,我们需要特别注意以下几点:

（1）所包含的成员必须写在花括号内,它们组成一个特定的结构体,定义完成后必须加分号;

（2）结构体的成员可以是简单变量、数组、指针、其他结构体等,定义时不能初始化;

（3）成员名的作用域是在所属的结构体中,其他结构体的成员或简单变量名可以与它相同。

/ * 定义学生类型 * /

```
struct Student
{
    long num;        //学号
    char name[16];   //姓名
    int age;         //年龄
    char sex;        //性别
    float score;     //成绩
    char addr[30];   //地址
};
```

例如,定义教师结构体类型:

/ * 定义教师类型 * /

```
struct   Teacher
{
    long   ID;         //工号
    char   name[16];   //姓名
    int    age;        //年龄
    char   sex;        //性别
    char   dept[30];   //系别
};
```

（4）声明一个结构体类型后,系统不会分配一段内存空间来存放各数据项成员;只是通知编译系统,此后的作用域可以使用这个结构体类型;后面用此类型定义一个变量时,系统会为它分配固定的存储单元。因此,我们要注意结构体类型的作用域。

（5）声明结构体类型的位置一般在文件的开头,在所有函数[包括 main( )函数]之前,以便此文件中所有的函数都能利用它来定义变量。

（6）结构体类型允许嵌套定义，即允许其有其他结构体类型的成员。例如，结构体类型 Worker 中有一个结构体 Date 类型的成员：

```
struct Date
{
    int   year ;        //年
    int   month ;       //月
    int   day ;         //日
};
struct Worker
{
    long no;            //工号
    char name[20];      //工人姓名
    int age;            //年龄
    char sex;           //性别
    struct Date time;   //参加工作时间
};
```

注意，结构体类型 struct Date 的定义要在 struct Worker 定义之前。

分量也可以是一个结构体变量。例如，Student 类型中要增加 birthday 属性，则可按如图 9-2 所示的方式进行定义。

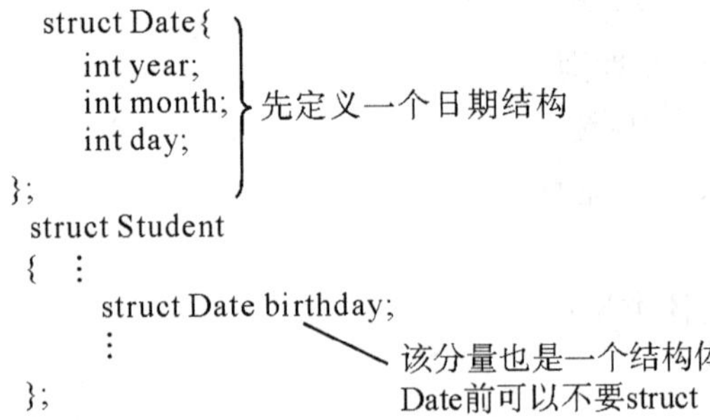

图 9-2 嵌套的结构体定义

9.1.2 结构体变量的定义及初始化

9.1.2.1 结构体变量的定义

C 语言可以有三种不同的方法定义一个结构体类型的变量。

（1）先定义结构体类型，再定义结构体变量。

这种定义变量的方法最常用，我们必须掌握这种方式，其他 2 种方式能看懂就行了。定义了一个结构体类型 struct Student 之后，我们可以用它定义变量，例如：

```
struct Student stu1,stu2; //example9-2. cpp
```

温馨提示：这里再次强调教学内容和学习方法，不要指望把所有内容和方法都掌握，掌握最重要的内容和常用的方法就行了。

struct Student 类型的变量 stu1 在内存中的存储形式如图 9-3 所示。

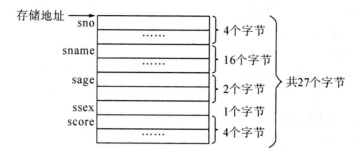

图 9-3 stu1 在内存中的存储形式

关于结构体类型的几点说明：

①类型与变量是两个不同的概念。我们一般先定义结构体类型，再定义变量为该类型。变量可以赋值、存取或运算，而类型没有这些操作。在编译时，系统为变量分配空间，对于类型来说不必分配空间。结构体是一个数据类型，其中并无具体数据，系统也不分配内存。只有在定义结构体变量后，结构体变量才占用内存，我们可以在该变量中存储数据，从而能够使用结构体。

②我们可以单独使用结构体中的分量。分量名可以与程序中的变量名相同，两者之间不会产生混淆，建议最好用不同的名称。

③为了方便起见，我们可以在程序开头对定义符号常量进行简化。例如，在程序中我们可以直接写成：

```
#define STUDENT struct student
STUDENT        {
    int num;        //学号
    char name[20];        //姓名
    char sex;        //性别
    int age;        //年龄
    float score;        //分数
    char addr[30];        //地址
};
STUDENT    st1, st2;
```

但是这种定义方式不常用。

（2）在定义类型的同时定义变量。

这种定义方式不常用，而且会造成定义的结构体变量是全局变量的结果。但是，我们不主张大量使用全局变量。有些教材推荐用这种方式，本教材希望读者能读懂他人代码就行，反对过多使用这种定义方式。例如：

```
/*定义学生类型及其变量*/
struct Student
{
    long num;        //学号
    char name[16];        //姓名
```

```
        int age;              //年龄
        char sex;             //性别
        float score;          //成绩
        char addr[30];        //地址
    } st1,st2;
```
则一般定义形式如下：
```
struct 结构体名
{
        分量表；
}变量表；
```
提示：此方法不常用。在实际的应用中，定义结构体同时定义结构体变量适合于定义局部使用的结构体类型或结构体类型变量，如在一个文件内部或函数内部。

（3）直接定义结构类型变量。

定义形式如下：
```
struct
{
        分量表；
}变量表；
```
例如：
```
/*直接定义学生类型的变量*/
struct
{
        long num;             //学号
        char name[16];        //姓名
        int age;              //年龄
        char sex;             //性别
        float score;          //成绩
        char addr[30];        //地址
    } st1,st2;
```
在 struct 后不出现结构体名，因此我们也不能再以此定义相同的结构体变量。此方法不给出结构体类型标识符。

提示：在实际的应用中，此方法适合于临时定义的局部结构体变量，因此也不常用。

【案例 9-2】在【案例 9-1】基础上定义 Student 类型变量。
```
#include <stdio.h>
/*定义 Student 结构体类型*/
struct Student{
        long int num;         //学号
        char name[16];        //姓名
        int age;              //年龄
```

```
    char sex;          //性别
    float score;       //成绩
    char addr[30];     //地址
};
int main()
{
    struct Student st;//定义 Student 类型变量
    printf("Student 变量长度:%d\n",sizeof(st));

    return 0;
}  //example9-2.cpp
```

9.1.2.2　结构体变量的初始化

简单变量的初始化形式:数据类型 变量名=初始化值;

例如,定义整型变量 m,并给其初始化值为 6 的语句如下:

```
    int m = 6;
```

数组的初始化,需要通过一个常量数据列表,对其数组元素分别进行初始化,例如:

```
    int a[6] = {2, 4, 6, 8, 10};
```

结构体变量的初始化遵循相同的规律。结构体变量的初始化方式与数组类似,分别对结构体的成员变量赋初始值,而结构体成员变量的初始化遵循简单变量或数组的初始化方法。因为结构体变量的定义有三种形式,所以它的初始化也有三种相应的形式。

(1)先定义结构体类型,再在定义结构体变量的时候初始化。

这种方式最常用,可以将变量定义部分放在 main()函数或其他函数中。

【案例9-3】在【案例9-2】基础上对 Student 类型变量进行初始化。

```
/*定义学生类型*/
struct Student
{
    long int num;      //学号
    char name[16];     //姓名
    char sex;          //性别
    char addr[30];     //地址
};
int main()
{
    struct Student a={89031,"Li Lin",'M',"123 Beijing Road"};
    printf("%ld,%s,%c,%s\n",a.num,a.name,a.sex, a.addr);

    return 0;
}  //example9-3.cpp
```

(2)定义结构体类型的同时对变量初始化。

该形式的实质是对全局变量的结构体变量初始化,因此不主张使用。

```
/*定义学生类型的同时定义变量 a 并进行初始化*/
struct Student
{
    long int num;        //学号
    char name[16];       //姓名
    char sex;            //性别
    char addr[30];       //地址
} a={89031,"Li Lin",'M',"123 Beijing Road"};
int main( )
{
    printf("%ld,%s,%c,%s\n",a.num,a.name,a.sex,a.addr);
    return 0;
}   //example9-3.cpp
```

运行结果如下:

89031,Li Lin,M,123 Beijing Road

(3)直接定义结构类型变量并初始化。

这种方式不常用。

9.1.3 结构体变量的引用

结构体变量与简单变量一样,我们可对其进行值的存取操作,实际就是对其成员进行存取操作。引用结构体变量应遵守以下 4 条规则。

(1)结构体变量中分量的引用方式。

结构体变量名·分量名[·二级分量名]

其中,"·"为分量运算符,在所有的运算符中优先级最高。

(2)结构体变量的分量本身又属于结构体类型时,只能对最低级分量进行操作。例如:

```
st1.num = 20131311;
strcpy(st1.name,"韦雪");
st1.birthday.day = 25;
```

如果我们将 st1.birthday.day 写成 st1.birthday,系统并不会访问 st1 中的 birthday,只会引起警告错误。

(3)我们不能将一个结构体变量直接进行输入输出,只能对结构体变量的各分量进行输入输出。例如:

```
scanf("%d,%s,%c,%d,%f,%s",&st1); //错误
printf("%d,%s,%c,%d,%f,%s",st1); //错误
printf("%s,%d",st1.name,st1.birthday.day); //正确
```

(4)分量和结构体变量的地址均可以被引用。例如:

```
scanf("%d",&st1.num); //输入 st1.num 的值
printf("%x",&st1); //以十六进制输出 st1 的首地址
```

【案例 9-4-1】利用结构体输入/输出学生的信息。需要定义结构 Student 和结构体变量 stu,定义循环变量 i,输入学生个数 n,还要实现输入第 i 位学生信息并输出第 i 位学生信息,循环变量 i>n 时结束循环。

分析:学生的信息有若干项,如学号、姓名、性别、班级、系别、专业、家庭住址、每学期课程的考试成绩及平均分等。

简单起见,本例中学生的信息只包括学号、姓名和两门课程的成绩。定义的结构体包括四个成员项,分别为学号(整型)、姓名(字符数组)、两门课程成绩(实型)。

一个结构体变量只可以存储一位学生的信息。若需要输入若干位学生的信息,我们需要用循环处理,输入一位学生的信息后就输出,然后再输入下一位学生的信息。利用结构体变量输入输出学生信息的流程图如图 9-4 所示。

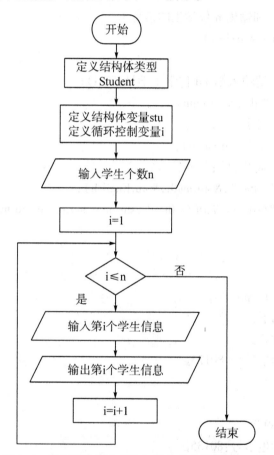

图 9-4　利用结构体变量输入输出学生信息的流程图

/＊定义学生类型 Student ＊/
struct Student
{
　　/＊结构体的成员项,又称为属性,单独占一行并注释,但定义时不能赋初值＊/
　　int num;　　　　//学号
　　char name[20];　//姓名
　　float math;　　//数学成绩

```
        float English;    //英语成绩
    };
    int main( )
    {
        int i = 0;//学生编号
        int n = 0;//学生总数
        struct Student stu;    //定义结构体变量
        printf("请输入学生人数:");
        scanf("%d",&n);

        /* 循环输入和输出 n 位学生的信息 */
        for (i = 1;i <= n;i++)
        {
            printf("请输入第%d 位学生学号:", i);
            scanf("%d",&stu.num);
            printf("姓名:");
            scanf("%s",stu.name);
            printf("成绩:");
            scanf("%f%f",&stu.math,&stu.English);
            printf("%d %s %.0f %.0f\n",stu.num,stu.name,stu.math,stu.English);
        }

        return 0;
    }//example9-4-1. cpp
```

程序执行结果如下:

请输入学生人数:2↙

请输入第 1 位学生学号:80123↙

姓名:wanghua↙

成绩:89 98↙

80123 wanghua 89 98

请输入第 2 位学生学号:80135↙

姓名:lilin↙

成绩:88 99↙

80135 lilin 88 99

9.1.3.2 结构体类型的嵌套定义与变量初始化

【案例 9-5】在【案例 9-3】基础上为 Student 类型定义生日成员。

```
#include <stdio.h>
#include <string.h>
/* 定义日期类型 Date */
```

```
struct Date
{
    int year;     //年
    int month;    //月
    int day;      //日
};

/*结构体类型的嵌套定义:Student 结构体类型定义 */
struct   Student
{
    long int num;       //学号
    char name[16];      //姓名
    int age;            //年龄
    char sex;           //性别
    float score;        //成绩
    char addr[30];      //地址
    Date birthday;      //出生日期:该分量也是一个结构体
};

int main()
{
    Student st;//学生变量
    /*结构体变量的初始化:对各分量进行初始化 */
    st.num = 89031;
    strcpy(st.name,"Li Lin");//不能使用 st1. name="Li Lin"
    st.sex = 'M';
    st.age = 25;
    st.score = (float)82.6;
    strcpy(st.addr,"123 Beijing Road");
    //st1. birthday = 19941225,错误赋值方式;
    st.birthday.year = 1994;
    st.birthday.month = 12;
    st.birthday.day = 25;
    printf("学号   姓名   性别  年龄   出生日期     成绩   通讯地址\n");
    printf("%ld  %s  %c    %d",st.num,st.name,st.sex,st.age);
    printf("  %d-%d-%d",st.birthday.year,st.birthday.month, st.birthday.day);
    printf("  %.2f  %s\n",st.score,st.addr);

    return 0;
```

```
}        //example9-5.cpp
```

9.2 结构体指针与函数

本节主要内容为结构体变量与函数、结构体指针、结构体的类型及变量使用中常见错误。

9.2.1 结构体变量与函数

【案例9-6-1】设计一个日期类型,包含年、月、日3个成员项,它们都是整型数据,通过该结构体实现输入、输出日期。

```c
#include <stdio.h>
/* 不规范定义方式 */
struct date
{int year, month, day;    };
/* 最好采用如下方式进行定义 */
/* 定义日期类型 Date:类型的首字母最好大写 */
struct Date
{
    int year;    //年
    int month;   //月
    int day;     //日
};
/* 输入日期函数的定义或实现 */
struct Date input(struct Date inDate)
{
    /* printf("请输入新的日期:  年  月  日\n");
    scanf("%d%d%d",&inDate.year,&inDate.month,&inDate.day); */
    printf("请输入新的日期:\n    年\b\b\b\b\b\b");
    scanf("%d",&inDate.year);
    printf("月\b\b\b\b");
    scanf("%d",&inDate.month);
    printf("日\b\b\b\b");
    scanf("%d",&inDate.day);

    return inDate;
}
/* 显示函数的定义或实现 */
void display(Date inDate)
{
    //printf("今天的日期是%4d 年%2d 月%2d 日.\n", inDate.year, inDate.month,
        inDate.day);
```

```
        printf("今天的日期是%4d 年",inDate.year);
        printf("%2d 月%2d 日.\n",inDate.month,inDate.day);
    }
    int main()
    {
        struct Date dt;        //定义日期结构体变量 dt
        dt = input(dt);
        display(dt);
        return 0;
    } //example9-6-1.cpp // example9-6-2.cpp 用指针完成
```

运行结果如图 9-5 所示。

图 9-5 运行结果

我们在输入结构体变量数据时在引用表达式前面加取地址符即可,即 &d.year,&d. month,&d.day,其他与普通变量用法类似,例如:

scanf("%d%d%d",&d.year,&d.month,&d.day);

输出结构体变量的数据时的用法也类似于普通变量,例如:

printf("今天的日期是%d 年%d 月%d 日.\n",d.year,d.month,d.day);

温馨提示:

(1)当函数的形参为结构体变量时,为了遵守实参与形参类型一致的原则,传递给函数的实参应是一个结构体变量。

(2)实参一定是与形参同类型的结构体变量。当函数被调用时,数据传递仍为"值传递方式",实参中各成员的值都完整地传递给形参。形参所占的内存空间是临时分配的,当返回主调函数时,形参所占的空间会释放,因此形参的改变不会影响实参的值。

【案例 9-7】定义一个结构体变量(包括年、月、日),然后编写一个函数 days 计算该天在这一年中是第几天,最后在主函数中调用该函数并获得天数,最后输出。

```
#include<stdio.h>
/*定义日期类型 Date */
struct Date
{
    int year;    //年
    int month;   //月
    int day;     //日
};
```

```
/ * 判断闰年函数
返回值:1 是闰年,0 是平年 */
int isLeapYear( struct Date dt)
{
    if( dt.year%4 ==0 && dt.year%100! =0 || dt.year%400 ==0)
        return 1;

    return 0;
}
/ * 计算日期的天数函数 */
int days( struct Date dt)
{
    int daySum = 0;//天数
    int i = 0;//月份
    int daytab[ 13] = {0,31,28,31,30,31,30,31,31, 30,31,30,31};
    for( i = 1;i < dt.month;i++)
        daySum += daytab[ i];
    daySum += dt.day;
    if( isLeapYear( dt) && dt.month>=3)
        daySum += 1;

    return daySum;
}

int main( )
{
    struct Date dt;//定义日期结构体变量 dt
    printf( "Please input the year,month and day:\n");
    scanf( "%d-%d-%d", &date.year,&date.month, &date.day);
    printf( "days:%d\n",days( date));
} //example9-7. cpp
```

程序运行结果如下:
Please input the year,month and day:
2008-3-3↙
　　days:63

9.2.2 结构体指针

【案例 9-8】用结构体类型表示空间点的坐标信息,通过结构体指针变量访问结构体变量。

分析:本案例提供了空间点的结构体类型定义和通过结构体指针变量访问结构体变

量成员的方法。

```
#include <stdio.h>
/*定义空间点的结构体类型*/
struct Point
{
        double x; //x 坐标
        double y; //y 坐标
        double z; //z 坐标
};
int main()
{
        struct Point point1 = {100,100,0};   //点 point1 的坐标为(100,100,0)
        struct Point point2; //点坐标变量
        struct Point * ppoint;            //定义结构体指针变量
        ppoint = &point2;                 //结构体指针变量赋值
        /*通过指针 ppoint 间接地对 point2 的坐标进行了赋值*/
        pPoint->x = point1.x;
        pPoint->y = point1.y;
        (*ppoint).z = point1.z;
        printf("point2 = (%7.2f,%7.2f,%7.2f)\n",point2.x, point2.y, point2.z);

        return (0); //可以这样写
} // example9-8.cpp
```

指针变量可以指向变量、数组、字符串以及函数,也可以指向已经定义的结构体变量或结构体数组。结构体指针就是指向结构体的指针变量。定义指向结构体变量的指针变量与指向普通变量的指针变量的格式是类似的,只是要指明具体的结构体类型。一般形式如下:

struct 结构类型名 指针变量名;

例如,在【案例9-6-2】中的语句:

struct Date * pDate = &dt; //表明定义 pDate 是 Date 结构体类型的指针变量

我们利用指针变量引用成员的方式有两种,两种方式作用相当,形式如下:

指针变量名->成员名(最常用)

(*指针变量名).成员名(不常用)

运算符"->"称为指向运算符(或指针运算符),其优先级与圆括号、成员运算符"."一样,也是最高级。第二种方式中的圆括号必不可少,其中的内容表示指针指向的变量或数组元素。

例如:

p = &stu1 ; //正确

p = stu1 ;   //错误

我们通过该赋值语句便建立了指向关系。结构体指针是指向结构体变量的一个指针,其值为结构体变量中第一个成员的首地址,p 指向 stu1 的 sno 的成员。图 9-6 展示了结构体变量的指针变量示意。

sno	sname	sage	ssex	score
201101	张华	19	'M'	92.2

stu1

p

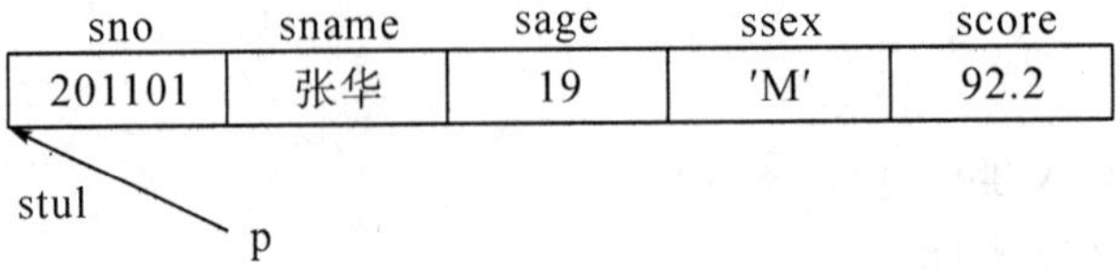

图 9-6　结构体变量的指针变量示意图

【案例 9-6-2】在【案例 9-6-1】基础上采用结构体指针实现输入、输出日期。

```c
/*输入日期函数的实现*/
#include <stdio.h>
/*定义日期类型 Date*/
struct Date
{
    int year;      //年
    int month;     //月
    int day;       //日
};
/*显示日期函数的实现*/
void display(Date * pInDate)
{
    printf("今天的日期是%4d 年",pInDate->year);
    printf("%2d 月%2d 日.\n",pInDate->month, pInDate->day);
}
/*输入日期函数的实现*/
void input(struct Date * pInDate)
{
    printf("请输入新的日期:  年   月   日\n");
    scanf("%d",&pInDate->year);
    scanf("%d%",&pInDate->month);
    scanf("%d",&pInDate->day);
}
int main()
{
    struct Date dt;            //定义日期结构体变量 dt
    struct Date * pDate = &dt;  //定义日期结构体指针指向变量 dt
    input(&dt);
    display(&dt);
```

```
        return 0;
} // example9-6-2.cpp 用指针完成
```
运行结果如图 9-7 所示。

图 9-7 运行结果

9.2.3 结构体的类型及变量使用中常见错误

本小节提供结构体使用中的常见错误：

(1)结构体类型定义错误:无分号;

(2)结构体类型定义错误:分量写在同一行且无注释;

(3)结构体类型定义错误:结构体变量定义为全局变量;

(4)结构体变量初始化错误:分量值个数不对或者类型不匹配;

(5)将结构体变量整体输入或输出;

(6)输入 scanf( )时引用结构体变量的分量不是分量地址;

(7)结构体指针使用错误。

9.3 结构体数组

本节主要内容为结构体数组的定义和使用、结构体数组的指针、文件的格式读写和块读写、文件的定位和检测、结构体数组使用中的常见错误。

9.3.1 结构体数组的定义和使用

9.3.1.1 结构体数组

结构体数组与普通数组的不同之处在于每个数组元素都是一个结构体类型的数据，且这些数据又分别包括各个分量。结构体数组的定义、初始化等操作和内存中的存放方式与普通数组类似。

【案例9-9】候选人得票数统计程序。设有 3 位候选人,10 个人参加投票,每次输入 1 位得票者的名字,最后将统计结果输出。

分析:我们定义一个结构体类型 Person,存储候选人的相关信息:姓名、统计票数的变量。在程序中定义结构体数组并初始化,包括 3 位候选人的姓名和统计票数的变量初值为 0。在循环中每次输入一位候选人的姓名,在结构体数组中找到该人后其得票数加 1。最后输出每位候选人的得票数。

```
#include<stdio.h>
#include<string.h>
/*定义人员类型的结构*/
struct Person
{
    char name[20];      //候选人姓名
```

```
        int count;            //统计票数
};
int main( )
{
    int i = 0;//投票次数,外循环控制变量
    int j = 0;//数组下标,即第 j 位候选人,内循环控制变量
    Person leader[3] = {{"Li",0},{"Wang",0},{"Hong",0}};//定义结构体数组
                                                          并初始化

    char   lead_name[20];        //存放选票上的姓名

    for (i = 0;I < 10;i++)
    {
        scanf("%s", lead_name);        //输入选票
        for (j = 0;j < 3;j++)              //统计票数
            if (strcmp(lead_name,leader[j].name)==0)
                leader[j].count++;
    }
    printf("投票结果为:");
    for (i = 0;i < 3;i++)
        printf("%s:%d\t",leader[i].name,leader[i].count);
    printf("\n");

    return 0;
}//example9-9. cpp
```

程序运行结果如下:

请投票:Wang↙

Li↙

Wang↙

Hong↙

Wang↙

Wang↙

Li↙

Hong↙

Li↙

Hong↙

投票结果如下:

Li:3   Wang:4   Hong:3

9.3.1.2 字符串的比较与赋值

(1)字符串的比较。

在结构体变量中,字符串的比较要通过字符串比较函数来完成,这与在字符数组中进行字符串比较采用的方法是相同的。格式如下:

strcmp(串1,串2);//string compare

当两个字符串相等时,函数的返回值为0;当串1>串2时,函数返回值为大于0的数;当串1<串2时,函数返回值为小于0的数。

【案例9-9】中查找与选票相同的候选人的程序中"strcmp(lead_name,leader[j].name",leader[j].name指下标为j的数组元素中name成员,也就是某候选人的姓名。lead_name指的是选票上的姓名,我们将这两个姓名进行比较,若相同,则该候选人得到一票,票数加1,即leader[j].count++;若不相同,再将lead_name与下一个候选人的姓名比较,通过j值的变化遍历每个数组元素。

(2)字符串的赋值。

若需要将一个字符串赋予另一数组,或复制到另一内存空间,我们需要用字符串处理函数来实现。格式如下:

strcpy(串1,串2);//string copy

即将串2拷贝到串1所在的位置,前提是串1的内存空间足够大,能够容纳串2的所有字符。

【案例9-10】定义关于5名学生信息(包含姓名和成绩)的简单结构体数组,在该结构体数组中查找分数最高和最低的同学姓名和成绩,并输出查找到的信息。

分析:我们先定义结构类型,将学生信息进行整合,构成相应的结构体数组stud,用5名学生的姓名和成绩初始化结构体数组。利用【案例9-9】的方法将他们的成绩两两比较,找出最高、最低分,不同的是【案例9-9】采用的字符串比较方式,而本例采用整数比较方式。

```
#include<stdio.h>
/*定义学生类型*/
struct Student
{
    char name[20];    //姓名
    int score;        //分数
};
int main()
{
    int max = 0;//最大值下标
    int min = 0;//最小值下标
    int i = 0;//数组下标,循环控制变量
    Student stud[5] = {{"王红",90},{"李林",98},{"孙芳",82},{"徐立",75},
{"华安",82}};//定义结构体数组并初始化
    for (i = 1;i < 5;i++)
        if (stud[i].score > stud[max].score)
            max = i;
```

```
            else if (stud[i].score < stud[min].score)
                min = i;
        printf("最高分:%s,%d\n",stud[max].name,stud[max].score);
        printf("最低分:%s,%d\n",stud[min].name,stud[min].score);


        return 0;
}//example9-10. cpp
```

程序运行结果如下：

最高分:李林,98

最低分:徐立,75

9.3.1.3　结构体数组的使用。

数组和结构体最常见的组合之一就是具有结构体元素的数组。这类数组可以被看作简单的数据库。例如,【案例9-10】中 stud 数组能够存储 5 个结构体类型的数据。

结构体数组的定义方法和结构体变量相似,我们只需要用已定义的结构体类型定义数组即可。例如:

```
struct Student{
        char class[20];      //班级
        long num;            //学号
        char name[20];       //姓名
        char sex;            //性别
        float score;         //分数
};
struct Student s[3];
```

【案例9-4-2】利用结构体数组输入、输出学生的信息

分析:我们采用数组就能实现输入模块和输出模块的分离,从而实现模块化设计。

```
# include<stdio.h>
# define N 50
/ * 定义学生类型 Student * /
struct Student
{
        int num;            //学号
        char name[20];      //姓名
        float math;         //数学成绩
        float English;      //英语成绩
};
int main(){
        int i = 0;          //数组下标
        int n = 0;          //学生总数
        struct Student stu[N];   //定义结构体数组
```

```c
printf("请输入学生人数:");
scanf("%d",&n);
/* 循环输入 n 位学生的信息 */
for (i = 0;i < n;i++)          {
    printf("请输入第%d 位学生的信息:\n", i+1);
    printf("学号:");
    scanf("%d",&stu[i].num);
    printf("姓名:");
    scanf("%s",stu[i].name);
    printf("数学:");
    scanf("%f",&stu[i].math);
    printf("英语:");
    scanf("%f",&stu[i].English);
}

/* 输出模块:方式 1 单记录输出,界面友好性较差,数据项多时效果较好 */
for (i = 0;i < n;i++)
{
    printf("学号:%d ",stu[i].num);
    printf("姓名:%s ",stu[i].name);
    printf("数学:%.0f ",stu[i].math);
    printf("英语:%.0f\n",stu[i].English);
}


/* 最好采用如下方式输出,增加界面友好性 */
/* 输出模块:方式 2 多记录输出(多行输出),数据项不多时效果较好,先输出
表头,再输出表体 */
printf("%10s","学号");
printf("%24s ","姓名");
printf("%8s","数学");
printf("%8s\n","英语");
for (i = 0;i < n;i++)
{
    printf("%10d ",stu[i].num);
    printf("%24s ",stu[i].name);
    printf("%8.2f ",stu[i].math);
    printf("%8.2f\n",stu[i].English);
}
```

```
        return 0;
}    //example9-4-2-1.cpp 和 example9-4-2-2.cpp
```
运行结果如图 9-8 所示。

```
学号: 80123 姓名: wanghua 数学: 89 英语: 98
学号: 80135 姓名: lilin 数学: 88 英语: 99
        学号            姓名      数学      英语
        80123        wanghua     89.00    98.00
        80135         lilin      88.00    99.00
```

图 9-8   运行结果

【案例 9-4-3】利用结构体数组作为函数参数,输入、输出学生的信息。

分析:用函数分别完成输入和输出模块。

```
//example9-4-3.cpp
#include <stdio.h>
#define N 50
/*定义学生类型 Student*/
struct Student
{
    int num;            //学号
    char name[20];      //姓名
    float math;         //数学成绩
    float English;      //英语成绩
};
void input(Student st[],int m);//输入函数的声明
void output(Student st[],int m);//输出函数的声明
int main()
{
    int i = 0;//数组下标
    int n = 0;//学生总数
    struct Student stu[N]; //定义结构体数组
    //struct Student stu[N] = {{80123,"wanghua",89, 98}, {80135,"lilin",88,
99}};   //定义结构体数组并初始化
    printf("请输入学生人数:");
    scanf("%d",&n);
    input(stu,n);//输入模块
    output(stu,n);//输出模块

    return 0;
}
```

/*输入函数的实现

参数:stu 是结构体数组,m 是数组长度 */

```
void input(Student st[ ],int m)
{
    int i = 0;//数组下标
    for (i = 0;i < m;i++)
    {
        printf("请输入第%d 名学生的信息:\n", i+1);
        printf("学号:");
        scanf("%d",&st[i].num);
        printf("姓名:");
        scanf("%s",st[i].name);
        printf("数学:");
        scanf("%f",&st[i].math);
        printf("英语:");
        scanf("%f",&st[i].English);
    }
}
```

/*输出函数的实现

参数:stu 是结构体数组,m 是数组长度 */

```
void output(Student st[ ],int m)
{
    int i = 0;//数组下标
    printf("%10s","学号");
    printf("%24s ","姓名");
    printf("%8s","数学");
    printf("%8s\n","英语");
    for (i = 0; i < m; i++)
    {
        printf("%10d ",st[i].num);
        printf("%24s ",st[i].name);
        printf("%8.2f ",st[i].math);
        printf("%8.2f\n",st[i].English);
    }
}
```

9.3.2 结构体数组的指针

指针变量指向结构体数组就是指向数组的首地址。

【案例 9-11-1】建立包含若干人的简易电话号码簿,只包含姓名和电话号码,以字符

"#"结束,然后输入某人姓名,查找该人的电话号码,并输出查找的信息。若查找到,输出该人的电话号码;若没查找到,就输出"没有找到"。

```cpp
//example9-11-1.cpp
#include<stdio.h>
#include<string.h>
#define MAX 100
/*定义电话簿的数据类型*/
struct Telephone
{
    char name[20];    //姓名
    char telno[12];    //电话
};
void input(Telephone teleList[],int * pm);    //输入函数的声明
//void search(Telephone teleList[],int m,char * pName);//查找函数的声明
int search(Telephone * teleList,int m,char * pName);//查找函数的声明

int main()
{
    Telephone phoneList[MAX];//电话簿数组
    int n = 0;                //数组长度
    int k = 0;                //下标位置
    char name[20];            //姓名字符串

    /*输入模块*/
    input(phoneList,&n);

    /*查找模块*/
    printf("输入要查找的姓名:");
    gets(name);
    //search(phoneList,n,name);//查找函数的调用
    k = search(phoneList,n,name);//查找函数的调用
    if(k != -1)
        printf("电话号码是:%s\n",phoneList[k].telno);
    else
        printf("没有找到! \n");

    return 0;
}
```

```
/*输入函数的实现
参数:teleList 是电话簿数组,m 是指向电话簿长度的指针 */
void input(Telephone teleList[ ],int * pm)
{
    int i = 0;   //数组下标,循环控制变量
    do
    {
        printf("输入姓名(#结束):");
        gets(teleList[i].name);
        printf("输入电话号码:");
        gets(teleList[i].telno);
    } while(strcmp(teleList[i++].name,"#"));
    * pm = i;
}


/*查找函数的实现方式一
参数:teleList 是电话簿数组,m 是电话簿长度,pName 指向姓名的指针
返回值:无 */
int search(Telephone * teleList,int m,char * pName)
{
    int i = 0;//数组下标,循环控制变量
    Telephone * p = teleList; //指向数组的指针
    while (strcmp(p->name,pName) != 0 && i < m)
    {
        i++;
        p++;
    }
    if(i < m)
        return i;
    else
        return -1;
}

/*查找函数的实现方式二
参数:teleList 是电话簿数组,m 是电话簿长度,pName 是指向姓名的指针
返回值:数值下标 */
void search(Telephone teleList[ ],int m,char * pName)
{
    int i = 0;//数组下标,循环控制变量
```

```
        while (strcmp(teleList[i].name,pName) != 0 && i < m)
            i++;
        if (i < m)
            printf("电话号码是:%s\n",teleList[i].telno);
        else
            printf("没有找到! \n");
}
```

程序运行结果如下:

输入姓名:Zhangyu↙

输入电话号码:13434656781↙

输入姓名 Wangqiang↙

输入电话号码:13454456454↙

输入姓名 Qianfeng↙

输入电话号码:13856734656↙

输入姓名:Linli↙

输入电话号码:13900657346↙

输入姓名:#↙

输入电话号码:13000000000↙

输入要查找的姓名:Qianfeng↙

电话号码为: 13856734656。

【案例9-11-2】在简易电话号码簿中插入和删除指定号码。

```
//example9-11-2. cpp
#include<stdio.h>
#include<string.h>
#define MAX 100
void output(Telephone *  teleList,int m);//显示函数的声明;
int insertList(Telephone *  teleList,int  *m,Telephone newPhone);//插入函数的声明
int deleteList(Telephone *  teleList,int  *m,char  *pName,Telephone *  delPhone);
//删除函数的声明
int main() {
    Telephone phoneList[MAX];  //电话簿数组
    int n = 0;                 //数组长度
    int isSuccess = 0;         //是否成功
    char name[20];             //姓名字符串
    Telephone thePhone;        //指定电话

    /* 输入输出模块 */
    input(phoneList,&n);
    output(phoneList,n);
```

```
/ *插入模块 */
printf("要插入通讯录的姓名:");
gets(thePhone.name);
printf("电话号码:");
gets(thePhone.telno);
isSuccess = insertList(phoneList,&n,thePhone);//插入函数的调用
if (isSuccess)
{
    printf("姓名:%s,电话:%s",thePhone.name,thePhone.telno);
    printf("插入成功! \n");
}
else
    printf("插入失败! \n");
output(phoneList,n);


/ *删除模块 */
printf("输入要删除通讯录的姓名:");
gets(name);
isSuccess = deleteList(phoneList,&n,name,&thePhone);//删除函数的调用
if (isSuccess)
    printf("姓名:%s   电话号码是:%s 被删除\n", thePhone.name,
    thePhone.telno);
else
    printf("没有找到,删除失败! \n");
output(phoneList,n);


return 0;
}
/ *显示函数的定义
参数:teleList 指向电话簿数组的指针,m 是电话簿长度 */
void output(Telephone * teleList,int m)
{
    int i = 0;//数组下标,循环控制变量
    printf("%10s%14s\n","姓名","电话号码");
    while (i < m)
    {
        printf("%10s%14s\n",teleList->name,teleList->telno);
        teleList++;
        i++;
    }
```

}
/* 插入函数的实现

前提条件:通讯录已经按姓名升序排列

参数:teleList 是指向电话薄数组的指针,m 是指向电话薄长度的指针,newPhone 是插入新的号码

返回值:1 表示插入成功,0 表示插入失败 */

```c
int insertList(Telephone * teleList,int * m,Telephone newPhone){
    int i = 0;//数组下标,循环控制变量
    int location = 0;//插入的位置
    Telephone * p = teleList; //指向数组的指针
    if (p == NULL)     return 0;//插入失败
    while (strcmp(p->name,newPhone.name) < 0 && i < * m)
    {
        i++;
        p++;
    }
    location = i;
    i = * m;
    while (i > location) {
        teleList[i] = teleList[i-1];//从后往前移动
        i--;
    }
    teleList[i] = newPhone; //插入新号码
    * m = * m + 1;

    return 1;//插入成功

}
```

/* 删除函数的实现

参数:teleList 是指向电话簿数组的指针,m 是指向电话簿长度的指针,pName 是指向姓名的指针,delPhone 是指向被删除信息的指针

返回值:1 表示删除成功,0 表示删除失败 */

```c
int deleteList(Telephone * teleList,int * m,char * pName,Telephone * delPhone){
    int i = 0;//数组下标,循环控制变量
    int location = 0;//被删除的位置
    location = search(teleList, * m,pName);
    if (location == -1)   return 0;//删除失败
    i = location;
    * delPhone = teleList[i];//取出被删除的信息
    while (i < * m - 1) {
```

· 366 ·

```
        teleList[i] = teleList[i+1];//从前往后移动
        i++;
    }
    *m = *m - 1;

    return 1;//删除成功
}
```

【案例9-12】在结构体数组中存有 3 个人的姓名和年龄,要求输出年龄大者的姓名和年龄。

分析:我们要求找出年龄大者的姓名和年龄,只需把 3 个人的年龄比较一遍即可。本次查找利用指针来处理。

```
#include <stdio.h>
/*定义 Man 的数据类型*/
struct Man
{
    char name[20];     //姓名
    int age;           //年龄
};

int main()
{
    struct Man person[] = {"Lilin",20,"Linhong",19,"Fangping", 18};//定义结构
体数组并初始化
    int old = person[0].age;      //最大年龄
    struct Man *p = NULL;//循环控制变量
    Man *q = NULL;        //指向年龄最大者
    q = p = person;       //将结构体数组首地址赋给指针 p 和 q
    for(p++; p < person + 3; p++)          //查找年龄最大者
        if(old < p->age)
        {
            q = p;
            old = p->age;
        }
    printf("年龄最大者%s 年龄%d\n",(*q).name,q->age);

    return 0;
}//example9-12-1.cpp
```

程序运行结果如下:

Lilin 20

思考题:如何用函数实现?

```cpp
// example9-12-2.cpp 用函数实现
int main( )
{
    struct Man person[ ] = {"Lilin",20,"Linhong",19, "Fangping", 18};//定义结
构体数组并初始化
    int old = 0;        //最大年龄
    Man *q = NULL;        //指向年龄最大者
    old = maxAge(person,3,&q);
    printf("年龄最大者的年龄%d\n",old);
    printf("年龄最大者%s 年龄%d\n",(*q).name,q->age);
    q = NULL;
    q = maxAge(person,3);
    printf("年龄最大者%s 年龄%d\n",(*q).name,q->age);
    return 0;
} // example9-12-2.cpp 用函数实现
/*求年龄最大者函数的实现方式 1
参数:pPerson 是指向数组的指针,n 是数组长度
返回值:年龄的最大值 */
int maxAge(Man *pPerson,int n){
    int old = pPerson->age;        //年龄最大值
    struct Man *p = NULL;//指针 p 是循环控制变量
    Man *q = NULL;        //指针指向年龄最大者
    q = p = pPerson;        //将结构体数组首地址赋给指针 p 和 q
    for (p++; p < pPerson + n; p++) //查找年龄最大者
        if (old < p->age)
        {
            q = p;
            old = p->age;
        }
    return old;
}


/*求年龄最大者函数的实现方式 2
参数:pPerson 是指向数组的指针,n 是数组长度
返回值:指向年龄最大值的指针 */
Man * maxAge(Man *pPerson,int n)
{
    int old = pPerson->age;        //年龄最大值
```

```
    struct Man  * p  =  NULL;//指针 p 是循环控制变量
    Man  * q  =  NULL;        //指针指向年龄最大者
    q  =  p  =  pPerson;      //将结构体数组首地址赋给指针 p 和 q
    for (p++; p < pPerson + n; p++) //查找年龄最大者
        if( old < p->age)
        {
                q  =  p;
                old  =  p->age;
        }


    return q;
}


/* 求年龄最大者函数的实现
参数:pPerson 是指向数组的指针,n 是数组长度,r 是指向年龄最大值的双重指针
返回值:年龄最大值 */
int maxAge( Man  * pPerson, int n, Man ** r)
{
    int old  =  pPerson->age;  //年龄最大值
    struct Man  * p  =  NULL;   //指针 p 是循环控制变量
    Man  * q  =  NULL;          //指针指向年龄最大者
    q  =  p  =  pPerson;        //将结构体数组首地址赋给指针 p 和 q
    for (p++; p < pPerson + n; p++) //查找年龄最大者
        if( old < p->age)
        {
            q  =  p;
            old  =  p->age;
        }
    *r  =  q;

    return old;
}
```
程序运行结果图如图 9-9 所示。

图 9-9 程序运行结果图

说明：

（1）这里用指针的指针作为函数参数是为了实现对指针值的双向传递。单重指针能够实现变量值的双向传递，但是不能实现指针值（即地址）的双向传递；指针的指针，即双重指针，才能实现地址的双向传递。

（2）本程序 main( ) 函数前需要补充代码才能运行，实现方式 1 没有在 main( ) 函数中调用，请读者自己修改代码。

【案例 9-13】结构体数组存储了若干名学生的信息，包括学号、姓名和 3 门课的成绩。请编写函数，求每名学生的平均成绩并存储在结构体数组的另一个成员中，要求用结构体指针变量作为函数形参。

分析：求每名学生 3 门课的平均分比较简单，我们可以通过一个函数实现。每求一名学生的平均分就调用一次该函数，使一个指针变量指向一个数组元素的成员 score 即可。结构体数组中用一个成员 aver 来存放平均分。我们在主函数中用指向结构体数组的指针作为实参将学生的信息传递给形参，运行后输出学生的学号、姓名和平均分。

```
//example9-13.cp/
#include <stdio.h>
#define N 3
/ * 定义学生结构体类型 */
struct Student
{
    int num;          //学号
    char name[20];//姓名
    int score[3];    //3 科成绩
    float aver;        //平均分
};
/ * 输出函数的实现
参数:stu 是指向数组的指针,n 是数组长度 */
void output( struct Student  * stu,int n)
{
    int i = 0;            //数组下标,循环控制变量
    Student  * p = stu; //指向数组的指针
    printf("学号    姓名   平均成绩:\n");
    for (i = 0;i < N; i++,p++)
        printf("%d %s %f\n",p->num,p->name,p->aver);
}
/ * 输入函数的实现
参数:stu 是指向数组的指针,n 是数组长度 */
void input( struct Student  * stu,int n)
{
    int i = 0;            //数组下标,循环控制变量
```

```c
    Student  * p = stu;  //指向数组的指针
    printf("请输入%d 名学生的信息:\n",N);
    printf("学号    姓名   成绩1   成绩2    成绩3:\n");
    for (i = 0;i < N; i++)
    {
        scanf("%d%s%d",&p->num,p->name, &p->score[0]);
        scanf("%d%d",&p->score[1],&p->score[2]);
        p++;
    }
}


/* 定义平均值函数,指针作为函数参数 */
void average(struct Student  * stu)
{
    int i = 0;//课程数量,循环控制变量
    int sum = 0; //求和
    for(i = 0;i < 3;i++)
    {
        sum = sum + stu->score[i];
    }
    stu->aver = sum / (float)3;
}
int main()
{
    int i = 0;                //数组下标,循环控制变量
    struct Student st[N];      //定义结构体数组
    struct Student * p = NULL;//定义结构体指针
    input(st,N);

    /* 求平均值 */
    for(i = 0;i < N; i++)
    {
        p = &st[i];
        average(p); //调用函数求每名学生的平均成绩
    }
    output(st,N);

    return 0;
}
```

结构体与其他自定义类型

程序运行结果如下：

请输入 5 名学生的信息：

10012 lilin 90 98 80↙

10022 linlin 89 99 90↙

10034 qinhua 100 89 78↙

10066 lihui 89 98 95↙

10088 xiayu 99 88 100↙

输出学生的信息和平均成绩：

10012 lilin 89. 333336

10022 linlin 92. 666664

10034 qinhua 89. 000000

10066 lihui 94. 000000

10088 xiayu 95. 666664

【案例9-4-4】利用指向结构体数组的指针输入、输出学生的信息,并按从高到低的
顺序排列成绩并输出。

分析:我们可以采用结构体数组实现两个结构体数组元素的交换,从而实现排序。

```
void input(Student * p,int * pm);  //输入函数的声明
void output(Student * p,int m);    //输出函数的声明
void bubbleSortByEnglish(Student stu[ ],int m);//冒泡排序函数的声明
int main( ){
    int n = 0;              //学生总数
    struct Student stu[N];  //定义结构体数组
    input(stu,&n);
    output(stu,n);
    bubbleSortByEnglish(stu,n);
    output(stu,n);
    return 0;
} //example9-4-4. cpp
/ * 输入函数的实现方式1
参数:p 是指向结构体数组的指针,m 是数组长度 */
void input(Student * p,int  m)
{
    int i = 0;//数组下标
    / * 单记录输入输出 */
    for (i = 0;i < m;i++)  {
        printf("请输入第%d 名学生的信息:\n", i + 1);
        printf("学号:");
        scanf("%d" ,&p->num);
        printf("姓名:");
```

```
        scanf("%s",p->name);
        printf("数学:");
        scanf("%f",&p->math);
        printf("英语:");
        scanf("%f",&p->English);
        p++;
    }
}


/*输入函数的实现方式2
参数:p是指向结构体数组的指针,指针pm指向数组长度*/
void input(Student *p,int *pm)
{
    int i = 0;//学生编号
    printf("请输入学生人数:");
    scanf("%d",pm);
    /*单记录输入输出*/
    for (i = 0;i < *pm;i++){
        printf("请输入第%d名学生的信息:\n", i + 1);
        printf("学号:");
        scanf("%d",&p->num);
        printf("姓名:");
        scanf("%s",p->name);
        printf("数学:");
        scanf("%f",&p->math);
        printf("英语:");
        scanf("%f",&p->English);
        p++;
    }
}


/*输出函数的实现,多记录输出(多行输出)
参数:p是指向结构体数组的指针,m是数组长度*/
void output(Student *p,int m)
{
    int i = 0;//数组下标
    printf("学生的信息:\n");
    /*先输出表头*/
    printf("%10s","学号");
```

```
        printf("%20s","姓名");
        printf("%10s","数学");
        printf("%10s\n","英语");
        /*再输出表体*/
        for (i = 0;i < m;i++)
        {

            printf("%10d ",p->num);
            printf("%20s ",p->name);
            printf("%8.0f ",p->math);
            printf("%8.0f\n",p->English);
            p++;

        }

}
```

排序算法的选择方面,我们采用冒泡排序法对学生的成绩进行排序。如果相邻元素的成绩逆序,则交换这两个元素的值(所有成员),使用结构体变量赋值即可实现,temp 为 Student 类型变量。

```
if (stu[j].score < stu[j + 1].score)
{

    temp = stu[j];
    stu[j] = stu[j + 1];
    stu[j + 1] = temp;

}
```

```
/*冒泡排序函数(下沉法:按学生英语成绩降序排列)
参数:stu 是数组,m 是数组长度*/
void bubbleSortByEnglish(Student stu[], int m)
{
    Student temp;   //临时变量
    int i = 0;       //排序趟数
    int j = 0;       //数组下标
    for(i = 0;i < m-1;i++)
    {
        for(j = 0;j < m-i-1;j++)
        {
            If (stu[j].English < stu[j+1].English)
            {
                temp = stu[j];
                stu[j] = stu[j+1];
                stu[j+1] = temp;
```

```
        }
    }
    output(stu,m);//输出每次排序结果
    }
}
```

9.3.3 文件的格式读写和块读写

【案例9-14-1】通过键盘输入若干名学生的信息,包括学号、姓名和成绩,把它们写入文件中,再从文件读出后,最后通过显示器显示输出结果。

```
#include<stdio.h>
#include<stdlib.h>
/*定义学生结构体,包含 3 个成员项*/
struct Student
{
    char name[10];      //姓名
    int num;            //学号
    float score;        //成绩
};
int main()
{
    Student stud[4];        //定义结构体数组
    Student s;              //定义结构体变量
    int i = 0;              //循环控制变量
    FILE  * fp = NULL;          //文件类型指针
    /*输入模块*/
    printf("输入学生信息:\n 姓名   学号   成绩\n");
    for(i = 0;i < 4;i++)        //通过键盘输入学生信息
        scanf("%s%d%f",&stud[i].name, &stud[i].num, &stud[i].score);

    /*写入文件模块*/
    if((fp = fopen("stud2. dat","wb+")) == NULL)  //以"读写"方式打开文件
    {
        printf("Connot open file");
        exit(1);
    }
    for(i = 0;i < 4;i++)        //将每名学生的信息写入文件
        fwrite(&stud[i],sizeof(Student),1,fp);
    fwrite(stud,sizeof(stud),1,fp);  //替换整个循环

    /*读取文件模块*/
```

9

结构体与其他自定义类型

```
        rewind(fp);//将文件位置指针移动到文件开始处
        printf("从文件读取的学生信息:\n 姓名    学号    成绩\n");
        for(i = 0;i < 4;i++){ //从文件中读取学生信息
            fread(&s1,sizeof(Student),1,fp);
            printf("%s %d %.0f\n",s. name,s. num, s. score);
        }
        fclose(fp);        //关闭文件
        return 0;
} //example9-14-1. cpp 读写文件
```

【案例9-14-2】通过键盘输入若干学生的信息,包括学号、姓名和成绩,把它们写入文件中,再从文件读出后,最后通过显示器显示输出结果。

```
//example9-14-2. cpp
#include<stdio.h>
/*定义学生结构体*/
struct Student{
    char name[10];      //姓名
    int num;            //学号
    float score;        //成绩
};
int saveFile(Student stu[ ],int m);//保存文件函数的声明
int readFile(Student stu[ ],int *pm);//读取文件函数的声明
int main( ){
    Student stud1[4];       //输入4名学生信息
    Student stud2[4];       //存储从文件读取的信息
    int i = 0;              //数组下标
    int n = 0;              //数组长度
    FILE *fp = NULL;    //定义文件类型指针
    /*输入模块*/
    printf("输入学生信息:\n 姓名    学号    成绩\n");
    for (i = 0;i < 4;i++)
    {
        scanf("%s%d%f",&stud1[i].name,&stud1[i].num, &stud1[i].score);
    }
    saveFile(stud1,i);
    readFile(stud2,&n);
    i = 0;
    while(i < n)
    {
        printf("%s %d %.0f\n",stud2[i].name,stud2[i].num, stud2[i].score);
```

```
                    i++;
            }
            return 0;
}


/*保存文件函数的实现
参数:stu 是数组,m 是数组长度
返回值:1 表示保存成功,0 表示保存失败*/
int saveFile(Student    stu[ ],int m){
        int i = 0;              //数组下标
        FILE *fp = NULL;   //定义文件类型指针
        /*写入文件模块*/
        if((fp = fopen("stud1.txt","w")) == NULL) //以"只写"方式打开文本文件
        {
            printf("保存失败");

            return 0;
        }


        /*将每名学生的信息写入文件*/
        for(i = 0;i < m;i++)
        {
            fprintf(fp,"%s\t",stu[i].name);
            fprintf(fp,"%d\t",stu[i].num);
            fprintf(fp,"%f\n",stu[i].score);
        }
        fclose(fp);            //关闭文件

        return 1;
}


/*读取文件函数的实现
参数:stu 是数组,pm 指向数组长度
返回值:1 表示保存成功,0 表示保存失败*/
int readFile(Student stu[ ],int *pm)
{
        int i = 0;              //数组下标
        FILE *fp = NULL;            //定义文件类型指针
        if((fp = fopen("stud1.txt","r")) == NULL) //以"只读"方式打开
```

结构体与其他自定义类型

```
        {
            printf("读取文件失败！\n");
            return 0;
        }
        i = 0;
        while(! feof(fp))         //表示没有指向文本文件末尾
        {
            fscanf(fp,"%s\t",&stu[i].name);
            fscanf(fp,"%d\t",&stu[i].num);
            fscanf(fp,"%f\n",&stu[i].score);
            i++;
        }
        fclose(fp);            //关闭文件
        *pm = i;

        return 1;
    }
```

运行结果如图 9-10 所示。

图 9-10   运行结果

(1)数据块写函数 fwrite( )。

在编写程序时,我们常常需要一次写入或读出一组数据(如一个数组或者一个结构体变量)。C 语言提供了 fwrite( )函数,可以实现一组数据的写入操作,一般调用格式如下:

fwrite(数据区首地址,字节数,数据个数,文件指针);

例如:

fwrite(a,4,k,fp);

函数功能:将 a 数组中 k 个数据写入到 fp 指向的文件中,每个数据占 4 个字节。同时,将读写位置指针向前移动 k * 4 个字节。

(2)数据块读函数 fread( )。

C 语言提供了 fread( )函数,可以实现一组数据的读取操作,一般调用格式如下:

fread(数据区首地址,字节数,数据个数,文件指针);

例如：

fread(b,4,k,fp);

函数功能：从 fp 所指向的文件中读取 k 个数据，将文件中的数据读入内存，每个数据占 4 个字节，把它们送到 b 数组中。同时，将读写位置指针向前移动 k*4 个字节。

只要文件以二进制方式打开，fwrite() 和 fread() 便可以读写任何类型的信息。尤其是自定义的数据类型，如数组、结构体类型数据。

【案例 9-15】使用数据块读写函数，将商品信息输入指定的二进制文件，并通过该文件输出商品信息并在显示器上显示结果。

分析：程序功能与上例相似，只是采用数据块读写函数对二进制文件进行操作。

```cpp
//example9-15.cpp
#include <stdio.h>
#include <stdlib.h>
/*定义商品信息的结构体类型*/
struct Commodity
{
    char id[10];    //编号
    char name[20];  //名称
    float price;    //价格
    int   count;    //数量
};
void writefile(FILE * fp, struct Commodity record[],int n);//保存文件函数的声明
void readfile(FILE * fp, struct Commodity record[]);//读文件函数的声明
int main()
{
    struct Commodity goodRecord[50];//商品信息数组
    char filename[20];  //文件名
    int n = 0;          //商品信息条数
    FILE * fp = NULL;   //文件指针
    printf("请输入目标文件:\n");
    scanf("%s", filename);
    printf("请输入商品数量:\n");
    scanf("%d", &n);//通过键盘输入商品信息
    fp = fopen(filename, "ab+");//以追加可读写方式打开二进制文件
    if (fp == NULL)
    {
        printf("打开文件失败");
        exit(1);
    }
    writefile(fp, goodRecord,n);
```

```
        readfile(fp, goodRecord);
        fclose(fp); //关闭文件
        system("pause");

        return 0;
    }
```

/ * 保存文件函数的实现,通过键盘将商品信息写入文件 * /
参数:fp 是文件指针,record 是商品记录信息数组,n 是数组长度 * /

```
void writefile(FILE *fp, struct Commodity record[], int n)    {
    int i = 0; //商品信息条数,循环控制变量
    printf(" * * * * * * * * 请输入商品数据 * * * * * * * * \n");
    for (i = 0; i < n; i++)
    {
        printf("请输入序号:");
        scanf("%s", record[i].id);
        printf("请输入名称:");
        scanf("%s", record[i].name);
        printf("请输入价格:");
        scanf("%f", &record[i].price);
        printf("请输入数量:");
        scanf("%d", &record[i].count);
        fwrite(&record, sizeof(record[i]), 1, fp); //成块写入文件
    }
}
```

/ * 读文件函数的实现,从文件中读出商品信息
参数:fp 是文件指针,record 是商品记录信息数组 * /

```
void readfile(FILE *fp, struct Commodity record[])
{
    int i = 0; //商品信息条数,循环控制变量
    rewind(fp);    //把文件内部的位置指针移到文件首
    //从文件成块读,fread 返回值:1 表示读取成功,0 表示读取失败
    while ( fread(&record[i], sizeof(record), 1, fp) )
    {
        printf("序号:%s 名称:%s 价格:%5.2f 数量:%d\n", record[i].id, record
[i].name, record[i].price, record[i].count); //在显示器上显示
        i++;
    }
}
```

9.3.4 文件的定位和检测

本小节内容仅作为了解即可。

对于文件的读/写,一般是从文件头开始依次读/写到文件末尾,即顺序读/写。但是,我们有时需要修改文件中的某个数据或查找某个数据,希望可以将文件位置指针直接指向要修改的位置,即进行随机读/写,就是移动文件位置指针到指定的地方,再进行读/写。尤其是当文件中存储的数据量很大时,随机读/写的效率要比顺序读/写高得多。要实现文件的随机读/写,我们就需要对文件位置指针进行设置,即文件的定位。

【案例 9-14-3】从【案例 9-14-2】建立的学生文件信息中查找某个学生,该学生姓名通过键盘输入,若找到,将他的信息显示输出,见 example9-14-3.cpp。

```
#include<stdio.h>
#include<stdlib.h>
/*定义学生结构体,包含 3 个成员项*/
struct Student
{
    char name[10];        //姓名
    int   num;            //学号
    float score;          //成绩
};
int main()
{
    Student stud[4];   //定义学生结构体数组,包含 4 名学生
    Student sd;          //定义学生结构体变量,存储从文件读取的数据
    int i = 0;            //循环控制变量
    int k = 0;            //记录找到的学生的位置
    char name[10];      //存储输入的学生的姓名
    FILE  *fp;           //定义文件类型指针

    /*输入模块*/
    printf("请输入要查找的学生的姓名:");
    scanf("%s",name);
    if((fp=fopen("stud.dat","rb")) == NULL)   /*以"只写"方式打开文件*/
    {
        printf("Connot open file");
        exit(1);
    }

    /*读取文件并实现查找模块*/
    //rewind(fp);//将文件位置指针移动到文件开始处
    for(i = 0;i < 4;i++)
```

```
            {
                fread( &stud[ i ] , sizeof( student ) , 1 , fp ) ;
                if ( strcmp( name , stud[ i ].name )==0 )
                {
                    printf( "找到该学生！\n" ) ;
                    k = i ;
                    break ;
                }
            }
            fseek( fp , sizeof( student ) ∗ k , 0 ) ;        //将文件位置指针移动到指定位置
            fread( &sd , sizeof( student ) , 1 , fp ) ;      //从文件中读取学生的信息
            printf( "%s %d %.0f\n" , sd.name , sd.num , sd.score ) ;
            fclose( fp ) ;
        }
```

我们在对文件进行任何读/写操作时,位置指针都自动向下移动相应数量的字节。如果要打破这种规律,我们就必须使用定位函数对位置指针进行重新定位。函数 rewind( )和fseek( )用于位置指针定位,函数 ftell( )和 feof( )用于测试文件位置指针当前所处位置。

(1)rewind( )函数。

原型:"void rewind(FILE ∗ fp);"。

功能:使 fp 所指文件的位置指针重新指向文件开始。

返回值:无。

(2)ftell( )函数。

原型:"long int ftell(FILE ∗ fp);"。

功能:给出 fp 所指文件的位置指针的当前所处位置。

$$返回值 = \begin{cases} 位置指针值 & 操作成功 \\ -1(EOF) & 操作失败 \end{cases}$$

(3)fseek( )函数。

原型:"int fseek(FILE ∗ fp, long offset, int origin);"。

功能:一般用于二进制文件,使 fp 所指文件的指针指向 origin+offset 的位置。

$$返回值 = \begin{cases} 0 & 操作成功 \\ 非0 & 操作失败 \end{cases}$$

表9-2 展示了起始位置的宏。

表9-2 起始位置的宏

表示起始位置的宏		
起始位置(origin)	宏定义	数字代表
文件开始	SEEK_SET	0
文件当前位置	SEEK_CUR	1
文件结尾	SEEK_END	2

（4）feof（ ）函数。

原型：int feof(FILE ∗fp)。

功能：fp 是输入流，标志是否"读"到 fp 所指文件末尾，即文件是否结束。

$$返回值 = \begin{cases} 非 0 & （EOF） & 读文件结束，文件指针到达文件末尾 \\ 0 & & 没有到达文件尾 \end{cases}$$

9.3.5 结构体数组使用中的常见错误

本小节提供结构体数组使用中的常见错误：

（1）结构体数组作为函数参数时函数无参数；

（2）结构体数组作为函数参数时函数无长度参数；

（3）结构体数组作为函数参数时，使用全局变量数组，函数无数组参数；

（4）结构体数组元素的文件格式读写错误。

9.4 其他自定义类型

本节主要内容为 typedef 自定义类型、共用体、枚举。

9.4.1 typedef 自定义类型

定义新类型标识符的一般格式如下：

　　　　typedef 类型标识符 新类型标识符 1［新类型标识符 2…］；

typedef，顾名思义，就是"类型定义"（type define），可以解释为将一种数据类型定义为某一个标识符，实际就是给已知类型名起个新名字，在程序中使用该标识符来实现相应数据类型变量的定义。

【案例 9-16】定义新类型标识符 real，用它表示单精度类型。

　　　　typedef float real；

　　　　real 实际上就是 float。

【案例 9-17】使用 typedef 定义结构体类型。

　　　　typedef struct Student

　　　　{

　　　　　　int num；　　//学号

　　　　　　char name［20］；　　//姓名

　　　　　　char sex；　　//性别

　　　　} Stu；

　　　　Stu s1,s2；　　//定义变量

【案例 9-18】使用 typedef 定义数组类型。

　　　　typedef int IntArray［20］；

　　　　IntArray Mya；　　//定义了数组 int Mya［20］

　　　　IntArray s；　　//定义了数组 int s［20］

其中，IntArray 代表的是一个具有 20 个整数元素的数组类型。

【案例 9-19】定义顺序表类型。

　　　　struct Student //定义学生类型

　　　　{

```
        int num;        //学号
        char name[20];        //姓名
        char sex;        //性别
    };
    typedef struct StudentList        //定义顺序表类型
    {
        Student data[200];        //结构体数组
        int length;        //顺序表长度
    } StudentList;
```

9.4.2 共用体

本小节仅作为了解的内容。

9.4.2.1 共用体的概念

2个以上不同类型的变量采用"覆盖技术"占用同一段内存单元的结构称为共用体或联合体。共用体类型变量的定义形式如下:

```
union 类型名
{
    分量表;
}变量表;
```

例如:

定义方式一:先定义类型再定义变量。

```
union Data{
    int i;
    char ch;
    float f;
};
union Data a, b, c;
```

定义方式二:同时定义类型和变量。

```
union Data
{
    int i;
    char ch;
    float f;
} a, b, c;
```

定义方式三:不定义类型,直接定义变量。

```
union
{
    int i;
    char ch;
    float f;
```

} a, b, c;

【案例 9-20】共用体类型与变量的定义。

```
#include <stdio.h>
int main( ) {
    /*定义共用体类型的变量 s */
    union
    {
        int a[2];   //共用体的成员项/
        long b;
        char c[8];
    } s;
    s.a[0] = 0x39; /* 16 进制的 39 */
    s.a[1] = 0x38;
    printf("%x\n",s.a[0]);
    printf("%x\n",s.a[1]);
    printf("%x\n",s.b);
    printf("%c\n",s.c[0]);

    return 0;
}//example9-20. cpp
```

运行结果如图 9-11 所示。

图 9-11 运行结果

图 9-12 展示了共用体的存储形式。

b,a[0]	00111001	c[0]
	00000000	c[1]
	00000000	c[2]
	00000000	c[3]
a[1]	00111000	c[4]
	00000000	c[5]
	00000000	c[6]
	00000000	c[7]

图 9-12 共用体的存储形式

9.4.2.2 数据在内存中的存放规则

数据在内存中的存放规则(此部分内容了解即可)如下:

(1)小端模式:高位数据存储在高位地址,低位数据存储在低位地址(常见模式)。

(2)大端模式:高位数据存储在低位地址,低位数据存储在高位地址(本例采用此模式)。

9.4.2.3 共用体的特点

(1)共用体类型定义中的几个成员共用内存空间,系统为共用体变量开辟的空间是所有成员所需的最大空间。

(2)不同类型、不同长度的数据都是从共享内存的起始地址开始占用该空间。

(3)共用体类型的定义方法、共用体变量成员的访问方法与结构体基本相同。

9.4.2.4 共用体与结构体的区别

①一个结构体变量所需的存储容量为每个分量所需存储容量之和,而一个共用体变量所需的存储容量为各个分量中占用存储容量最多的分量所需的存储容量。

②一个结构体变量的各个分量的地址各不相同,分别拥有各自的存储空间。而一个共用体变量的各个分量的地址相同,共同拥有同一存储空间。

③一个结构体变量的各个分量在任何时刻都同时存在,且可同时引用。而一个共用体变量的各个分量在同一时刻只存在其中一个,也只能引用其中的一个分量,即起作用的只是最后一次存放的分量,在存入一个新的分量后,原有分量的值会被覆盖从而失去作用。

9.4.2.5 共用体变量的引用

我们不能引用共用体变量,只能采用分量运算符"·"引用共用体变量的分量,与引用结构体变量的方法是一致的。

通常,在定义嵌套有共用体变量的结构体变量时,我们会附加一个类型标志,以方便对共用体分量进行操作。例如:

```
struct M
{
    union
    {
        int i;
        char ch;
        float f;
        double d;
    } data;
    int type;
} a;
switch( a.type) {
case 0:          /*      int      */
    printf("%d\n",a.data.i);  break;
case 1:          /*      char      */
```

```
        printf("%d\n",a.data.ch);    break;
    case 2：            /＊    float    ＊／
        printf("%d\n",a.data.f);    break;
    case 3：            /＊    double    ＊／
        printf("%d\n",a.data.d);    break;
}
```

9.4.3　枚举

9.4.3.1　枚举类型的定义

所谓枚举,是指变量的取值只限于所列举出来的值的范围内。枚举类型的定义以 enum(enumerate)开头。

定义格式如下:

enum 枚举名｛标识符 1［＝整型常量 1］,标识符 2［＝整型常量 2］,……,标识符 n［＝整型常量 n］｝ 枚举变量;

例如:

enum Weekday ｛sun,mon,tue,wed,thu,fri,sat｝; //定义类型

enum Weekday workday,week_end; //定义变量

enum Weekday ｛sun,mon,tue,wed,thu,fri,sat｝ workday;//同时定义类型和变量

说明:

①｛｝中的枚举元素是常量而不是变量,不代表什么实际的含义。

②枚举型变量 workday,week_end 的取值只限于｛｝中列举的元素范围内。

③｛｝中枚举元素的值按其排列顺序为 0,1,2,…,可用于输出。

【案例 9-21】枚举类型及枚举变量

```
#include <stdio.h>
enum Coin｛penny,nike,dime,quarter,dollar｝;//定义枚举类型
char ＊name[ ] =｛"penny","nike","dime","quarter","dollar"｝;
int main( )｛
    /＊定义枚举类型的变量＊/
    enum Coin money1;
    enum Coin money2;
    money1 = dime;    //枚举变量的赋值
    money2 = dollar;
    //dime = 20;//错误语句,枚举元素是常量,不能对枚举元素赋整数值
    printf("%d   %d\n",money1,money2);//枚举变量的使用
    printf("%s   %s\n",name[(int)money1],name[(int)money2]);
    return 0;
}//example9-21.cpp
```

9.4.3.2　枚举类型的特点

(1)只能对枚举变量赋值,不能对枚举元素赋值(枚举元素即标识符是常量)。

(2)对第一个标识符设定值后,后面的标识符的值会自动加 1。

（3）枚举值可按其定义时的顺序号进行比较。

（4）可用如下定义改变枚举元素中的序号值：

enum weekday {sun,mon,tue,wed,thu=7, fri,sat};

则枚举元素的序号值依次为：0,1,2,3,7,8,9。

（5）不能直接将一个整数赋给一个枚举变量，如"workday=2;"是不对的，因为它们不属于同一数据类型。但我们可以进行强制类型转换赋值，如"workday=（enum weekday)2;"，甚至可以是表达式，如"workday=（enum weekday)(5-3);"。

【案例9-22】利用枚举类型处理星期时间。

```
#include <stdio.h>
int main(){
    enum weeks{Monday = 1, Tuesday, Wednesday, Thursday, Friday, Saturday, Sunday} wk; //定义枚举类型和枚举变量
    int today = 0; //天数
    printf("%d",Tuesday);
    printf("今天是星期");
    scanf("%d",&today);
    printf("明天是:");
    wk=(enum weeks)(today%7+1);//将整型转换为枚举型值
    switch（wk）{
    case Monday: printf("Monday"); break;
    case Tuesday: printf("Tuesday"); break;
    case Wednesday: printf("Wednesday"); break;
    case Thursday: printf("Thursday"); break;
    case Friday: printf("Friday"); break;
    case Saturday: printf("Saturday"); break;
    case Sunday: printf("Sunday"); break;
    }
}//example9-22.cpp
```

我们要特别注意枚举类型变量输入、赋值错误和输出错误。

第三部分 学习任务

10 群体数据组织与系统综合设计（电子资源）

本章主要提供复杂的程序的组织方法，能够完成几百行的 C 语言项目。因此，我们需要掌握多文件与模块化编译的方法，把多个函数和程序组织成一个项目；还需要学会用结构体数组、顺序表和链表这些数据结构实现群体数据管理，采用迭代方法逐步分析、设计、编码并测试一个项目。本章采用结构体数组、顺序表和链表演示了一个完整项目的初始化、创建、显示、输入、保存、读取、插入、查找、删除、排序等操作。本章可以作为程序设计课程设计的参考内容。

由于篇幅限制，本章内容通过二维码链接形式提供电子文档，这里仅显示目录。

第一部分　学习导引

第二部分　学习材料

10.1　多文件与模块化编译

10.2　结构体数组

10.3　顺序表

10.4　链表

第三部分　学习任务

"群体数据组织与系统综合设计"正文内容

附　录

附录 A　代码规范

代码的排版是每个软件工程师都要面对的问题。我们不按照规范程序操作，系统也不会报错，但是那样就会把代码写得很乱。好的排版不仅可以让读代码的人感到赏心悦目，更重要的是可以从代码格式中发现程序的内在逻辑结构。规范化的代码能够提供良好的可读性，让看的人觉得很整齐、很舒服且不容易出错。"代码千万行，注释第一行；代码不规范，同事两行泪。"为了规范代码，这里提供了适合初学者学习的"简易版编程规范"和入门级的"C 语言代码规范之道"。编者建议每个初学者都能遵守"简易版编程规范"。我们如果想成为专业的程序员，务必遵守"C 语言代码规范之道"。如果要达到企业级的规范要求，专业的软件工程师还需要参考企业的代码规范要求。

第一节　简易版编程规范

在平时编程中我们要尽量遵守以下的编程规范标准。

（1）注释规则：对程序功能、变量作用和语句、语句块的功能进行简明扼要的说明。

①对程序功能进行注释；

②对每一个程序模块进行注释；

③对每一个变量作用进行注释。

（2）排版规则：适当缩进（一般缩进 4 个字符）字符，使程序结构清晰和可读性强。

①适当空行，每一个程序模块与其他模块之间至少空一行；

②每条语句占一行；

③"{"和"}"单独占一行；

④建议 if、for、while 等结构的执行语句（即使只有一条语句）一律用{}括起来；

⑤适当缩进字符，本层语句要相对于上一层语句缩进 4 个字符；

⑥运算符和变量之间有一个空格，双元运算符前后各空一格。

（3）标识符命名规则：见名知意，符合规范（详细规范见"C语言代码规范之道"）。

①符号常量的标识符用大写字母表示；

②变量名通常用小写字母；

③命名尽量用英语或英语缩写；

④定义每个变量时也进行初始化；

⑤每个变量定义单独占一行。

第二节　C语言代码规范之道

阅读代码的次数远远多于编写代码的次数。我们要确保设计的名字更便于阅读而不是便于编写。本部分内容的主要作用为规范代码的编写方式，增强代码的可读性，主要从命名规则（最为重要）、注释规则、排版方面进行介绍。

一、命名规则

标识符命名规则：见名知意，符合规范和标准。

我们筛选了2种较为常见且易懂的命名方法，即匈牙利命名法和驼峰命名法。这两种命名法能使自己和他人更好地阅读代码。学习者可以根据自己的主观感受选择适合自己的命名法。但是，最基本的要求是易懂，尽量使用英文单词而少用拼音（不会时可以去查规范）。

常量的标识符用大写字母表示，变量名通常用小写字母表示。

没有相关规定时我们就遵循通常习惯。比如，通常 i、j、k 表示循环控制变量，m、n、k 通常表示整数或者数据个数，x、y、z 通常表示数学中的变量或者坐标。

（一）匈牙利命名法

1. 核心思想

核心思想：在变量和函数名中加入前缀，以增进人们对程序的理解。

2. 主要方法

标识符的名字以一个或者多个小写字母开头，作为前缀。前缀之后的是首字母大写的一个单词或多个单词组合，对于该单词我们要指明变量的用途。

标准公式如下：

变量名＝属性＋类型＋对象描述

3. 常用前缀

（1）属性。

①全局变量：g_常量命名

②C++类成员变量：m_变量命名

③静态变量：s_变量命名

（2）类型。

类型采用小写字母表示，用于标识变量的数据类型。如果是指针类型，我们在类型前加上小写的 p；如果是数组类型，我们在类型前面加上小写的 a。常用前缀类型及示例见表 11-1。

表 11-1　常用前缀类型及示例

序号	类型	前缀	示例
1	指针	p	Int ＊pTemp 或 Int ＊p_Temp
2	函数	fn	void ＊fnPrintResult( )
3	句柄	h	HANDLE hOut
4	长整形	l	long lAmount
5	布尔	b	bool b_IsEmpty 或 bool bIsEmpty
6	浮点型(或文件)	f	float fValue
7	字节	by	byte byChar
8	字符串	sz 或 str	char ＊ strName
9	短整型	n	short nVal
10	双精度浮点型	d	double dValue
11	字符	ch(通常用 c)	charchTmp
12	整型	i	int iValue
13	无符号型	u	usigned uScore
14	文件指针	fp	FIlE ＊fpTemp
15	长指针(long pointer)	lp	long ＊lpTemp

(3)常用前缀的描述。

常用前缀的描述见表 11-2。

表 11-2　常用前缀的描述

序号	描述	英文
1	最大	Max
2	最小	Min
3	初始化	Init
4	临时变量	T(或 Temp/tmp)
5	源对象(source)	Src
6	目的对象(destination)	Dest
7	值	Value(或者 val)
8	节点	Node

4. 变量的命名

所有的变量名都应该以"前缀+名字"的形式出现。指针变量要加′p′。

eg:char ＊ strName;//以′\0′结尾的字符串,存储的数据是名字

　　　int ＊ pTemp;

5. 函数的命名

函数的命名不需要加前缀。例如:

eg：void ShowMessage(int　ix）;//显示信息

函数名字采用首字母大写的方式进行拼写,常采用动宾结构,尽量做到简洁明了,禁

止使用具有歧义的词语。例如,命名函数 ChangeValue,我们就无法得知 Value 指代的具体信息,我们必须以具有明确含义的词语来代替,可改为 ChangeTemperature,表示更改温度值。我们无须写成 ChangeTemperatureValue,因为 ChangeTemperature 的含义已经够明确了,加上 Value 反而显得拖沓。

6. 常量和类型

常量名字的所有的字母都必须大写,类型名字的首字母必须大写。例如:

eg:#define   MAX_NUM 256   //常量

　　typedef unsigned char UNCHAR;//类型

7. 枚举类型(enum)中的变量的命名

枚举类型中的变量名字要求用枚举类型或其缩写做前缀,并且要求字母用大写。例如:

eg:enum EMDAYS｛

　　EMDAYS_MONDAY;

　　EMDAYS_TUESDAY;

　　……

｝;

8. struct、union 变量的命名

类型用大写开头,并要加上前缀,其内部变量的命名规则与变量命名规则一致。结构体/共用体类型必须采用 typedef 的方式来定义,结构体类型必须以"S_"(S 大写)开头,共用体类型必须以"U_"(U 大写)开头。后面全部采用首字母大写的方式拼写,对于原先大写的缩写单词也要采用首字母大写的方式。

结构体一般用 S 开头:

　　eg:struct   SPoint

　　｛

　　　　int   iX;//点的 X 位置

　　　　int   iY;//点的 Y 位置

　　｝;

共用体一般用 U 开头:

　　eg:union   UPoint

　　｛

　　　　long   lX;

　　　　long   lY;

　　｝

(二)驼峰命名法

1. 基本思想

当变量名或函数名是由一个或多个单词连结在一起构成的唯一识别字时,第一个单词以小写字母开始,第二个单词的首字母大写或每一个单词的首字母都采用大写字母。

2. 小驼峰法

变量一般用小驼峰法标识。驼峰法的意思是除第一个单词之外,其他单词首字母均大写,如"int myStudentCount;"表示的变量 myStudentCount 第一个单词是全部小写,后面

的单词首字母是大写。

3. 大驼峰法

相比小驼峰法,大驼峰法把第一个单词的首字母也大写了。常用于函数、属性命名。例如:

void PrintList( );

(三)文件名

(1)文件标识符分为两部分,即文件名前缀和后缀。文件名前缀的前面要使用范围限定符——模块名(文件名)缩写。

(2)采用小写字母命名文件,避免使用一些比较通俗的文件名,如 public.c 等。

(3)头文件一般用来写模块里的一些函数的声明,声明的实现写在源文件中。因此,源文件前缀名最好与对应的头文件名字相同。例如:snake.h 对应的源文件可命名为 snake.c。

二、注释规则

注释规则:对程序功能、变量作用、重要的语句或语句块、重要模块的功能、函数及接口进行简明扼要的说明。

(1)我们通过对函数或过程、变量、结构等进行正确的命名以及合理地组织代码的结构,使代码成为自注释的。

说明:清晰准确的函数、变量等的名字可增加代码可读性,并减少不必要的注释。

(2)我们对代码的功能、意图层次进行注释,提供有用、额外的信息。

说明:注释的目的是解释代码的目的、功能和采用的方法,提供代码以外的信息,帮助读者理解代码,避免重复注释信息。

(3)我们在模块前加上一行注释,说明模块的功能,在程序块的结束行右方加注释标记,以表明某程序块的结束。

说明:当代码段较长,特别是多重嵌套时,这样做可以使代码更清晰,更便于阅读,如//if、//for、//for。

4. 注释时我们应考虑程序的易读性及外观排版的因素,使用的语言若是中英兼有的,建议多使用中文,除非能用非常流利准确地用英文表达。

说明:注释语言不统一,影响程序易读性和外观的排版,出于对维护人员的考虑,建议使用中文。

(5)我们要避免在一行代码或表达式的中间插入注释。

说明:除非必要,不应在代码或表达式中间插入注释,否则容易使代码的可理解性变差。

(6)我们要对结构体、共用体及类的成员作用进行注释。例如:

eg:struct   SPoint //点类型的定义
{
        int   iX;//点的 X 位置
        int   iY; //点的 Y 位置
};

(7)无用的注释要去掉。

(8)注释与代码要同步修改,保证一致。

(9)适度注释,注释量不宜过多也不宜过少。在一般情况下,根据软件工程的思想,我们的注释要占整个文档的 20%以上。因此注释要写得很详细,而且其格式要规范。

三、排版规则

(1)变量定义规则:

①每个变量定义时也进行初始化;

②每个变量定义单独占一行;

③对每个变量的作用进行注释。

例如:

int n = 0;//表示个数

inti = 1;//循环控制变量

float fvalue = 0;//值

(2)双元运算符前后各空一格。

例如:

number >= 0;

k = m + n;

(3)在模块之间要空一行,在 return 语句前也要空一行,但不能有太多空行。

(4)不写复杂的语句,一行代码只做一件事情。

比如:最好将

x=y+z,k=m+n;

写成 2 句,如下:

x = y + z;

k = m + n;

(5)if、else、elseif、for、do、while、case 等语句最好单独占一行。

(6)不管代码有多少,每个语句块都加上{}。例如:

```
if ( x >= 0)
{
    k = m + n;
}
int iSum = 0;
int i = 0;
for ( i = 1; I < 20; i++)
{
    iSum = iSum + i;
}
```

(7)长行拆分。太长的代码行最好拆分成几个短的代码行,最好不要超过一行(80 个字符)。

(8)对齐与缩进。严格采用阶梯层次组织程序代码,各层次缩进的风格采用 Visual C ++(VS2010 支持)的缺省风格,即每层次缩进 4 个空格,括号位于下一行。

要求相匹配的大括号在同一列,对继行则要求再缩进 4 个空格。

附录 B　软件开发环境

Visual C++ 6.0 显得过时且使用起来较难,这里介绍 Dev-C++和 Visual Studio2010 (简称 VS2010)两种开发环境的使用。Dev-C++安装包内存特别小,只有几十兆,它界面简单,使用起来较方便,适合初学者练习小程序,但是调试错误和做项目时不太好用。VS2010 安装包内存达 2.5G,功能强大,界面复杂。当需要调试程序错误和做项目时编者推荐使用 VS2010,因为 VS2010 比 Dev-C++更适合开发项目,Dev-C++更适合处理小程序。

第一节　Dev-C++操作手册

Dev-C++可以严格地支持全部 C99 标准的特性,支持中英文界面的选择,支持图形化菜单方式的开发调试,另外它还可以外挂各种工具程序。编者推荐初学者选用中文界面。Dev-C++是一个可视化集成开发环境,可以用此软件实现 C/C++程序的编辑、编译、链接、运行和调试。本手册中介绍了 Dev-C++常用的一些基本操作,包括创建、编译、链接、运行和调试 C 源程序和 C 工程,希望每一位读者都要熟练掌握。下面简单给出 Dev-C++的操作步骤。

一、启动 Dev-C++

方法一:点击桌面 Dev-C++快捷方式图标启动该开发工具,如图 11-1 所示。

图 11-1　通过快捷方式图标启动 Dev-C++

方法二:点击开始菜单。首先,用鼠标点击任务栏中的"开始"按钮,选择"程序"菜单项;然后,选"程序"下的子菜单项"Bloodshed Dev-C++"项,显示该项下的子菜单。最后,单击"Dev-C ++"菜单项,即可启动 Dev-C ++集成开发工具,如图 11-2 所示。

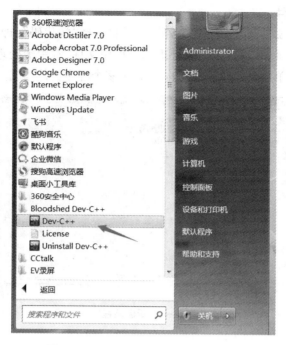

图 11-2　通过开始菜单运行 Dev-C++

二、更改语言界面

大家如果看到界面上的字是英文的,则可以根据以下操作将界面改为中文。点击主菜单"Tools"→"Environment Options",在弹出的对话框中选择"General"页,在 Language 下拉列表中选择"简体中文/Chinese"并点击 OK,如图 11-3 所示。完成后界面上的菜单、工具条等就会全部显示其中文名字。

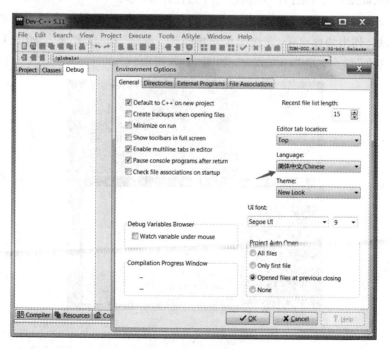

附录

图 11-3　更改界面语言

三、新建程序文件

选择左上角的"文件"菜单中的"新建",然后再选择"源代码",即文件→新建→源代码,如图 11-4 所示。源代码菜单用来处理单个程序文件,常用于处理小程序操作,适合初学者使用;工程菜单适合处理较复杂的项目,由多个程序文件构成。

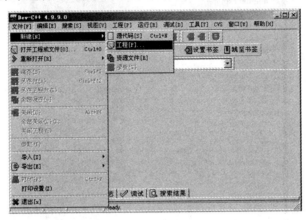

图 11-4 新建源程序

四、保存文件

我们创建了一个新程序后,在还未输入代码之前先将该程序保存到硬盘某个目录下,然后在程序的编辑过程中我们也要经常性地保存程序,以防计算机突然断电或者死机时工作成果丢失。

弹出保存工程的对话框,可选择适当的保存位置,推荐初学者保存在"我的文档"文件夹下,这样容易查找。首先需要建立一个专门保存程序的文件夹,这里将建立文件夹的"cprogram"放在我的文档下面,如图 11-5 和图 11-6 所示。整个过程分为 3 步:

(1)建立文件夹 cprogram。建立文件夹的方法是我们使用鼠标右链点击我的文档的空白工作区域,弹出快捷菜单,在快捷菜单中点击"新建"和"文件夹",如图 11-5 所示。把"新建文件夹"重命名为"cprogram",如图 11-6 所示。

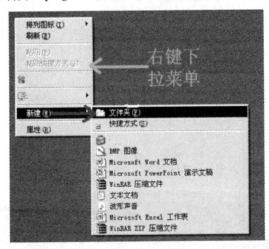

图 11-5 新建文件夹的快捷菜单

图 11-6　保存程序的文件夹

（2）保存文件。我们可以从 Dev-c++软件主菜单选择"文件"→"保存"→双击打开我的文档下的"cprogram"文件夹，并输入文件名"example1-1.cpp"，这里可以选择保存类型为 c source file(.c)，如图 11-7 所示。保存成功后，在选定的文件夹下应该有"example1-1.cpp"文件存在。

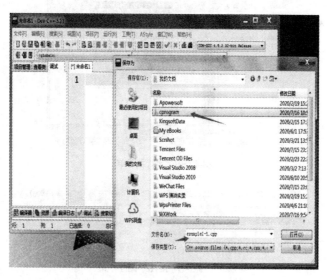

图 11-7　保存文件

五、输入程序代码

程序代码见图 11-8。这时我们可以点击"保存"将刚才输入的程序存起来，也可以通过下一步的编译或运行实现自动保存。

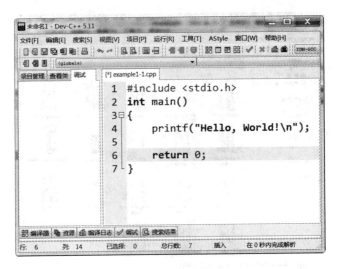

图 11-8　程序代码图

六、编译

输入完程序的代码后,我们点击"运行"菜单中的"编译",如图 11-9 所示。如果你输入的代码有错,则会提示相应的出错信息,此时你应该重新修改代码,然后再次编译,直到编译无误为止。编译错误如图 11-10 所示。

图 11-9　编译菜单

图 11-10　编译错误

七、运行

编译结果后,我们点击"运行"菜单中的"运行"。此时程序开始运行,随后输出结果并暂停,等待我们看清结果后按任意键返回,运行结果如图 11-11 所示。运行完成后我们可以关闭整个编译器。

图 11-11　运行结果

八、打开一个已经存在的程序

打开一个已经存在的源文件并编辑是最常见的操作。方法一是点击主菜单的"文件"→"打开项目或文件",如图 11-12 所示,在弹出的对话框中指定文件所在的位置,选择要打开的文件并打开即可。方法二是直接打开源文件,点击要打开的源程序文件。

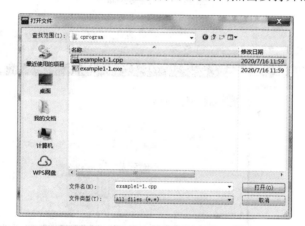

图 11-12　打开文件对话框

第二节　VS2010 操作手册

一、使用 vs2010 编写程序

1. 打开 vs2010 编译器

我们采用开始菜单或者桌面快捷方式启动 vs2010 主程序(见图 11-13),之后我们进入主程序界面(见图 11-14)。

图 11-13　启动菜单

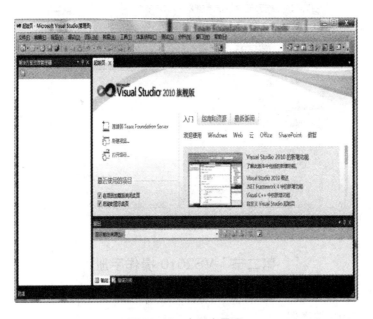

图 11-14　主程序界面

2. 新建项目

　　VS2010 所有的程序编写都需要先建立项目,单击菜单"文件→新建→项目",选择 Visual C++下的"Win32 控制台应用程序",输入项目名称"chapter1",并在浏览中指定项目存放位置,确定后显示为"C:\Users\Administrator\Documents\cprogram\",并且不选"为解决方案创建目录",如图 11-15 所示。编者建议选择自己建立的文件夹,否则一些同学找不到自己的源程序文件。单击"下一步",在设置里面我们选择"空项目",然后单击"完成",如图 11-16 所示。

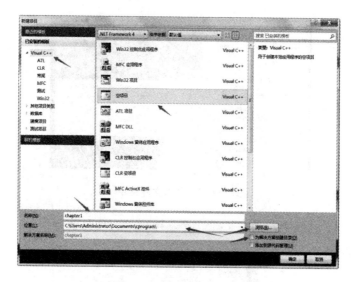

图 11-15　新建项目对话框

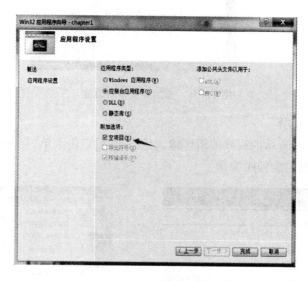

图 11-16　选择空项目

3. 添加源程序文件

现在，我们在"解决方案资源管理器"中通过右键单击源文件，左键单击"添加→新建项"，如图 11-17 所示。我们选择 C++文件，设置好文件名称，注意名称要设置成英文字母或下划线"_"开头的。在弹出对话框中需要输入文件名"example1-1. cpp"，并设定默认位置"C：\Users\Administrator\Documents\cprogram\chapter1\"，如图 11-18 所示，即源程序放在项目 chapter1 这个文件夹下，完成后在该文件夹下应该有"example1-1. cpp"等多个文件，可以打开文件夹检查一下这个文件是否存在。每个应用程序都作为一个工程来处理，它包含了头文件(.h)、源文件(.cpp/.c)和资源文件等，这些文件通过工程集中管理。头文件在多文件中才使用，方法与添加源程序类似。另外，在图 11-17 中我们还可以添加已经存在的源程序到项目中。

图 11-17 添加文件菜单

图 11-18 添加源文件对话框

4. 完成程序并编译

我们在图 11-19 所示的程序编辑区输入代码,然后点击菜单"生成→生成解决方案"(见图 11-20),从而完成程序编译。

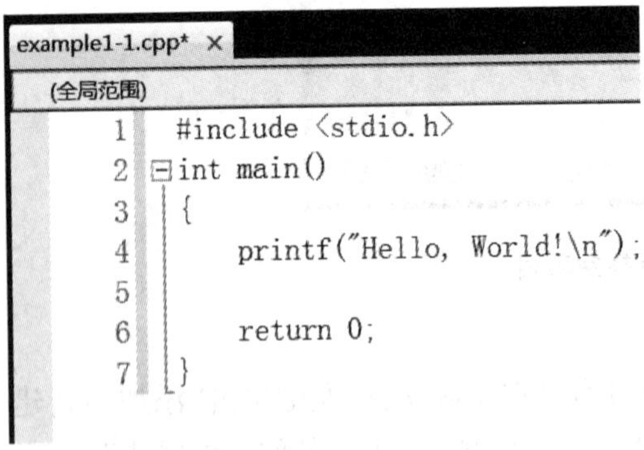

```
example1-1.cpp* ×
(全局范围)
1    #include <stdio.h>
2    int main()
3    {
4        printf("Hello, World!\n");
5
6        return 0;
7    }
```

图 11-19 程序编辑区

图 11-20 编译程序

编译时如果发现语法错误或者运行错误,意味着程序编译失败,出现如图 11-21 所示的错误列表。特别注意:错误列表非常重要,通过错误列表我们可以了解错误类型、错误原因及出错代码,我们特别需要积累排错的经验。因此,我们需要修改程序或者重新配置编译环境的设置,点击菜单"生成→重新生成解决方案",完成重新编译。编译成功后会在输出窗口出现"成功 1 个"的标识,如图 11-22 所示。

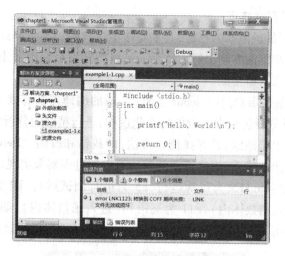

图 11-21　程序编译失败的错误列表

图 11-22　编译程序成功

5. 运行程序

我们点击菜单"调试→开始执行"(见图 11-23)或者直接用快捷键 Ctrl+F5 运行程序,得到如图 11-24 所示的运行结果,此时完成所有的程序。

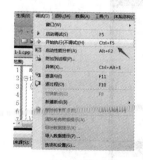

图 11-23　运行程序菜单

图 11-24　运行结果

二、VS2010 常用调试技巧

调试是一个程序员最基本的技能,其重要性不言自明。不会调试的程序员就意味着他即使会一门语言,却不能编制出好的软件。这里把开发过程中常用的调试技巧做一下简单介绍,希望对大家有所帮助。

Debug 方法,就是采用专门的 debug 工具(一般的编译器都有该工具)的一种专业方法。Debug 方法通过分析运行中变量值的变化过程,进行精细的分析和查找,分析程序可能存在的出错位置、出错原因,并寻找修改方法,即找错和改错。Debug 方法用于查找逻辑错误,不用于解决语法错误,语法错误的解决可以通过观察来实现。

记住几个常用键:ctrl+F5 为正常运行,F5 为进行调试运行,F9 为设置或取消断点,F10 为逐过程(不进入函数体内),F11 为逐语句(进入函数体内),如图 11-25 所示。特别注意:笔记本电脑可能需要按 Fn+F5 执行调试,如果还不行就用鼠标点击菜单进行。

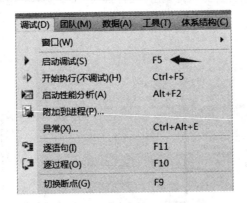

图 11-25　调试菜单和常用快捷键

VS2010 断点调试的简单操作步骤如下:

1. 设置断点

我们按 F9 或者单击代码行前的适当位置设置断点,F9 是开关键,也可以取消断点。我们在如图 11-26 所示的红色圆点处设置断点,红色圆点表示已经在这行设置断点。我们通常在怀疑有可能出错的代码行设置断点,具体设置需要根据实际需求进行。

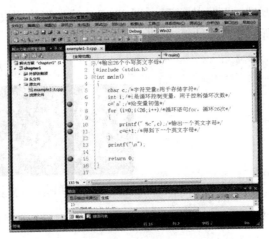

图 11-26　设置断点

2. 启动调试

我们按快捷键 F5 或者点击图 11-27 所示的框中的按钮开始调试运行,还可以点击图 11-25 所示的菜单中的"启动调试(s)"。注意:Ctrl+F5 是开始执行(不调试)。

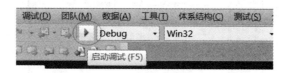

图 11-27　调试按钮

3. 调试跟踪

我们需要熟悉常用工具栏中各选项中对应的名称和快捷键,如图 11-28 所示。在调试过程中 F5 是执行到下一个断点。F11 是逐语句,在执行到图 11-29 中的断点时,按 F11 会执行到 Fibonacci 函数里面逐步记录的执行过程,如图 11-29 所示。F10 是逐过程,与逐语句不同的是,在执行图 11-29 的断点时,再执行会执行断点下面的语句,而不是去执行语句中的函数。

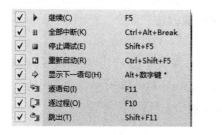

图 11-28　调试菜单

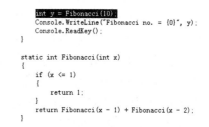

图 11-29　调试中有函数

4. 设置和查看局部变量

在调试过程中我们可以观察语句执行情况,并查看局部变量窗口,里面会有所有变量的当前状态,如图 11-30 所示。我们如果要集中观察其中的一部分局部变量的变化情况,可以在监视窗口输入需要观察的变量,在调试过程中查看监视窗口中这些变量值的变化过程,如图 11-31 所示。当然,我们在调试中也需要观察运行结果窗口,如图 11-24 所示。

附录

图 11-30　观察局部变量窗口

图 11-31　观察监视窗口

5. 停止调试

我们如果需要停止调试,需要按快捷键 shift+F5 结束调试,如图 11-28 所示。

三、VS2010 开发环境中常见的使用问题及其解决方法

1. 调试过程中监视窗口没有出现

我们在没有启动调试时是不会出现监视窗口的,需要在按 F5 启动调试后,点击菜单"调试→窗口→监视→监视 1",增加一个监视窗口,如图 11-32 所示。菜单中还可以打开其他窗口,如自动窗口、局部变量窗口、调用栈窗口。

2. 打开已经存在的项目

启动 VS2010 后,我们点击菜单"文件→打开→项目/解决方案",会弹出打开项目对话框,需要找到文件夹中的扩展名为.sln 的文件,再点击打开按钮,如图 11-33 所示。打开成功后会出现如图 11-22 所示的界面,当然这里并没有编译程序。我们如果需要另外建立或打开项目,可以关闭已经打开的项目,点击菜单"文件→关闭解决方案"。

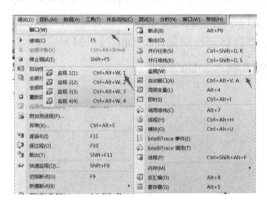

图 11-32　重现监视窗口

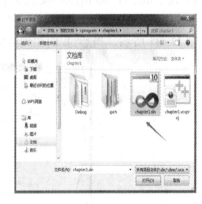

图 11-33　打开项目对话框

3. 未出现解决方案资源管理器

如果没有出现如图 11-34 所示的解决方案资源管理器,我们可以点击菜单"视图→解决方案资源管理器"解决,如图 11-35 所示。

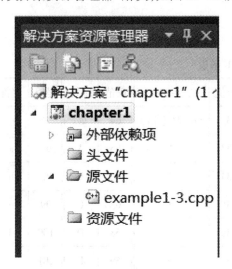

图 11-34　解决方案资源管理器　　　　图 11-35　重现解决方案资源管理器

4. 未出现错误列表

如果没有出现如图 11-21 和图 11-36 所示的错误列表,我们可以点击菜单"视图→错误列表",如图 11-35 所示。

图 11-36　重现错误列表

附录 C ASCII 码表

ASCII 码表见表 11-3。

表 11-3 ASCII 码表

码值	字符	码值	字符	码值	字符	码值	字符
0	NUL(NULL,空字符)	32	Space(空格)	64	@	96	`
1	SOH(Start Of Headling,标题开始)	33	!	65	A	97	a
2	STX(Start Of Text,正文开始)	34	"	66	B	98	b
3	ETX(End Of Text,正文结束)	35	#	67	C	99	c
4	EOT(End Of Transmission,传输结束)	36	$	68	D	100	d
5	ENQ(Enquiry,请求)	37	%	69	E	101	e
6	ACK(Acknowledge,响应/收到通知)	38	&	70	F	102	f
7	BEL(Bell,响铃)	39	'	71	G	103	g
8	BS(Backspace,退格)	40	(	72	H	104	h
9	HT(Horizontal Tab,水平制表符)	41	)	73	I	105	i
10	NL(New Line,换行键)	42	*	74	J	106	j
11	VT(Vertical Tab,垂直制表符)	43	+	75	K	107	k
12	NP(New Page,换页键)	44	,	76	L	108	l
13	CR(Carriage Return,回车键)	45	−	77	M	109	m
14	SO(Shift Out,不用切换)	46	,	78	N	110	n
15	SI(Shift In,启用切换)	47	/	79	O	111	o
16	DLE(Data Link Escape,数据链路转义)	48	0	80	P	112	p
17	DC1(Device Control 1,设备控制1)	49	1	81	Q	113	q
18	DC2(Device Control 2,设备控制2)	50	2	82	R	114	r
19	DC3(Device Control 3,设备控制3)	51	3	83	S	115	s
20	DC4(Device Control 4,设备控制4)	52	4	84	T	116	t
21	NAK(Negative Acknowledge,无响应)	53	5	85	U	117	u
22	SYN(Synchronous Idle,同步空闲)	54	6	86	V	118	v

表11-3(续)

码值	字符	码值	字符	码值	字符	码值	字符
23	ETB (End of Transmission Block,传输块结束)	55	7	87	W	119	w
24	CAN (Cancel,取消)	56	8	88	X	120	x
25	EM (End of Medium,介质存储已满／)	57	9	89	Y	121	y
26	SUB (Substitute,替换)	58	:	90	Z	122	z
27	ESC (Escape,逃离/取消)	59	;	91	[	123	{
28	FS (File Separator,文件分割符)	60	<	92	\	124		
29	GS (Group Separator,组分隔符/分组符)	61	=	93	]	125	}
30	RS (Record Separator,记录分离符)	62	>	94	^	126	~
31	US (Unit Separator,单元分隔符)	63	?	95	_	127	del

附录 D　常用库函数

一、常用的数学函数

调用数学函数时,要求在源文件中包下以下命令行:

#include <math.h>

常用的数学函数见表 11-4。

表 11-4　常用的数学函数

函数原型说明	功能	返回值	说明
int abs(int x)	求整数 x 的绝对值	计算结果	
double fabs(double x)	求双精度实数 x 的绝对值	计算结果	
double acos(double x)	计算 $\cos^{-1}(x)$ 的值	计算结果	$-1 \leq x \leq 1$
double asin(double x)	计算 $\sin^{-1}(x)$ 的值	计算结果	$-1 \leq x \leq 1$
double atan(double x)	计算 $\tan^{-1}(x)$ 的值	计算结果	
double atan2(double x, double y)	计算 $\tan^{-1}(x/y)$ 的值	计算结果	
double cos(double x)	计算 x 的余弦函数值	计算结果	x 的单位为弧度
double cosh(double x)	计算 x 的双曲余弦函数值	计算结果	
double exp(double x)	求 e^x 的值	计算结果	
double fabs(double x)	求双精度实数 x 的绝对值	计算结果	
double floor(double x)	求不大于双精度实数 x 的最大整数		
double fmod (double x, double y)	求 x/y 整除后的双精度余数		
double frexp(double val, int * exp)	把双精度 val 分解尾数和以 2 为底的指数 n,即 $val = x * 2^n$, n 存放在 exp 所指的变量中	返回位数 x, $0.5 \leq x < 1$	
double log(double x)	求 Inx	计算结果	x>0
double log10(double x)	求 $\log_{10} x$	计算结果	x>0
double modf(double val, double * ip)	把双精度 val 分解成整数部分和小数部分,整数部分存放在 ip 所指的变量中	返回小数部分	
double pow(double x, double y)	计算 x^y 的值	计算结果	
double sin(double x)	计算 x 的正弦函数值	计算结果	x 的单位为弧度
double sinh(double x)	计算 x 的双曲正弦函数值	计算结果	
double sqrt(double x)	计算 x 的平方根	计算结果	$x \geq 0$
double tan(double x)	计算 x 的正切函数值	计算结果	
double tanh(double x)	计算 x 的双曲正切函数值	计算结果	

二、常用的字符函数

调用字符函数时,要求在源文件中包下以下命令行:

#include <ctype.h>

常用的字符函数见表11-5。

表11-5 常用的字符函数

函数原型说明	功能	返回值
int isalnum(int ch)	检查 ch 是否为字母或数字	是,返回 1;否则返回 0
int isalpha(int ch)	检查 ch 是否为字母	是,返回 1;否则返回 0
int iscntrl(int ch)	检查 ch 是否为控制字符	是,返回 1;否则返回 0
int isdigit(int ch)	检查 ch 是否为数字	是,返回 1;否则返回 0
int isgraph(int ch)	检查 ch 是否为 ASCII 码值在 ox21 到 ox7e 的可打印字符(不包含空格字符)	是,返回 1;否则返回 0
int islower(int ch)	检查 ch 是否为小写字母	是,返回 1;否则返回 0
int isprint(int ch)	检查 ch 是否为包含空格符在内的可打印字符	是,返回 1;否则返回 0
int ispunct(int ch)	检查 ch 是否为除了空格、字母、数字之外的可打印字符	是,返回 1;否则返回 0
int isspace(int ch)	检查 ch 是否为空格、制表或换行符	是,返回 1;否则返回 0
int isupper(int ch)	检查 ch 是否为大写字母	是,返回 1;否则返回 0
int isxdigit(int ch)	检查 ch 是否为 16 进制数	是,返回 1;否则返回 0
int tolower(int ch)	把 ch 中的字母转换成小写字母	返回对应的小写字母
int toupper(int ch)	把 ch 中的字母转换成大写字母	返回对应的大写字母

三、常用的字符串函数

调用字符函数时,要求在源文件中包下以下命令行:

#include <string.h>

常用的字符串函数见表11-6。

表11-6 常用的字符串函数

函数原型说明	功能	返回值
char * strcat(char * s1,char * s2)	把字符串 s2 接到 s1 后面	s1 所指地址
char * strchr(char * s, int ch)	在 s 所指字符串中,找出第一次出现字符 ch 的位置	返回找到的字符的地址,找不到则返回 NULL
int strcmp(char * s1,char * s2)	对 s1 和 s2 所指字符串进行比较	s1<s2,返回负数;s1 == s2,返回 0;s1>s2,返回正数
char * strcpy(char * s1,char * s2)	把 s2 指向的串复制到 s1 指向的空间	s1 所指地址

表11-6(续)

函数原型说明	功能	返回值
unsigned strlen(char * s)	求字符串 s 的长度	返回串中字符(不计最后的 '\0')个数
char * strstr(char * s1,char * s2)	在 s1 所指字符串中,找出字符串 s2 第一次出现的位置	返回找到的字符串的地址,找不到则返回 NULL

四、常用的输入输出函数

调用字符函数时,要求在源文件中包下以下命令行:

#include <stdio.h>

常用的输入输出函数见表 11-7。

表 11-7　常用的输入输出函数

函数原型说明	功能	返回值
void clearer(FILE * fp)	清除与文件指针 fp 有关的所有出错信息	无
int fclose(FILE * fp)	关闭 fp 所指的文件,释放文件缓冲区	出错,返回非 0;否则返回 0
int feof (FILE * fp)	检查文件是否结束	遇文件结束,返回非 0;否则返回 0
int fgetc (FILE * fp)	从 fp 所指的文件中取得下一个字符	出错,返回 EOF;否则返回所读字符
char * fgets(char * buf,int n, FILE * fp)	从 fp 所指的文件中读取一个长度为 n-1 的字符串,将其存入 buf 所指存储区	返回 buf 所指地址,若遇文件结束或出错则返回 NULL
FILE * fopen(char * filename,char * mode)	以 mode 指定的方式打开名为 filename 的文件	成功,返回文件指针(文件信息区的起始地址);否则返回 NULL
int fprintf (FILE * fp, char * format, args,…)	把 args,…的值以 format 指定的格式输出到 fp 指定的文件中	实际输出的字符数
int fputc(char ch, FILE * fp)	把 ch 中字符输出到 fp 指定的文件中	成功,返回该字符;否则返回 EOF
int fputs(char * str, FILE * fp)	把 str 所指字符串输出到 fp 所指文件	成功,返回非负整数;否则返回-1(EOF)
int fread (char * pt, unsigned size, unsigned n, FILE * fp)	从 fp 所指文件中读取长度 size 为 n 个的数据项存到 pt 所指文件	读取的数据项个数
int fscanf (FILE * fp, char * format,args,…)	从 fp 所指的文件中按 format 指定的格式把输入数据存入 args,…所指的内存中	已输入的数据个数;遇文件结束或出错,返回 0
int fseek (FILE * fp,long offer, int base)	移动 fp 所指文件的位置指针	成功,返回当前位置;否则返回非 0
long ftell (FILE * fp)	求出 fp 所指文件当前的读写位置	读写位置,出错,返回-1L

表11-7（续）

函数原型说明	功能	返回值
int fwrite(char * pt, unsigned size, unsigned n, FILE * fp)	把 pt 所指向的 n * size 个字节输入 fp 所指文件	输出的数据项个数
int getc (FILE * fp)	从 fp 所指文件中读取一个字符	返回所读字符；若出错或文件结束，返回 EOF
int getchar(void)	从标准输入设备读取下一个字符	返回所读字符；若出错或文件结束，返回-1
char * gets(char * s)	从标准设备读取一行字符串放入 s 所指存储区，用'\0'替换读入的换行符	成功返回 s；出错，返回 NULL
int printf(char * format, args, …)	把 args,…的值以 format 指定的格式输出到标准输出设备	输出字符的个数
int putc (int ch, FILE * fp)	同 fputc	同 fputc
int putchar(char ch)	把 ch 输出到标准输出设备	返回输出的字符；若出错，则返回 EOF
int puts(char * str)	把 str 所指字符串输出到标准设备，将'\0 转成回车换行符	返回换行符；若出错，返回 EOF
int rename (char * oldname, char * newname)	把 oldname 所指文件名改为 newname 所指文件名	成功，返回 0；出错，返回-1
void rewind(FILE * fp)	将文件位置指针置于文件开头	无
int scanf(char * format, args, …)	从标准输入设备按 format 指定的格式把输入数据存入 args,…所指的内存中	已输入的数据的个数

五、常用的动态分配函数和随机函数

调用字符函数时，要求在源文件中包下以下命令行：

#include <stdlib.h>

常用的动态分配函数和随机函数见表11-8。

表 11-8 常用的动态分配函数和随机函数

函数原型说明	功能	返回值
void * calloc (unsigned n, unsigned size)	分配 n 个数据项的内存空间，每个数据项的大小为 size 个字节	分配内存单元的起始地址；如果不成功，返回 0
void * free(void * p)	释放 p 所指的内存区	无
void * malloc(unsigned size)	分配 size 个字节的存储空间	分配内存空间的地址；如果不成功，返回 0
void * realloc(void * p, unsigned size)	把 p 所指内存区的大小改为 size 个字节	新分配内存空间的地址；如果不成功，返回 0
int rand(void)	产生 0~32 767 的随机整数	返回一个随机整数
void exit(int state)	程序终止执行，返回调用过程。state 为 0,正常终止；非 0,则非正常终止	无

附录 E　对分课堂的参考教案

这里以某 1 周课为例,分享对分课堂的教案,教案的章节编号及内容与本教材的章节编号及内容不同。该教案涵盖 3 次课,包括 2 次理论课和 1 次实验课。每次课用时 80 分钟,课后我们要进行教学反思。如果学生没有带电脑到教室,我们可以安排学生读程序、做程序填空题、做程序改错题、改写程序、做编程题的思考题等。3 次课的教案如表 11-9 至表 11-11 所示。

表 11-9　第 1 次课理论课

授课题目	第 3 章 算法与程序结构		地点	教室
课前活动	无			
教学内容	3.3.5 函数的嵌套调用、3.4 多文件与模块化编译、3.5 变量的存储属性和作用域、3.6 综合应用案例分析			
教学目标	理解自定义函数、函数的概念、C 函数的结构和分类、函数的意义和作用、C 函数的类型,掌握函数的嵌套调用,理解编译和多文件,理解全局变量、局部变量和静态变量; 核心目标:掌握函数的实参、形参、嵌套调用,掌握多文件程序的开发,理解全局变量、局部变量和静态变量			
教学重难点	掌握函数的实参、形参、嵌套调用,多文件编译,静态变量			
教学方法	讲练结合,以老师为主导,主要以学生课堂练习为主,辅之以教师现场答疑和适当提问			
	教学方式:讲授、练习			
教学手段	需重要讲解的概念及分析过程需要板书,其他教学内容借助多媒体展示			
	教学手段:多媒体、音像(课上或课后观看视频)			
教学步骤设计				

步骤	计划任务	时间/分钟
1	教师讲解:3.3.5 函数的嵌套调用; 学生验证:案例 3-10、3-12; 教师随堂走动答疑	20
2	教师讲解:3.4 多文件与模块化编译和案例 3-14; 学生完成:案例 3-15 和 3-16; 教师随堂走动答疑	20
3	教师讲解:3.5 变量的存储属性和作用域,演示案例 3-17 和 3-23; 播放动画:8-1 全局变量和局部变量、8-2static 变量、8-3extern 变量; 学生完成:案例 3-18、3-20、3-21,教师随堂走动答疑	20
4	教师讲解:3.6.1 超市计费系统 2.0 版; 学生完成:3.6.1 超市计费系统 2.0 版; 教师随堂走动答疑	10
5	教师讲解:3.6.2 模拟龟兔赛跑 1.0 版; 学生完成:3.6.2 模拟龟兔赛跑 1.0 版; 教师随堂走动答疑	10

表 11-10　第 2 次课实验课

授课题目	第 4 章 C 语言的分支结构	地点	机房
课前活动	完成上周作业,写好亮考帮		
教学内容	4.1 单分支结构、4.2 双分支结构(4.2.1 if-else 语句、4.2.2 逻辑运算)		
教学目标	了解 C 程序的分支结构,理解 C 语言单分支、双分支结构、关系表达式和逻辑表达式; 核心目标:初步掌握 C 语言单分支的使用		
教学重难点	C 语言单分支、双分支、关系表达式和逻辑表达式		
教学方法	讲练结合,以老师为主导,主要以学生课堂练习为主,辅之以教师现场答疑和适当提问		
	教学方式:讲授、问答、练习		
教学手段	重要讲解的概念及分析过程需要板书,其他教学内容借助多媒体展示		
	教学手段:多媒体、音像(课前完成视频预习)		

教学步骤设计		
步骤	计划任务	时间/分钟
1	小组讨论	10
2	学生提问	10
3	教师回答问题并讲解作业	20
4	教师讲解:4.1 单分支结构; 播放动画:3-1 如何做比较和 3-3 如何判断正数还是负数; 学生验证:案例 4-1、4-2、4-3; 教师随堂走动答疑	20
5	教师讲解:4.2.1 if-else 语句、4.2.2 逻辑运算(机动); 播放动画:3-2 如何判断真假、3-4 如何判断奇数还是偶数; 学生验证:案例 4-4、4-5、4-6; 教师随堂走动答疑	20

对分课堂是复旦大学张学新教授提出的中国原创教学模式,经过千百位教师实践,该模式教学效果良好,深受师生欢迎。对分课堂既重视老师教,也重视学生学。对分课堂分为课堂讲授、学生独学、小组讨论和师生对话 4 个过程。课堂讲授阶段我们要注重精讲,参考每章概要的要求精炼讲解;理论和实验课我们要安排学生上机练习,实验课要安排小组讨论和教师答疑环节,采用隔堂对分,讨论上周完成的实验作业。教学步骤可以参考这里的教案,根据学情调整教学内容。

表 11-11　第 3 次课理论课

授课题目	第 4 章 C 语言的分支结构	地点	教室
课前活动	无		
教学内容	4.2.3 条件运算、4.2.4 位运算、4.3 多分支结构		
教学目标	理解 C 程序的条件运算、多分支结构(if 多分支和 switch 多分支),了解位运算; 核心目标:掌握 C 语言的多分支用法		

表11-11(续)

授课题目	第4章 C语言的分支结构	地点	教室
教学重难点	C语言的多分支用法		
教学方法	讲练结合,以老师为主导,主要以学生课堂练习为主,辅之以教师现场答疑和适当提问		
	教学方式:讲授、练习		
教学手段	重要讲解的概念及分析过程需要板书,其他教学内容借助多媒体展示		
	教学手段:多媒体、音像(课上或课后观看视频)		

教学步骤设计

步骤	计划任务	时间/分钟
1	设计实验:学生完成设计实验4-4-2,教师随堂走动答疑	10
2	教师讲解:排错实验四案例(机动); 学生完成:排错实验四案例; 教师随堂走动答疑	15
3	教师讲解:4.2.3 条件运算; 播放动画:3-7 打赌输赢机; 学生验证:案例4-7; 教师随堂走动答疑	15
4	教师讲解:4.2.4 位运算和案例4-8	10
5	教师讲解:4.3.1 if-else 多分支结构; 播放动画:3-5 分数等级查询小系统; 学生验证:案例4-9 或 4-10; 教师随堂走动答疑	20
6	设计实验:学生完成设计实验4-4-3,教师随堂走动答疑(机动)	10

附录 F 学习任务参考答案

学习任务参考答案

参考文献

[1]刘玉英,刘臻,肖启莉. C 语言程序设计:案例驱动教程[M]. 北京:清华大学出版社,2011.

[2]刘玉英,肖启莉,邹运兰. C 程序设计实验实践教程[M]. 北京:清华大学出版社,2013.

[3]王一萍,梁伟,金梅. C 程序设计与项目实践[M]. 北京:清华大学出版社,2011.

[4]谭浩强. C 语言程序设计[M].3 版.北京:清华大学出版社,2005.

[5]杨路名. C 语言程序设计教程[M].3 版.北京:北京邮电大学出版社,2015.

[6]杨永斌,丁明勇,何希平,等. 程序设计基础(C 语言)实验与习题指导[M]. 北京:科学出版社,2014.

[7]于延. C 语言程序设计与实践[M]. 北京:清华大学出版社,2018.

[8]林锐,韩永泉. 高质量程序设计指南:C++/C 语言[M].3 版.北京:电子工业出版社,2012.

[9]李春葆. 数据结构教程[M].2 版.北京:清华大学出版社,2007.

[10]许家珆. 软件工程:方法与实践[M]. 北京:电子工业出版社,2009.

[11]韩万江,姜立新. 软件工程案例教程:软件项目开发实践[M].2 版.北京:机械工业出版社,2009.

[12]梁新元."C 语言程序设计"教学过程管理的改革与实践[J]. 现代计算机,2018,(6):62-67.

[13]梁新元. 提升 C 语言编程实践能力的对分课堂教学改革探索[J].软件导刊,2020,19(2):217-221.

[14]梁新元. 新工科背景下程序设计类课程的核心能力[J].电脑知识与技术,2018,14(17):146-149.

[15]梁新元. 新工科背景下程序设计类课程的核心能力评价标准研究[M]//石转转,王慧,李慧.重庆工商大学计算机特色专业建设和实践:智能类专业人才培养.成都:西南财经大学出版社,2019:38-47.